普通高等教育规划教材

环境形势与政策

冯婧微　主　编

吴　丹　副主编

中国环境出版社・北京

图书在版编目（CIP）数据

环境形势与政策/冯婧微主编．—北京：中国环境出版社，2016.8（2016.9重印）

普通高等教育规划教材

ISBN 978-7-5111-2888-1

Ⅰ．①环…　Ⅱ．①冯…　Ⅲ．①环境保护—高等学校—教材　Ⅳ．①X

中国版本图书馆CIP数据核字（2016）第188544号

出版人　王新程
责任编辑　黄晓燕　李兰兰
责任校对　尹　芳
封面设计　宋　瑞

出版发行　中国环境出版社
（100062　北京市东城区广渠门内大街16号）
网　　址：http://www.cesp.com.cn
电子邮箱：bjgl@cesp.com.cn
联系电话：010-67112765（编辑管理部）
010-67112735（第一分社）
发行热线：010-67125803，010-67113405（传真）
印　　刷　北京市联华印刷厂
经　　销　各地新华书店
版　　次　2016年8月第1版
印　　次　2016年9月第2次印刷
开　　本　787×960　1/16
印　　张　14.75
字　　数　270千字
定　　价　25.00元

前 言

环境污染与生态退化已成为当今世界面临的主要问题，并在一定程度上制约着社会、经济的发展。我国改革开放以来，在经济高速发展的同时，也付出了沉重的环境代价。近年来，水体污染、空气质量恶化等环境问题对人们日常生活的影响日益加剧，环境问题正逐步进入公众的视野，并被广泛关注。因此，作为当代大学生，应了解环境保护与生态修复的基本知识，具备环境保护与可持续发展的理念。

《环境形势与政策》一书的编写旨在对普通高等学校本科生进行生态与环保领域基础知识的教育，从而树立学生的环境保护意识，力求将环境保护理念融入学生在各自学科的学习与今后的工作中。本书共分为两篇十二章。第一篇内容包括酸雨、臭氧空洞、温室效应、生物多样性、森林锐减、水土流失等生态问题；第二篇内容涵盖了水、大气、固废、噪声、土壤、放射等污染防治技术。本书可作为普通高等学校本科生学习环境保护基础知识的教材使用，也可作为环境科学与工程及相关专业人员学习参考用书。

参加本书编写工作的有以下人员：冯婧微（绪论、第四章）、李云斌（第五章、第六章）、梁彦秋（第三章）、刘丹丹（第十二章）、刘伟（第十章）、彭新晶（第七章）、吴丹（第一章、第二章、第八章、第十一章）、张宇红（第九章）。本书编写过程中得到了中国环境出版社和全体参编人员的大力支持，在此深表谢意。

由于编者水平有限，书中难免存在错误、缺点和疏漏之处，敬请广大读者批评指正。

编 者

2016 年 8 月

目　录

第二篇 环境污染

绪 论

环境与发展是当今世界各国普遍关注的重大问题。人类经过漫长的奋斗历程，特别是自产业革命以来，在改造自然和发展经济方面取得了巨大的成就，与此同时，由于工业化过程中的处置失当，尤其是不合理地开发利用自然资源，也造成了全球性的环境污染和生态破坏，对人类的生存和发展构成了现实威胁。保护生态环境，实现可持续发展，已成为全世界紧迫而艰巨的任务。

第一节 环境问题的产生

一、环境及环境问题

1. 环境

环境是以人类为主体的外部世界，即人类赖以生存和发展的物质条件的整体，包括自然环境和社会环境。环境总是相对于某一中心事物而言，作为某一中心事物的对立面而存在。它因中心事物的不同而不同，随中心事物的变化而变化。与某一中心事物有关的周围事物，就是这个中心事物的环境。

2. 环境问题

环境问题是指因自然变化或人类活动而引起的环境破坏和环境质量变化，以及由此给人类的生存和发展带来的不利影响。环境问题的表现形式是多样的，给人类和自然平衡带来的危害也不同。就其范围大小而论，可以从广义和狭义两个方面理解。从广义理解，由自然力或人力引起生态平衡破坏，最后直接或间接影响人类的生存和发展的一切客观存在的问题，都是环境问题。若只是由于人类的生产和生活活动，使自然生态系统失去平衡，反过来影响人类生存和发展的一切问题，都是从狭义上理解的环境问题。

二、人类与环境的关系

1. 人类是环境的产物

自然环境是人类赖以生存的物质条件之一。原始社会时期，由于人们生产力水平低下，人类的生存依赖自然环境，主要的生活方式为穴居和树栖，以野生动植物为食，使用简单石器进行采集和狩猎，导致居住地区的许多动物和物种被消灭，从而丧失了进一步获得食物的来源，使自己的生存受到威胁，这是人类活动产生的最早的环境问题，但是此时的环境问题并不突出。为了解决自身的生存危机，人们被迫进行迁徙，寻找更利于生存的地方，使得原来被破坏的环境能够利用自然生态系统的自身调节功能得以修复。

农牧业社会，生产工具不断进步，生产力逐渐提高，这一时期人类利用和改造环境的力量与作用越来越大，与此同时产生了相应的环境问题。人类掌握了基本的种植技术，刀耕火种，开垦土地，大量森林被砍伐，草原被破坏，引起严重的水土流失，局部自然环境遭到破坏；兴修水利引起土壤盐渍化和沼泽化；大片土地由于掠夺式开发和过度使用而遭到破坏，千里沃野变成了穷山恶水。这一时期引起的环境问题，到目前为止，仍然是许多国家难以解决的难题。

工业化社会，以纺织机械革新为起点和蒸汽机使用为标志的第一次技术革命、以电机发明为起点和电力使用为标志的第二次技术革命、以信息化技术为起点，计算机的使用为标志的第三次技术革命，前所未有地推动了生产技术进步，促进了生产力突飞猛进的发展。工业文明的兴起，大幅度地提高了劳动生产率，增强了人类利用和改造环境的能力，丰富了人类物质生活和精神生活。在迅速促进产业化和城市化发展的进程中，出现了严重的“城市病”这样的环境问题。如很多国家不惜代价盲目地增加国民生产总值，甚至不顾一切地挖掘自然资源、破坏生态环境，这对地球生物圈的破坏是无可挽救的，影响之深是前所未有的。

综上所述，环境问题是随着经济和社会的发展而产生和发展的。老的环境问题解决了，新的环境问题又会出现，人类与环境这一对矛盾，是不断运动、不断变化、永无止境的。就其性质而言，环境问题具有不可根除和不断发展的属性，它与人类的欲望、经济的发展和科技的进步同时产生、同时发展，呈现孪生关系。

而环境问题的实质，就是一个经济问题和社会问题，是人类自然地、自觉地建设人类文明的过程中出现的问题。经济的发展，产生了各种各样的环境问题，如环境污染、水土流失、森林破坏等，反过来，各种环境问题的治理和控制，又需要相当的经济实力做支撑。

2. 人类通过生产或生活活动与环境发生联系

生产和生活活动也就是人类与环境之间的物质、能量和信息的交换活动。首先，人类的生存和发展要占据一定空间，并通过生产活动不断从环境中获取物质和能量，然后，通过人类的新陈代谢和消费活动排放废弃物。这一取一弃的过程使地球受到双重伤害，而环境又把所受到的影响反过来作用于人类。因此，环境问题不断产生。图 0.1 表明了人类与环境的关系。

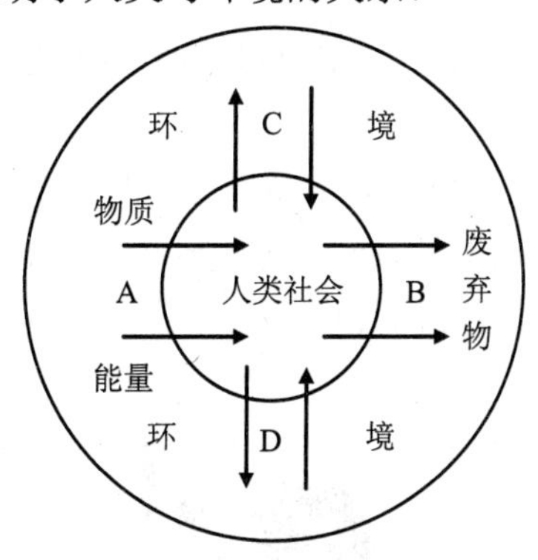

图 0.1　人类与环境的关系

三、环境问题产生的主要原因

1. 巨大的人口压力

环境问题与人口有着密切的互为因果的联系。在一定的社会发展阶段，一定的地理环境和生产力水平条件下，人口增长应有一个适当比例，庞大的人口数量及过快的增长速度，会引发一系列的社会经济问题，对环境造成巨大的冲击，如图 0.2 所示，人口增加，人均耕地面积减少，但消耗增加，粮食和燃料需求得不到满足，不得不砍伐森林、破坏草原，引起植被破坏、水土流失、土壤退化，这些又进一步加剧粮食不足，只能继续开垦荒地，刺激人口继续增长……人口增长与环境问题的恶性循环由此产生。

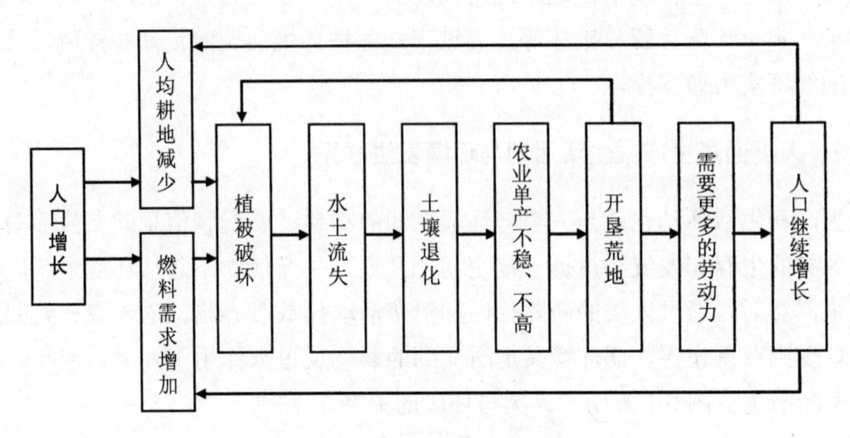

图 0.2 人口增长引起的环境问题

图 0.3 是世界人口增长示意图。由图可见，世界人口每增长 10 亿人所用的时间在逐渐缩短：由最初的几十年时间，缩短到十几年。因此，人类要有效地解决不断出现的环境问题，必须控制人口数量。

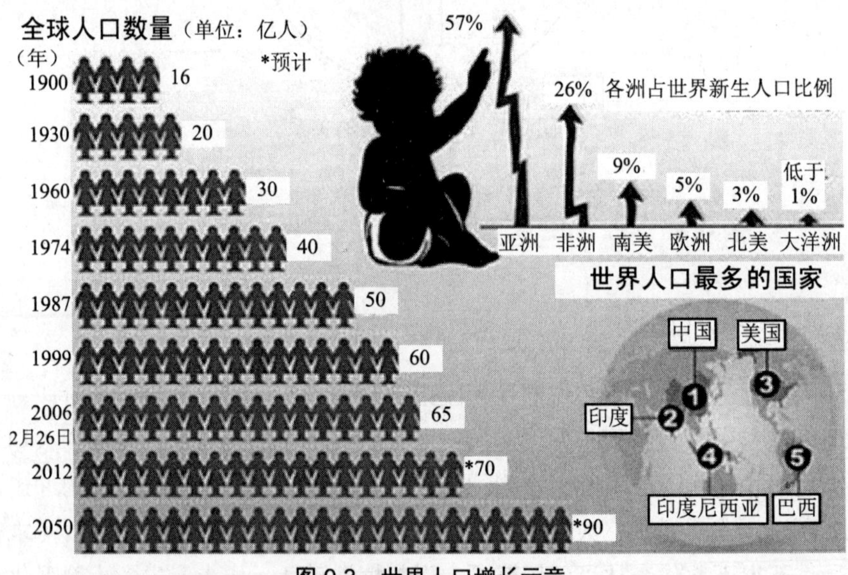

图 0.3 世界人口增长示意

资料来源：http://webpic.chinareviewnews.com/upload/201111/2/101891440.jpg。

2. 自然资源的不合理利用

为了寻求经济的快速发展，一些国家不惜代价地增加国民生产总值，极度“增产”，甚至不顾一切地挖掘自然资源，引起自然环境的污染和生态环境的破坏，这对地球生物圈的破坏是无可挽救的，影响之深是前所未有的。图 0.4 是自然资源的不合理利用引起的环境问题。

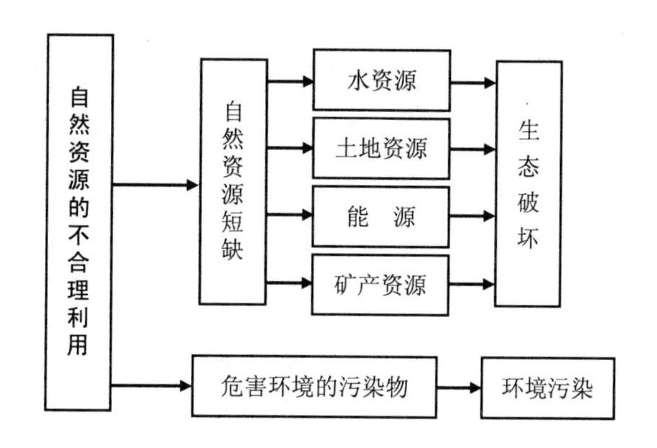

图 0.4 自然资源的不合理利用引起的环境问题

第二节 环境问题的分类及特征

广义的环境问题包括人为原因引起的环境问题和自然原因引起的环境问题两类。狭义的环境问题则仅指人为原因引起的环境问题。

一、环境问题分类

1. 原生环境问题（自然灾害问题）

原生环境问题是由自然界本身运动引起的，也称第一环境问题。这是人们无法避免的客观事实，但是人为的作用可以加速或延缓灾害的发生，加大或减轻灾害的影响和损失。自然灾害种类繁多，其分类如下：

（1）按成因分

①地质灾害，包括地震、崩塌、滑坡、泥石流、水土流失、地面塌陷、地裂缝、土地沙漠化、火山爆发等；

②灾害性天气，如台风、飓风、飑风、龙卷风、雷击、冰雹、暴雨、旱灾等；

③水文灾害，如洪涝灾害等；

④生物灾害，如病、虫、草、鼠害等。

（2）按表现方式分

①骤发性自然灾害，如地震、火山爆发、龙卷风、飓风、飑风等。骤发性灾害的特点是：猛烈地突然发生、持续的时间很短、灾害影响和危害巨大，灾区地理位置容易确认。

②长期性自然灾害，如沙漠化、水土流失等。其特点是：缓慢发生、持续时间长、潜在危害大。

2. 次生环境问题（环境污染和生态破坏问题）

次生环境问题是由于人类活动作用于周围的环境而引起的，又称第二环境问题。也是人类当前面临的最为严峻的挑战之一。主要包括人类不合理利用资源所引起的环境衰退和工业发展带来的环境污染等问题，其与城市化、工业化和农业集约化有着十分密切的关系。

（1）环境污染

环境污染是指人类活动产生并排入环境的污染物或污染因素超过了环境容量和环境自净能力，使环境的组成或状态发生了改变，造成环境质量恶化，影响和破坏了人类正常的生产和生活。

环境污染的主要原因是人口激增、工业和城市建设布局不合理、自然资源的不合理利用等。环境污染有不同类型：按环境要素，可分为大气污染、水污染、土壤污染等；按污染物的性质，可分为生物污染、化学污染和物理污染；按污染物的形态，可分为废气污染、废水污染、固体废物污染、噪声污染、辐射污染等，如图 0.5 所示。

（2）生态破坏

生态破坏是指人类开发利用自然环境和自然资源的活动超过了环境的自我调节能力，使环境质量恶化或自然资源枯竭，影响和破坏了生物正常的发展和演化以及可更新自然资源的持续利用。

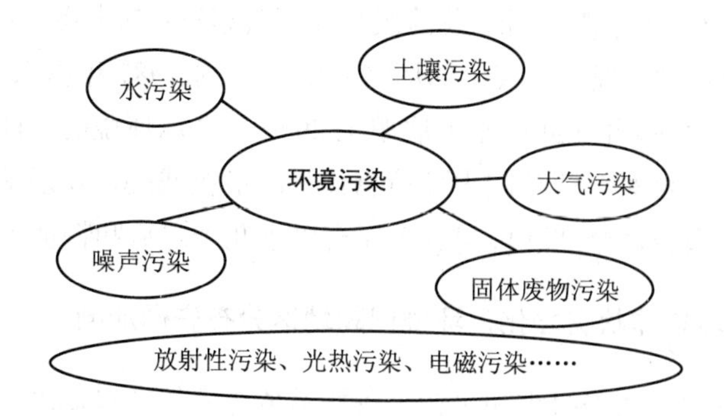

图 0.5　环境污染类型

生态破坏的主要原因是人类超出环境生态平衡的限度开发和使用资源。生态破坏的类型主要有森林面积减少、草原退化、水土流失、土地荒漠化、气候变暖、物种多样性减少等，如图 0.6 所示。

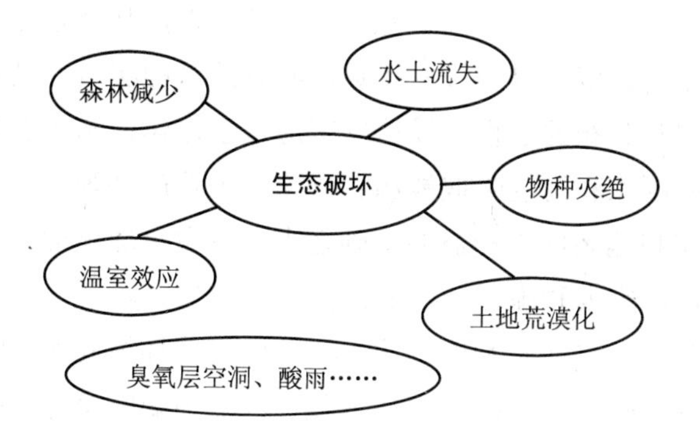

图 0.6　生态破坏类型

环境污染与生态破坏是互相联系的，不能截然分开。严重的环境污染可以导致生物死亡从而破坏生态平衡，使生态环境遭受破坏；生态破坏也会降低环境的自净能力，加剧环境污染的程度。

二、环境问题的特点

根据联合国环境规划署（UNEP）的分类，全球环境问题可分为五大类：①大气系统：气候变暖、臭氧层耗损、酸雨、大气棕色云等问题；②土地系统：荒漠化、土地与森林退化等；③海洋和淡水系统：海洋污染、水资源匮乏等；④化学品与废物：持久性有机物污染、危险废物越境转移等；⑤生物多样性破坏。2007年，联合国环境规划署发布了《全球环境展望-4》，对1987年以来20年间全球环境状况做了系统评估，并在此基础上展望了2050年全球环境的可能状况以及政策取向。这是国际社会对全球范围内环境总体状况最权威的以及最新的研究成果与判断。根据评估报告，全球环境问题发展有以下几个趋势和特征：

1．全球环境总体状况恶化，环境问题地区分布失衡加剧

尽管世界各国、相关组织和机构、各利益攸关者等通过制度、政策、技术、投资、能力建设以及国际合作等在解决上述环境问题方面做出了巨大的努力，取得了一些进步，但是全球环境总体状况改善没有取得期望的结果，地球环境问题依然严重。总的态势是局部地区改善、全球总体恶化，全球环境变化的地区分布失衡加剧。

少数发达国家和地区随着经济增长，其环境压力逐渐减弱，但是大多数欠发达、发展中和转型国家和地区环境状况没有得到改善，甚至恶化。这是因为全球化对经济要素如劳动、资本以及技术等重新配置的过程实质上是资源环境要素和环境问题重新配置和分布的过程。发达国家通过全球化，站在世界产品链和产业链的高端从发展中国家和地区吸取能源、食物、工业产品等，其环境改善是建立在牺牲发展中国家和地区环境利益的基础之上，导致全球环境问题的地缘分布不平衡进一步加剧，对穷人和脆弱地区的影响进一步加大。

目前，全球各大区域面临和所要优先解决的主要环境问题各有侧重。根据联合国环境规划署的评估报告，除了气候变化已经成为影响全球七大区的共同环境问题外，非洲的主要环境问题是土地退化和沙漠化；亚太地区主要是城市空气污染、淡水资源、生态系统退化、废弃物的增加；欧洲主要是不可持续的生产与消费方式所带来的高能耗、城市空气质量差等问题；拉丁美洲以及加勒比海地区主要是生物多样性丧失、海洋污染以及气候变化带来的问题等；北美主要是气候变化衍生的问题，包括能源选择、能源效率以及淡水资源等；西亚主要是淡水资源压力、土地退化、海洋生态系统以及城市管理等；两极地区主要是气候变化带来的影响、环境中的汞及其他持久性有机污染物、臭氧层修复等。

2．少数全球或区域性环境问题取得积极进步，多数进展缓慢或改善乏力

根据联合国环境规划署的全球评估，过去20年间，取得积极进展的全球环境

问题主要是臭氧层破坏和酸雨。在臭氧层耗损方面，在过去的20年里，国际团体已经将消耗臭氧层物质或化学品的生产减少了95%，这是一个令人瞩目的成就；酸雨问题在欧洲和北美地区已经得到基本解决，但是在墨西哥、印度和中国等国家依然是很严重的问题，这表明酸雨已经从一个全球性环境问题转变为典型的区域环境问题。除此之外，国际社会制定了温室气体减排条约，建立了一些新形式的碳交易以及碳补偿市场；保护区不断增加，大约覆盖了地球面积的12%；另外，还提出了很多方法来应对其他各种全球和区域环境问题。

但是大多数问题仍然没有得到实质解决。在气候变化方面，自1906年以来，全球温度平均升高了0.74℃。根据联合国政府间气候变化专门委员会（IPCC）最乐观的估计，21世纪全球温度还将升高1.8～4℃。全球变暖对全球和人类产生各种影响，包括极地冰川融化，导致海平面上升；影响降雨和大气环流，造成异常气候，形成旱涝灾害；导致陆地和海洋生态系统的变化和破坏；对人体健康和生存造成不利影响等。根据评估，由于气候变暖造成的海平面上升将会对世界上60%的居住在海岸线附近的人口产生严重后果。

生物多样性丧失依然在持续，生态系统服务功能退化。根据联合国环境规划署综合评估，现在物种灭绝的速度比史前化石记录的速度快100倍；全球60%的生态系统功能已经退化或正在以不可持续的方式利用；脊椎动物群中30%以上的两栖动物、23%的哺乳动物以及12%的鸟类都受到了威胁；1987—2003年，全球淡水脊椎动物的总数平均减少了将近50%。联合国环境规划署的评估报告对生物多样性丧失提出了预警，认为全球第6次物种大规模灭绝即将开始，而这次完全是由人类活动引起的；而且，一旦生物多样性缓慢的丧失达到一定阈值，就会导致突然的锐减，造成不可逆转的影响。同时，外来物种入侵问题及其造成的危害和损失在全球范围内也日益严重。

在水资源方面，灌溉用水已经占了可用水量的70%，随着对食物的需求增加，对淡水的需求量会增加，到2050年，发展中国家水资源的使用量会增加50%，发达国家也要增加18%。但是淡水供应量在减少。如果按现在的趋势发展，到2050年，将有18亿人生活在极度缺水的国家和地区，世界2/3的人口受到影响。同时，水质也在不断下降，在发展中国家每年大约有300万人死于水生疾病。在全球范围内，被污染的水是人类疾病甚至死亡的最大原因。化学品的生产和使用是造成水污染最重要的因素之一。目前，全球商业上使用的合成化学品种类约5万种，并且每年增加数百种，预计全球化学品生产在今后的20年里还要增加85%。这对解决水污染问题是极大的压力。

在土地方面，在食物需求和供给的驱动下，土地利用程度急剧上升，20 世纪 80 年代，每公顷耕地的谷物产量为 1.8 t，现在则是 2.5 t。但是这种不可持续的土地利用方式造成了严重的土地退化。造成土地退化的因素包括土壤污染、侵蚀、水资源匮乏、盐渍化等。土地退化已经威胁到全球 1/3 的人口。同时，土地荒漠化趋势日益严重，特别是在旱地集中的发展中国家与地区。

在森林方面，温带地区的森林面积有所恢复和增长，1990—2005 年，平均每年增长 3 万 km^2。但是同期热带地区雨林却大幅减少，平均每年缩减 13 万 km^2。

3. 各种全球环境问题相互交织渗透，关联性不断增强，与非环境领域的联系日益紧密

首先，全球与区域环境问题相互转化，交相呼应。在过去的 20 年间，一些全球性环境问题转变为区域性问题，如酸雨问题，从过去的全球性问题已经成为典型的区域性问题；臭氧层问题，尽管臭氧层破坏的影响是全球性的，但目前消耗臭氧层物质的生产和消费也是区域性的，也就是说臭氧层破坏的源头是局部的。而一些区域性问题逐渐上升为全球性问题，如危险废物特别是电子废物的越境转移，从过去的集中在亚洲逐渐扩展到非洲、欧洲等。

同时，全球环境问题存在一种倾向，即在区域范围内寻求解决的方案，至少是期望在区域内获得一定突破或初步解决，因为某些问题在多边框架下进展比较缓慢或者治理效果不明显，反而在区域范围内，问题相近的国家和地区容易达成一致意见；而某些区域性问题需要全球机制如公约、资金和技术援助的支持，如电子废物越境转移、削减和淘汰消耗臭氧层物质等。

其次，各种全球环境问题之间的关联性不断增强。例如，全球气候变暖可使极地冰川融化，海平面上升，导致海洋生态系统变化；气候变暖还可能改变动植物生境，影响陆地生态系统及其服务功能；造成极端异常气候，形成旱涝灾害，加剧水资源分配不平衡，影响土地利用等。土地退化、荒漠化与生物多样性保护紧密相关。总之，环境问题之间的关联和交织增加了问题解决的难度，需要统筹考虑这些问题，制定可持续的政策路径，需要采取在国际和国家水平上同时考虑经济、贸易、能源、农业、工业以及其他部门的综合措施。

最后，全球环境问题与国际政治、经济、文化、国家主权等非环境领域因素的关系越来越紧密。全球环境问题的泛政治化、经济化、法制化与机构化趋势日益明显。实际上，全球环境问题背后的实质是各国家和地区在全球化趋势下对环境要素和自然资源利用的再分配，是利益的争夺，包括经济和政治利益。如气候变化问题，受气候变化影响最大的国家如小岛屿国家要避免气候变暖海平面上升带来的威胁，敦促其他国家进行温室气体减排；工业化国家为维持既有的生产和消费方式及其利益，对发展中国家施加压力，增加其减排的责任；而新兴以及发展中国家要维护自己的发展权又要为自己争取更大的温室气体排放空间。总的来看，围绕《联合国气候变化框架公约》《京都议定书》以及后《京都议定书》时代的国际规则和资金机制等相关问题，不同利益攸关者为各自利益而进行的谈判斗争日益激烈。生物多样性锐减等其他全球环境问题也是如此。

4. 从现在到本世纪中叶是全球环境变化走向的关键时期，机遇与挑战并存

在对过去20年全球环境状况综合评估的基础上，联合国环境规划署用4幅图景展望了2050年全球环境的可能状况以及政策取向。评估报告对未来环境状况的发展表示了谨慎的乐观。预测到2050年，就某些环境指标来说，全球环境问题的退化率降低甚至逆转。如在所有情景中，耕地与森林退化率平稳降低；水的耗竭率下降；物种丧失、温室气体排放、温度升高等也在减缓，这主要是由于预期人口变迁的实现，材料消费的饱和以及技术进步等。如果《蒙特利尔议定书》得到严格遵守，到2060年或2075年，南极的臭氧黑洞可能会得到恢复。

尽管全球环境退化率有下降趋势，但是不同情景下环境变化的峰点与终点存在巨大不同，变化率越高，地球系统超过阈值的风险越大，可能会导致突然的、加速的变化，甚至不可逆转。不同的变化率在不同情景下会导致非常不同的终点，在市场优先情况下，2000—2050年，13%的原生物种将丧失；而在可持续性优先的情景下，则是8%；CO_2体积分数的情景变化在市场优先情景下为556×10^{-6}，可持续性优先情景下为475×10^{-6}。变化幅度越大，超过阈值的风险越大，如在《全球环境展望-4》中显示，捕鱼量快速增长，伴随着海洋生物多样性的显著退化，到2050年可能导致捕渔业的崩溃。

总之，在全球化背景下，随着人口和经济增长带来的对环境要素和资源需求和消耗的增长，全球环境变迁，空气、水、土地、生物多样性等都将面临更大的压力。从现在到本世纪中叶是全球环境变化走向的一个关键时期，存在挑战，也有机遇，全球环境问题能否得到改善取决于利益攸关者和决策者等的抉择与行动。

第三节 人类对环境问题的认识

环境问题的出现，是人与环境关系不协调的结果。它是人与环境在一定的时空中相互作用的具体体现，人类对环境问题的认识也是随着环境问题的发展而不断发展的。如果按人类环境明显变化的时间为划分依据，人类对环境的认识分为三个阶段。

一、生态环境的早期破坏

此阶段从人类出现开始直到产业革命，是一个漫长的时期，由于人类的生产、生活活动，引起严重的水土流失、土壤盐渍化或沼泽化、森林面积骤减、水源得不到涵养、水旱灾害频繁、生态退化等问题。

二、近代城市环境问题

此阶段从工业革命开始到20世纪80年代发现南极上空的臭氧空洞为止。工业革命是世界史的新起点，此后的环境问题也开始出现新的特点并日益复杂化和全球化。20世纪的30—60年代，震惊世界的环境污染事件频繁发生，导致众多人口非正常死亡、残疾、患病的公害事件不断出现，其中最严重的有八起污染事件，人们称之为“八大公害”。

（1）比利时马斯河谷烟雾事件

马斯河谷是比利时境内马斯河旁一段长24 km的河谷地段。这一段中部低洼，两侧有百米的高山对峙，使河谷地带处于狭长的盆地之中。马斯河谷地区是一个重要的工业区，建有3个炼油厂、3个金属冶炼厂、4个玻璃厂和3个炼锌厂，还有电力、硫酸、化肥厂和石灰窑炉，工业区全部处于狭窄的盆地中。

1930年12月1—5日，整个比利时大雾笼罩，气候反常。由于特殊的地理位置，马斯河谷上空出现了很强的逆温层。通常，气流上升越高，气温越低。但当气候反常时，低层空气温度就会比高层空气温度还低，发生“气温的逆转”现象，这种逆转的大气层叫作逆温层。逆温层会抑制烟雾的升腾，使大气中的烟尘积存不散，在逆转层下积蓄起来，无法对流交换，造成大气污染。

在这种逆温层和大雾的作用下，马斯河谷工业区内13个工厂排放的大量烟雾弥漫在河谷上空无法扩散，有害气体在大气层中越积越厚，其积存量接近危害健康的极限。12 月 3 日开始，在二氧化硫（SO_2）和其他几种有害气体以及粉尘污染的综合作用下，河谷工业区有上千人发生呼吸道疾病，症状表现为胸疼、咳嗽、流泪、咽痛、声嘶、恶心、呕吐、呼吸困难等。一个星期内就有 60 多人死亡，是同期正常死亡人数的十多倍。其中以心脏病、肺病患者死亡率最高。许多家畜也未能幸免于难，纷纷死去。

这次事件曾轰动一时，虽然日后类似这样的烟雾污染事件在世界很多地方都发生过，但马斯河谷烟雾事件却是 20 世纪最早记录下的大气污染惨案。

（2）洛杉矶光化学烟雾事件

美国洛杉矶光化学烟雾事件是世界有名的公害事件之一，1943 年发生在美国洛杉矶市。在 1952 年 12 月的一次光化学烟雾事件中，洛杉矶市 65 岁以上的老人死亡 400 多人。1955 年 9 月，由于大气污染和高温，短短两天之内，65 岁以上的老人又死亡 400 余人，许多人出现眼睛痛、头痛、呼吸困难等症状甚至死亡。图 0.7 为洛杉矶光化学烟雾发生时的照片。

图 0.7 洛杉矶光化学烟雾

光化学烟雾是大量聚集的汽车尾气中的碳氢化合物在阳光作用下，与空气中其他成分发生化学反应而产生的有毒气体。这种烟雾中含有臭氧、氧化氮、乙醛和其他氧化剂。图 0.8 是美国纽约曼哈顿区发生光化学烟雾时的图片。

光化学烟雾事件致使远离城市 100 km 以外的海拔 2 000 m 高山上的大片松林枯死，柑橘减产。仅 1950—1951 年，美国因大气污染造成的损失就达 15 亿美元。

图 0.8　美国纽约曼哈顿区的光化学烟雾

(3) 多诺拉烟雾事件

多诺拉是美国宾夕法尼亚州的一个小镇，位于匹兹堡市南边 30 km 处，有居民 1.4 万多人。多诺拉镇坐落在一个马蹄形河湾内侧，两边高约 120 m 的山丘把小镇夹在山谷中。多诺拉镇是硫酸厂、钢铁厂、炼锌厂的集中地，多年来，这些工厂的烟囱不断地向空中喷烟吐雾，以致多诺拉镇的居民们对空气中的怪味都习以为常了。

1948 年 10 月 26—31 日，持续的雾天使多诺拉镇看上去格外昏暗。气候潮湿寒冷，天空阴云密布，一丝风都没有，空气失去了上下的垂直移动，出现逆温现象。在这种死风状态下，工厂的烟囱却没有停止排放，就像要冲破凝住了的大气层一样，不停地喷吐着烟雾。两天过去了，天气没有变化，只是大气中的烟雾越来越厚重，工厂排出的大量烟雾被封闭在山谷中。空气中散发着刺鼻的二氧化硫气味，令人作呕。空气能见度极低，除了烟囱之外，工厂都消失在烟雾中。随之而来的是小镇中 6 000 人突然发病，症状为眼病、咽喉痛、流鼻涕、咳嗽、头痛、四肢乏倦、胸闷、呕吐、腹泻等，其中有 20 人很快死亡。死者年龄多在 65 岁以上，大都原来就患有心脏病或呼吸系统疾病，情况和当年的马斯河谷事件相似。

(4) 伦敦烟雾事件

1952 年 12 月 5 日开始，逆温层笼罩伦敦，城市处于高气压中心位置，垂直和水平的空气流动均停止，连续数日空气寂静无风。当时伦敦冬季多使用燃煤采暖，市区内还分布有许多以煤为主要能源的火力发电站。由于逆温层的作用，煤炭燃烧产生的二氧化碳、一氧化碳、二氧化硫、粉尘等污染物在城市上空蓄积，引发了连续数日的大雾天气。期间由于毒雾的影响，不仅大批航班取消，甚至白天汽车在公路上行驶都必须打开大灯。

行人走路都极为困难，只能沿着人行道摸索前行。由于大气中的污染物不断蓄积，不能扩散，许多人都感到呼吸困难，眼睛刺痛，流泪不止。伦敦医院由于呼吸道疾病患者剧增而一时爆满，伦敦城内到处都可以听到咳嗽声。

当时伦敦正在举办一场牛展览会，参展的牛首先对烟雾产生了反应，350 头牛有 52 头严重中毒，14 头奄奄一息，1 头当场死亡。不久后，伦敦市民也对毒雾产生了反应，许多人感到呼吸困难、眼睛刺痛，发生哮喘、咳嗽等呼吸道症状的病人明显增多，进而死亡率陡增，据史料记载，12 月 5—8 日的 4 天里，伦敦市死亡人数达 4 000 人。根据事后统计，在发生烟雾事件的一周中，48 岁以上人群的死亡率为平时的 3 倍；1 岁以下人群的死亡率为平时的 2 倍。在这一周内，伦敦市因支气管炎死亡 704 人，冠心病死亡 281 人，心脏衰竭死亡 244 人，结核病死亡 77 人，分别为前一周的 9.5 倍、2.4 倍、2.8 倍和 5.5 倍。此外，肺炎、肺癌、流行性感冒等呼吸系统疾病的发病率也有显著性增加。

1952 年 12 月 9 日之后，由于天气变化，毒雾逐渐消散，但在此之后两个月内，又有近 8 000 人因为烟雾事件而死于呼吸系统疾病。图 0.9 为 1952 年发生伦敦烟雾时的照片。

烟雾事件之后，伦敦市政当局开始着手调查事件原因，但未果。此后的 1956 年、1957 年和 1962 年又连续发生了多达 12 次严重的烟雾事件。

图 0.9　伦敦烟雾事件

（5）水俣病事件

日本熊本县水俣湾外围的“不知火海”是被九州本土和天草诸岛围起来的内海，那里海产丰富，是渔民们赖以生存的主要渔场。水俣镇是水俣湾东部的一个小镇，有 4 万多人居住，周围的村庄还居住着 1 万多农民和渔民。“不知火海”丰富的渔产使小镇格外兴旺。

1925 年，日本氮肥公司在这里建厂，后又开设了合成醋酸厂。1949 年后，这个公司开始生产氯乙烯（C_2H_5Cl），年产量不断提高，1956 年超过 6 000 t。与此同时，工厂把没有经过任何处理的废水排放到水俣湾中。

1956 年，水俣湾附近出现了一种奇怪的病。这种病症最初出现在猫身上，被称为“猫舞蹈症”。病猫步态不稳，抽搐、麻痹，甚至跳海死去，被称为“自杀猫”。随后不久，此地也发现了患这种病症的人。患者由于脑中枢神经和末梢神经被侵害，轻者口齿不清、步履蹒跚、面部痴呆、手足麻痹、感觉障碍、视觉丧失、震颤、手足变形，重者神经失常，或酣睡，或兴奋，身体弯弓高叫，直至死亡。当时这种病由于病因不明而被叫作“怪病”。这种“怪病”就是日后轰动世界的“水俣病”，是最早出现的工业废水排放污染造成的公害病。

1953—1968 年，还是在日本熊本县水俣湾，由于人们食用了海湾中含汞污水污染的鱼虾、贝类及其他水生动物，造成近万名中枢神经疾患，其中甲基汞中毒患者 283 人中有 66 余人死亡。图 0.10 汞污染引起的胎儿性水俣病患者图片。

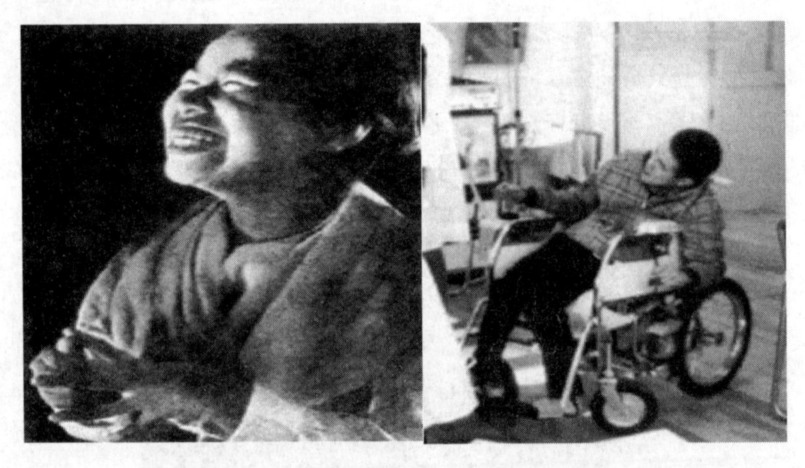

图 0.10　汞污染引起的胎儿性水俣病患者

（6）四日市哮喘病事件

四日市位于日本东部海湾。1955 年，这里相继兴建了十多家石油化工厂，化工厂终日排放着含 SO_2 的气体和粉尘，使昔日晴朗的天空变得污浊不堪。1961 年，呼吸系统疾病开始在这一带发生，并迅速蔓延。据报道，患者中慢性支气管炎占

25%，哮喘病患者占30%，肺气肿等占15%。1964年，这里曾经有3天烟雾不散，哮喘病患者中不少人因此死去。1967年，一些患者因不堪忍受折磨而自杀。1970年，患者达500多人。1972年，全市哮喘病患者871人，死亡11人。

后来，由于日本各大城市普遍燃用高硫重油，致使四日市哮喘病蔓延全国，如千叶、川崎、横滨、名古屋、水岛、岩国、大分等几十个城市都有哮喘病在蔓延。据日本环境省统计，到1972年为止，日本全国患四日市哮喘病的患者多达6 376人。

（7）米糠油事件

1963年3月，在日本爱知县一带，由于对生产米糠油业的管理不善，造成多氯联苯污染物混入米糠油内，人们食用了这种被污染的油之后，酿成有13 000多人中毒、数十万只鸡死亡的严重污染事件。

米糠油，就是稻谷加工后的副产品米糠中所含的油。米糠的含油量是18%，通过压榨法或浸出法可以将米糠中的油脂提取出来，米糠油不仅可以食用，也可以用来制造肥皂、硬化油、甘油、硬脂酸、油酸、油漆树脂等产品。

1968年3月，日本的九州、四国等地区的几十万只鸡突然死亡。经调查，发现是饲料中毒，但因当时没有弄清毒物的来源，也就没有对此进行追究。然而，事情并没有就此完结，当年6—10月，有4家人因患原因不明的皮肤病到九州大学附属医院就诊，患者初期症状为痤疮样皮疹、指甲发黑、皮肤色素沉着、眼结膜充血等。此后3个月内，又确诊了112个家庭325名患者，之后在全国各地仍不断出现。至1978年，确诊患者累计达1 684人。

（8）骨痛病事件

在日本中部的富山平原上，一条名叫“神通川”的河流穿行而过，并注入富山湾。它不仅是居住在河流两岸人们世世代代的饮用水水源，也灌溉着两岸肥沃的土地，是日本主要粮食基地的命脉水源。

然而，谁也没有想到，多年后这条命脉水源竟成了“夺命”水源。

20世纪初期开始，人们发现这个地区的水稻普遍生长不良。1931年，这里又出现了一种怪病，患者病症表现为腰、手、脚等关节疼痛。病症持续几年后，患者全身各部位会发生神经痛、骨痛现象，行动困难，甚至呼吸都会带来难以忍受的痛苦。到了患病后期，患者骨骼软化、萎缩，四肢弯曲，脊柱变形，骨质松脆，就连咳嗽都能引起骨折。患者不能进食，疼痛无比，常常大叫“痛死了”!有人甚至因无法忍受痛苦而自杀。这种病由此得名为“骨癌病”或“骨痛病”。

1946—1960 年，日本医学界从事综合临床、病理、流行病学、动物实验和分析化学的人员经过长期研究发现，“骨痛病”是由神通川上游的神冈矿山废水排放引起的镉（Cd）中毒。

镉是对人体有害的重金属物质。人体中的镉主要是由被污染的水、食物、空气通过消化道与呼吸道摄入体内的，大量蓄积就会造成镉中毒。据记载，富山县神通川上游的神冈矿山从 19 世纪 80 年代成为日本铝矿、锌矿的生产基地。矿产企业长期将没有处理的废水排入神通川，污染了水源。用这种含镉的水浇灌农田，生产出来的稻米成为“镉米”。“镉米”和“镉水”把神通川两岸的人们带进了“骨痛病”的阴霾中。

1955—1968 年，生活在日本富山平原地区的人们，因为饮用了含镉的河水和食用了含镉的大米以及其他含镉的食物，引起“骨痛病”，就诊患者 258 人，其中因此死亡者达 207 人。图 0.11 为骨痛病患者图片。

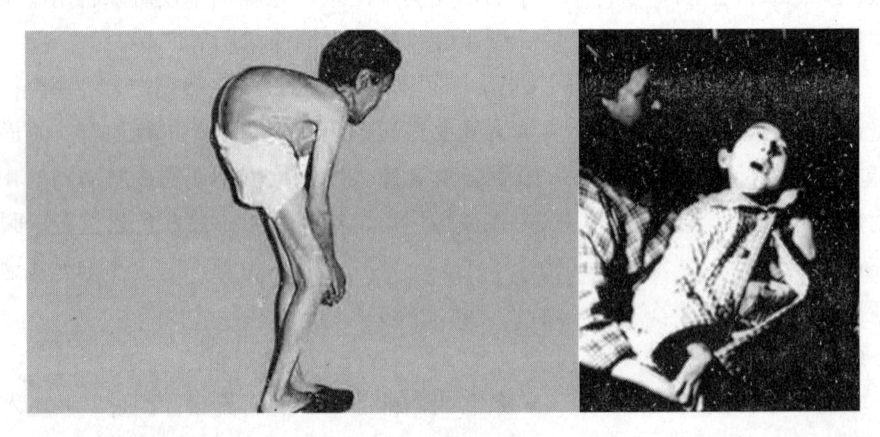

图 0.11 骨痛病患者

三、当代环境问题阶段（全球环境问题为代表）

从 1984 年英国科学家发现、1985 年美国科学家证实南极上空出现“臭氧空洞”开始，人类环境问题发展到当代环境问题阶段。这一阶段环境问题的特征是：在全球范围内出现了不利于人类生存和发展的征兆，目前这些征兆集中在酸雨、臭氧层破坏和全球变暖三大全球性大气环境问题上。与此同时，发展中国家的城市环境问题和生态破坏、一些国家的贫困化愈演愈烈，水资源短缺在全球范围内普遍发生，其他资源（包括能源）也相继出现严重短缺甚至耗竭信号。这一切都表明了环境问题的复杂性和长远性。

此阶段发生的典型环境问题以世界著名的“六大污染”和“十大事件”为代表。

1．六大污染

（1）意大利塞维索化学污染事故

1976 年 7 月 10 日，意大利塞维索的伊克梅萨化工厂加碱水解反应釜由于反应放热失控，引起压力过高而导致安全阀失灵，从而形成爆炸。由于当时釜内的压力高达 4 个大气压[①]，温度高达 250℃，包括反应原料、生成物以及二噁英杂质等在内的化学物质一起冲破了屋顶，冲入空中，形成一个污染云团，这个过程持续了约 20 min。造成严重的环境污染，使多人中毒。厂周围 8.5 hm^2 范围内所有居民被迁走，1.5 km 内植物均被填埋，在数公顷土地上铲除掉几厘米厚的表土层。二噁英毒性比 DDT 高出 1 万倍，有致癌和致畸作用。事隔多年后，当地居民中畸形儿出生率仍很高。

（2）美国三里岛核电站泄漏事故

三里岛核电站泄漏事故，简称 TMI-2。1979 年 3 月 28 日凌晨 4 时，美国宾夕法尼亚州的三里岛核电站第 2 组反应堆的操作室里，红灯闪亮、汽笛报警、涡轮机停转、堆芯压力和温度骤然升高，2 h 后，大量放射性物质溢出。在三里岛事件中，从最初清洗设备的工作人员的过失操作开始，到反应堆彻底毁坏，整个过程只用了 120 s。6 天以后，堆芯温度才开始下降，蒸气泡消失——引起氢爆炸的威胁免除了。100 t 铀燃料虽然没有熔化，但有 60%的铀棒受到损坏，反应堆最终陷于瘫痪。此事故为核事故的第五级（核事故共 7 个级别，级别越高，危害越大）。事故发生后，全美震惊，周围 50 英里[②]以内约 200 万人口处在极度不安之中，人们停工停课，纷纷撤离，一片混乱。

（3）墨西哥液化气爆炸事件

世界最大的液化气爆炸事件，发生在墨西哥首都墨西哥城。1984 年 11 月 9 日，墨西哥首都近郊的一座液化气供应站发生爆炸，对周围环境造成严重危害，造成 54 座储气罐爆炸起火，死亡 1 000 多人，伤 4 000 多人，毁房 1 400 余幢，

---

① 1 个大气压=101.325 kPa。

② 1 英里=1.609 344 km。

致使3万多人无家可归，50万居民逃难。

这次液化气大爆炸，给墨西哥城带来了灾难，使社会经济及人民生命蒙受巨大的损失。

（4）印度博帕尔毒气泄漏事故

1984年，美国联合碳化物公司在印度博帕尔造成了一场有史以来最严重的工业灾难，直接致死人数2.5万人，间接致死人数55万人，永久性残疾人数20多万人。而其4.7亿美元的最终赔偿额，与今天的英国石油公司因墨西哥湾漏油事件表示愿意赔偿的200亿美元相比，实可谓九牛一毛。

1984年12月2日，印度中央邦博帕尔市，空气清凉，与平时似乎没什么两样。灾难来临之前，不带任何警告，也没有任何征兆。

那天下午，博帕尔北郊的一家农药厂里，一位工人在冲洗设备管道时，凉水不慎流入装有异氰酸酯（MIC）的储藏罐。几个小时过后，一股浓烈、酸辣的乳白色气体，神不知鬼不觉地从储藏罐的阀门缝隙里冒了出来。“罪魁祸首是异氰酸酯，是工人在例行的设备保养过程中无心而为之的结果。”这是美国联合碳化物公司对那次印度博帕尔毒气泄漏事故的全部解释和说明。

灾难发生时，有的人以为是瘟疫降临，有的人以为是原子弹爆炸，有的人以为是地震，还有人以为是世界末日来临了。无数人被毒气熏醒，并开始咳嗽，四肢感觉无力，呼吸也越来越困难，人们用“开水里煮土豆”形容当时眼睛被灼伤的痛感。

当毒雾的消息传开以后，惊慌的人们四处逃命，千百人或乘车、或步行、或骑脚踏车飞速逃离了他们的家园。整个城市的情况就像科学幻想小说中的梦魇，许多人被毒气弄瞎了眼睛，只能摸索前行，一路上跌跌撞撞。很多人还没能走出已受污染的空气，便横尸路旁。

尽管向警察报告情况花了3个小时的时间，工厂的管理者仍有足够的时间把所有的工人转移到安全地带。“从工厂逃出来的人没有一个死亡的，原因之一就是他们都被告知要朝反的方向跑，逃离城区，并且用蘸水的湿布保持眼睛的湿润”。可是，当灾难迫近，美国联合碳化物公司却没有给予博帕尔市民最基本的建议不要惊慌，要待在家里并保持眼睛湿润。该工厂没有尽到向市民提供逃生信息的责任，他们对市民的生命有着惊人的漠视。

这次事故直接中毒人数超过50万人（当时博帕尔市区的人口约80万人），3天内死亡人数超过8 000人，事故发生4天后，受害的病人还以每分钟一人的速度增加。到 12 月底，该地区已死亡 2 万多人，近 20 万人致残，数千头牲畜也被毒死。印度政府不得不派用军队和起重机，无数的尸体一个压一个地堆砌在一起，放到卡车上，然后在落日的余晖中火化。幸存下的人也被惊吓得目瞪口呆，甚至无法表达心中的苦痛。很长一段时间，博帕尔四处弥漫着一种恐惧的气氛和死尸的恶臭。

博帕尔的这次公害事件是有史以来最严重的事故性污染而造成的惨案。

（5）苏联切尔诺贝利核电站事故

1986 年 4 月，苏联基辅地区切尔诺贝利核电站 4 号反应堆爆炸起火，放射性物质外泄，上万人受到伤害，也造成了其他国家遭受放射性尘埃的污染，中国北京的上空也检测到这样的尘埃。

事故共造成 31 名工作人员死亡，数千人受到强核辐射，数万人撤离。对环境的破坏无法估量。直到今天，切尔诺贝利核电站还存有 100 kg 钚，而 1 mg 钚就足以使人丧命，钚的半衰期是 24.5 万年，这对于人类而言其实就是永远。在 1986 年事故后的处理中，苏联采用建造“石棺”的方式用钢筋混凝土将核电站整体罩住，当时“石棺”的设计寿命是 30 年。而今，“石棺”已出现了明显老化，现在的乌克兰又缺乏经费，致使新“石棺”的建造时间晚了 10 年，用现在的科技，相信能够最大限度地降低新“石棺”安装时的风险。从整体上说，此次事故给人类带来的灾难及影响是永久性的，也值得所有人永远对其关注。

（6）德国莱茵河污染事故

1986 年 11 月 1 日，瑞士巴塞尔桑多兹化工厂的 956 号仓库中存放着的 824 t 高效杀虫剂、71 t 除草剂、12 t 汞化合物以及 4 t 非法存放的易燃有毒混合物在剧烈的爆炸声中变成了一片火海，大量有毒化学品随灭火用水流进莱茵河。

巴塞尔和卡尔斯鲁尔河段内 15 万条鳗鱼遭到无妄之灾，使这一河段内鳗鱼濒于绝迹。尤其令人始料不及的是，不仅大火带来了一场生态化学灾难，灭火本身也破坏了生态环境。灭火液遇高温发生化学反应，生成有害气体。大量用来灭火的水通过排水道将 10～30 t 农药和至少 200 kg 汞带入了临近的莱茵河，几百公里内的生物逐渐死亡。300 英里处的井水不能饮用，德国与荷兰居民被迫定量供水，使几十年德国为治理莱茵河投资的 210 亿美元付诸东流。这次事故，给莱茵河沿岸国家带来的直接经济损失高达 6 000 万美元，其旅游业、渔业及其他相关损失不可估计。

2. 十大事件

1972—1992年，世界范围内的重大污染事件屡屡发生，其中著名的有十起，称之为“十大事件”。

（1）北美死湖事件

美国东北部和加拿大东南部是西半球工业最发达的地区，每年向大气中排放二氧化硫2 500多万t。其中约有380万t由美国飘到加拿大，100多万t由加拿大飘到美国。20世纪70年代开始，这些地区出现了大面积酸雨区。美国受酸雨影响的水域达3.6万km^2，23个州的17 059个湖泊中有9 400个酸化变质。最强的酸雨降在弗吉尼亚州，pH值为1.4。纽约州阿迪龙达克山区，1930年只有4%的湖泊无鱼，1975年近50%的湖泊无鱼，其中200个是死湖，听不见蛙声，死一般寂静。加拿大受酸雨影响的水域为5.2万km^2，5 000多个湖泊明显酸化。多伦多1979年平均降水pH值为3.5，比番茄汁还要酸，安大略省萨德伯里周围1 500多个湖泊池塘漂浮死鱼，湖滨树木枯萎。

（2）卡迪兹号油轮事件

1978年3月16日，美国22万t的超级油轮“亚莫克·卡迪兹号”，满载伊朗原油向荷兰鹿特丹驶去，航行至法国布列塔尼海岸触礁沉没，漏出原油22.4万t，污染了350 km长的海岸带。仅牡蛎就死掉9 000多t，海鸟死亡2万多t。海事本身损失1亿多美元，污染的损失及治理费用则高达5亿多美元，而给被污染区域的海洋生态环境造成的影响更是难以估量。

（3）墨西哥湾井喷事件

1979年6月3日，墨西哥石油公司在墨西哥湾南坎佩切湾尤卡坦半岛附近海域的伊斯托克1号平台钻机打入水下3 625 m深的海底油层时，突然发生严重井喷，平台陷入熊熊火海之中，原油以每天4 080 t的流量向海面喷射。后来在伊斯托克井800 m以外海域抢打两眼引油副井，分别于9月中旬、10月初钻成，减轻了主井压力，喷势才稍减。直到1980年3月24日井喷才完全停止，历时296天，其流失原油45.36万t，以世界海上最大井喷事故载入史册。

这次井喷造成10 mm厚的原油顺潮北流，涌向墨西哥和美国海岸。黑油带长480 km，宽40 km，覆盖1.9万km^2的海面，使这一带的海洋环境受到严重污染。

（4）库巴唐“死亡谷”事件

巴西圣保罗以南60 km的库巴唐市，20世纪80年代以“死亡之谷”知名于世。该市位于山谷之中，60 年代引进炼油、石化、炼铁等外资企业 300 多家，人口剧增至 15 万人，成为圣保罗的工业卫星城。企业主只顾赚钱，随意排放废气废水，谷地浓烟弥漫、臭水横流，有 20%的人得了呼吸道过敏症，医院挤满了接受吸氧治疗的儿童和老人，使 2 万多贫民窟居民严重受害。

1984 年 2 月 25 日，一条输油管破裂，10 万加仑[①]油熊熊燃烧，烧死百余人，烧伤 400 多人。1985 年 1 月 26 日，一家化肥厂泄漏 50 t 氨气，30 人中毒，8 000 人撤离。市郊 60 km^2 森林陆续枯死，山岭光秃，遇雨滑坡，大片贫民窟被摧毁。

（5）西德森林枯死病事件

西德共有森林 740 万 hm^2，到 1983 年为止有 34%染上枯死病，每年枯死的蓄积量占同年森林生长量的 21%以上，先后有 80 多万 hm^2 森林被毁。这种枯死病来自酸雨之害。在巴伐利亚国家公园，由于酸雨的影响，几乎每棵树都得了病，面目全非。黑森州海拔 500 m 以上的枞树相继枯死，全州 57%的松树病入膏肓。巴登-符腾堡州的“黑森林”，是因枞树、松树绿得发黑而得名，是欧洲著名的度假胜地，也有一半树染上枯死病，树叶黄褐脱落，其中 46 万亩[②]完全死亡。汉堡也有 3/4 的树木面临死亡。当时鲁尔工业区的森林里，到处可见秃树、死鸟、死蜂，该区儿童每年有数万人感染特殊的喉炎症。

（6）印度博帕尔公害事件（略）

（7）切尔诺贝利核漏事件（略）

（8）莱茵河污染事件（略）

（9）雅典“紧急状态事件”

1989 年 11 月 2 日上午 9 时，希腊首都雅典市中心大气质量监测站显示，空气中二氧化碳浓度 318 mg/m^3，超过国家标准（200 mg/m^3）59%，发出了红色危险信号。11 时浓度升至 604 mg/m^3，超过 500 mg/m^3 紧急危险线。中央政府当即宣布雅典进入“紧急状态”，禁止所有私人汽车在市中心行驶，限制出租汽车和摩托车行驶，并下令熄灭所有燃料锅炉，主要工厂削减燃料消耗量 50%，学校一律停课。中午，二氧化碳浓度增至 631 mg/m^3，超过历史最高纪录。一氧化碳浓度也突破危险线。许多市民出现头疼、乏力、呕吐、呼吸困难等中毒症状。市区到处响起救护车的呼啸声。下午 16 时 30 分，戴着防毒面具的自行车队在大街上示

① 1 加仑=4.546 09 L。

② 1 亩=1/15 hm^2。

威游行，高喊“要污染，还是要我们！”“请为排气管安上过滤嘴！”。

（10）海湾战争油污染事件

据估计，1990 年 8 月 2 日—1991 年 2 月 28 日海湾战争期间，先后泄入海湾的石油达 150 万 t。1991 年多国部队对伊拉克空袭后，科威特油田到处起火。1 月 22 日，科威特南部的瓦夫腊油田被炸，浓烟蔽日，原油顺海岸流入波斯湾。随后，伊拉克占领的科威特米纳艾哈麦迪开闸放油入海。科威特南部的输油管也到处破裂，原油滔滔入海。1 月 25 日，科威特接近沙特的海面上形成长 16 km、宽 3 km 的油带，每天以 24 km 的速度向南扩展，部分油膜起火燃烧黑烟遮住阳光，伊朗南部降了“黏糊糊的黑雨”。至 2 月 2 日，油膜展宽 16 km，长 90 km，逼近巴林，危及沙特阿拉伯。迫使两国架设浮栏，保护海水淡化厂水源。这次海湾战争酿成的油污染事件，在短时间内就使数万只海鸟丧命，并毁灭了波斯湾一带大部分海洋生物。

这些全球性大范围的环境问题严重威胁着人类的生存和发展，不论是广大公众还是政府官员，也不论是发达国家还是发展中国家，都普遍对此表示不安。1972 年 6 月 5—16 日，联合国人类环境会议在瑞典斯德哥尔摩召开。113 个国家和地区的 1 300 多名代表通过了《人类环境宣言》，确定 6 月 5 日为世界环境日，提出了“只有一个地球”的口号。这次会议被认为是世界环境保护行动的第一个里程碑。

1992 年 6 月 3—14 日在巴西里约热内卢举行联合国环境与发展大会。183 个国家代表团，102 位国家元首或政府首脑，70 个国际组织的代表与会。通过了《关于环境和发展的里约宣言》（又名《地球宪章》）、《21 世纪议程》《关于森林问题的原则声明》3 个文件，另有《联合国气候变化框架公约》和《生物多样性公约》两个公约开始签字。提出了“地球在我们手中”的口号。这次会议是人类认识环境问题的又一里程碑，提出了实现可持续发展的 27 条基本原则和全球范围内可持续发展的行动计划，标志着可持续发展得到了世界最广泛和最高领导级别上的政治承诺。

参考文献

[1] 刘培桐，薛纪渝，王华东. 环境学概论（修订版）[M]. 2 版. 北京：高等教育出版社，1995.

[2] 陈英旭. 环境学[M]. 北京：中国环境科学出版社，2001.

[3] 何强. 环境学导论[M]. 北京：清华大学出版社，2004.

[4] 徐再荣. 全球环境问题与国际回应[M]. 北京：中国环境科学出版社，2007.

[5] 左玉辉. 环境学[M]. 2 版. 北京：高等教育出版社，2010.

[6] 彭俐俐. 20 世纪环境警示录[M]. 北京：华夏出版社，2001.

第一篇　生态破坏

第一章　温室效应与全球变暖

第一节　温室效应

一、温室效应的来源

18 世纪 20 年代，法国数学家、物理学家让·傅里叶指出了大气中温室气体的增暖效应以及这种效应与花房中玻璃作用的相似性，首次提出了温室效应理论。温室效应是指透射阳光的密闭空间由于与外界缺乏热交换而形成的保温效应，就是太阳短波辐射可以透过大气射入地面，而地面增暖后放出的长波辐射却被大气中的二氧化碳等温室气体吸收，从而产生大气变暖的效应（图 1.1）。

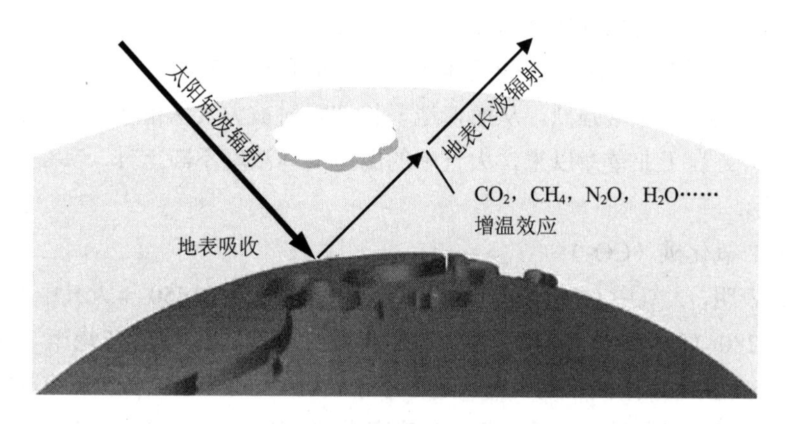

图 1.1　温室效应原理

研究表明，如果没有大气，地表平均温度约为-23℃，而实际地表平均温度约为-15℃，由此说明，大气层的存在使地表温度升高了38℃，地表辐射最强的波段位于红外区。太阳的短波辐射透过大气层，几乎无衰减地到达地面，被地球表面物质吸收，地球表面温度上升。地表受热后向外放出的大量长波热辐射被大气吸收，大气向外辐射波长更长的长波辐射，其中一部分传入宇宙空间，维持与入射太阳辐射的平衡，一部分传向地面，地面接收逆辐射后温度升高，所以大气对地面起到了增暖作用，使地表的实际温度远高于理论计算温度，这就是“大气温室效应”。

二、温室气体

1. 温室气体的定义

1992年5月，联合国政府间气候变化专门委员会就气候变化问题达成《气候变化框架公约》，这是世界上第一个为全面控制二氧化碳等温室气体排放，以应对全球气候变暖给人类经济和社会带来不利影响的国际公约。公约中规定把“大气中任何吸收和重新放出红外辐射的自然和人为的气体成分”称为温室气体。在地球的长期演化过程中，自然界本身不断地排放、吸收和分解着温室气体，在很长一段时间内，大气中的温室气体处于一种缓慢变化的循环过程中，浓度基本维持平衡。

2. 温室气体的种类

大气中主要的温室气体有水蒸气、二氧化碳、甲烷、臭氧、一氧化二氮和氟氯碳化合物类等物质。尽管这些气体在大气中的含量非常有限，但是对地表长波辐射的吸收能力却非常强烈，从而使地表长波辐射被大气保留下来，减少了地面的热量损失。自工业革命以来，大气中的温室气体浓度不断上升，其变化趋势如图1.2所示。

（1）二氧化碳（CO_2）

研究表明，大气中CO_2含量一直在持续不断地上升。1750年大气中CO_2体积分数仅为280×10^{-6}，1958年CO_2体积分数为312.5×10^{-6}，到1984年增至343×10^{-6}。1958—1968年CO_2体积分数年增长速率小于1×10^{-6}；而1968—1978年CO_2体积分数年增长速率却大于1×10^{-6}。若按此速度增加，则未来50年内大气中CO_2体积分数将增加30%，到21世纪中叶将增至600×10^{-6}，即相当于工业革命初期的2倍。

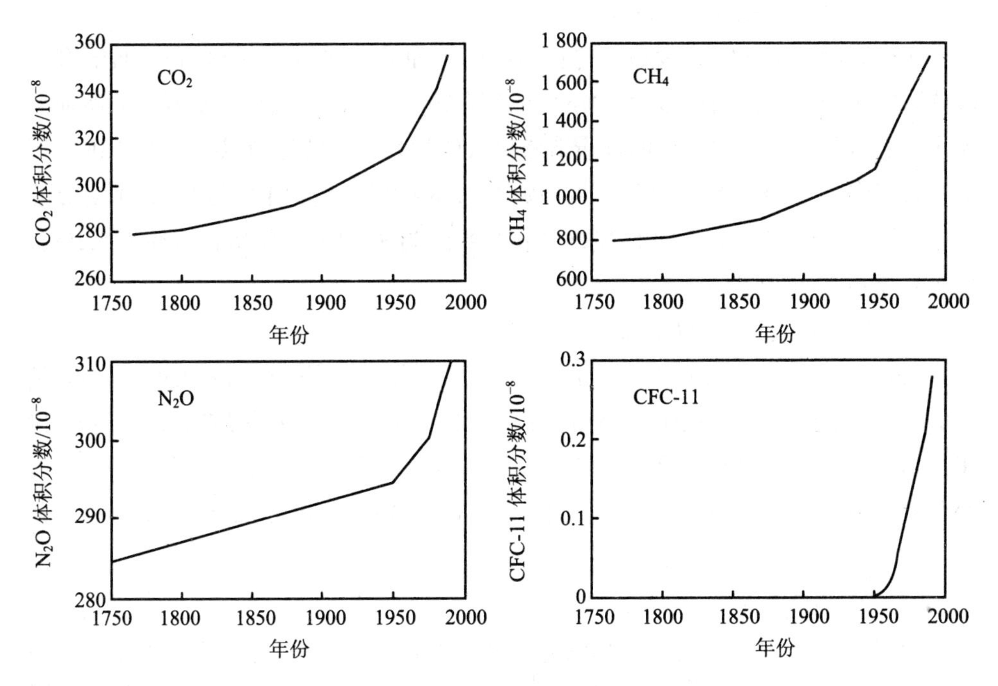

图 1.2　CO_2、CH_4、N_2O 和 CFC-11 的浓度变化趋势

由于人口的急剧增长，工业化进程加快，大气中 CO_2 呈现逐年增长的趋势。自工业革命以来，人类大量开采和使用矿物燃料，导致大气中 CO_2 的排放量快速增长；土地的过度开发、森林的大量砍伐导致 CO_2 的吸收量减少；此外，在充满了钢筋混凝土的现代化社会建设中，水泥的生产过程中也释放大量的 CO_2。CO_2 在温室气体中所占比例最高，对全球升温贡献的百分比也最高，约为 55%。

（2）甲烷（CH_4）

CH_4 在自然界中分布广泛，是天然气、沼气和油田气的主要成分，天然气、沼气开采过程的同时也在向大气中排放 CH_4。过去的 200～2 000 年，大气中全球 CH_4 的平均体积分数一直稳定在 0.8×10^{-6}，而从 20 世纪末 CH_4 在大气中的体积分数迅速增长。对 CH_4 体积分数的观测显示，1978 年全球 CH_4 的平均体积分数为 1.51×10^{-6}，到了 1990 年，大气中 CH_4 的平均体积分数约为 1.72×10^{-6}，相当于大气中增加了 4.9×10^{12} kg CH_4。目前大气中 CH_4 体积分数的年增长速率为 1.4×10^{-8}～1.7×10^{-8}，如今 CH_4 体积分数已接近 1.9×10^{-6}，如果以此速度继续增长，预计到 2030 年可达到 2.34×10^{-6}。

（3）一氧化二氮（N_2O）

研究表明，大气中的N_2O一方面可吸收地面的长波辐射，其体积分数的升高可使温室效应增强；另一方面，N_2O可输送至平流层，引起臭氧空洞，从而使人体暴露于紫外线下，对人体的健康造成极大的损害。工业革命以前的近 2 000 年中，大气中的N_2O的体积分数一直稳定在25.8×10^{-6}，直到18世纪才有了明显的上升。到了1990年，大气中的N_2O体积分数约为31×10^{-6}，年增长率约为0.25%，且北半球高于南半球。

（4）氟氯碳化合物（CFCs）

CFCs是由一群美国科学家于1928年人工合成，主要用于冷藏器的冷冻剂，是完全由人类活动而制造出的一类化合物。主要包括氟利昂11（$CFCl_3$）、氟利昂12（CF_2Cl_2）等，这两种气体吸收红外线辐射的能力相当高，且具有长达数十年的大气寿命。研究表明，20世纪80年代除了CO_2以外，氟利昂11（$CFCl_3$）和氟利昂12（CF_2Cl_2）在所有温室气体中对辐射力的影响已占了1/3。

（5）氢氟碳化合物（HFCs）

HFCs广泛应用于冰箱、空调的制冷剂，是氟氯烃的替代品。美国国家海洋和大气管理局地球系统研究实验室的科学家们所进行的研究表明，HFCs对气候的影响可能远比人们所预想的要大。HFCs虽然不含有破坏地球臭氧层的氯原子或溴原子，但却是一种极强的温室气体，其对气候变暖的作用远比等量的CO_2要强，有的HFCs的致暖效应要比CO_2高几千倍。

（6）六氟化硫（SF_6）

SF_6是法国科学家Moissan和Lebeau于1900年合成的人造惰性气体，主要用于电力工业，也广泛应用于制冷、金属冶炼、航空航天、医疗、气象（示踪分析）、化工（高级汽车轮胎、新型灭火器）等行业。SF_6为惰性气体，气体寿命长，虽然SF_6对全球升温贡献的百分比仅为0.1%，但对温室效应具有极大的潜在危害。SF_6对温室效应的影响相当于相同物质的量的CO_2对温室效应影响的25 000倍。

（7）水蒸气（H_2O）

大气层中的水蒸气虽然是“天然温室效应”的主要原因，但普遍认为它的成分并不直接受人类活动影响。

三、人类活动对温室效应的影响

工业革命以来，人类活动广泛地改变了地球表面的形态以及动植物的分布，尤其是大量使用化石燃料和通过其他途径向大气中排放了大量的温室气体。这些排放的温室气体中，有些是原来大气中存在的气体成分但含量明显增加了，如二氧化碳、甲烷、一氧化二氮；另一些则是大气中原来没有，由于人类活动而新生成的成分，如氟氯碳化合物、氢氟碳化合物、全氟碳化合物（PFCs）以及六氟化硫等。因此，人类活动改变了大气的成分，一是增加了原有的温室气体的含量，二是增加了新的温室气体，导致温室效应的加剧。大气中温室气体浓度不断增加，进一步阻挡了地球向宇宙空间发射的长波辐射，导致地面受到更多的长波辐射，地面温度升高。地面温度增加后，大气中水蒸气将增加，而水蒸气的增加又会更多地吸收地面的长波辐射；与此同时，冰雪融化将加速，冰雪融化将减少地面对太阳短波辐射的反射，使地表进一步增温。

CO_2是大气中最重要的温室气体。研究表明，大气中CO_2含量一直在持续不断地上升，而大气中CO_2的主要来源正是人类活动的排放。人口激增，人类大量砍伐森林，草地过度放牧，明显增强了CO_2的“温室效应”。研究表明，世界人口在20世纪初为16亿人，1975年增至41亿人，预测到2030年为100亿人，2100年接近300亿人。由于人口的急剧增加，现代生活对能源的需求也日益增加，且各国都加快了工业化的进程，这将导致燃料的大量使用。从全球来看，1975—1995年，能源生产增长了50%，CO_2排放量相应有了巨大增长；另外，石灰岩被制成水泥的过程也释放出大量的CO_2；此外，由于土地过度开发利用而导致的植被砍伐也导致了CO_2的吸收量减少。研究表明，世界上的森林正以每年1 800万～2 000万hm^2的速度从地球上消失，主要出现在非洲、亚洲、南美洲潮湿的热带森林，预测表明发展中国家剩余的森林覆盖面积到2020年将消失40%以上。森林被大量砍伐会造成未来10年内平均每年吸收大气中CO_2的数量将大约减小70亿t，这些都导致排放至大气中的CO_2浓度迅速增加。

研究表明，目前甲烷70%的排放量与人类活动有关。人类大量饲养反刍动物，大规模种植水生植物和利用浅水养殖种植，燃烧各种生物体，垃圾处理和污水处理，化石燃料的开发生产和输送等行为产生了大量的CH_4。

化石燃料的燃烧，硝酸和己二酸以及氨肥的生产过程，生物质的燃烧，土壤耕作和大量使用氮肥以及养殖场养殖均排放大量的 N_2O。除此之外，N_2O 作为助燃剂和火箭氧化剂被广泛使用。其在大气层中的留存时间长，相比于 CO_2，虽然在大气中的含量很低，但其对温室效应的潜在影响很大。

氟氯碳化合物完全是人类活动的产物，主要来自人类的工业生产。氟氯碳化合物为人类合成的新物质，对流层大气对于完全卤化的氟氯碳化合物没有显著的清除机制，其主要依靠平流层中层、上层的光分解作用清除。由于人类社会进程的加快，氟氯碳化合物大量的排放和少量的分解形成了极度的不平衡，大气中的氟氯碳化合物经历了一个从无到有并且浓度急剧增长的过程。氟氯碳化合物不仅是重要的温室气体，而且能破坏平流层的臭氧层，对环境极其不友好，因此很多国家都明确限制氟氯碳化物的生产及消费数量。

总之，温室效应与人类活动的关系十分密切，在近百年来，人类活动引起的温室效应的增强对气候变化造成了重大的影响。

第二节　全球气候变暖

一、全球气候变化的背景和发展

全球变暖是指在一段时间内，地球和大气系统平均温度较长时期的升高现象。从 1750 年开始，全球二氧化碳、甲烷以及一氧化二氮的含量一直飞快地增长，远超出工业革命以前的水平。20 世纪 20 年代，美国科学家提出北美洲温度从 19 世纪后期开始呈现上升趋势。20 世纪 30 年代，美国科学家根据美国东部及全球的气象资料发现自 1865 年以来全球陆地平均气温已明显升高。1938 年，Callendar 发现，1890—1935 年，由于人类活动排放大量的二氧化碳全球陆地平均气温升高 0.5℃。1880—2012 年，全球海陆表面平均温度呈线性上升趋势，升高了 0.85℃（0.65～1.06℃）；2003—2012 年平均温度比 1850—1900 年平均温度上升了 0.78℃，全球气温明显上升。图 1.3 为与 1961—1990 年的平均温度相比历年的平均温度变化值。

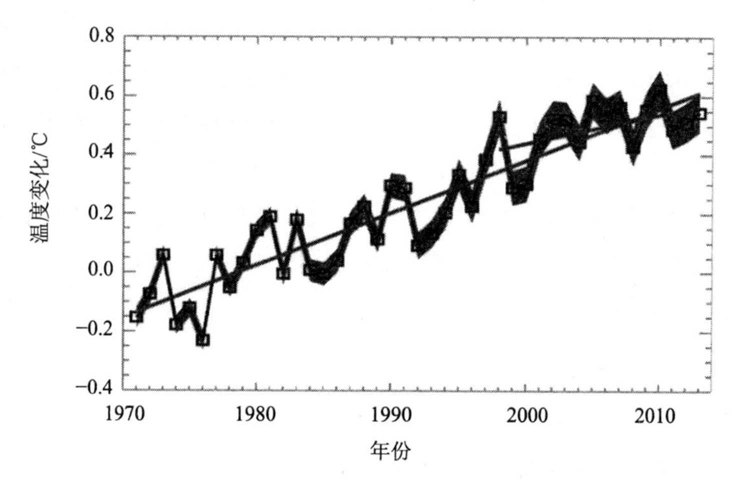

图 1.3 与 1961—1990 年的平均温度相比历年平均温度变化值

人类早期对气候变暖的研究并不多，直到 20 世纪 70 年代末，人类意识到全球气候变暖会给自然环境及人类的生存发展带来严重的危害，并对气候变暖问题展开了一系列的研究和探讨。第一次世界气候大会（First Word Climate Conference，FWCC）于 1979 年在瑞士日内瓦召开。会议首次将气候变化作为一个受到国际关注的问题提上议事日程，为气候变暖的深入研究拉开序幕。1988 年，世界气象组织（World Meteorological Organization，WMO）及联合国环境规划署（United Nations Environment Programme，UNEP）联合建立联合国政府间气候变化专门委员会（Intergovernmental Panel on Climate Change，IPCC），其主要任务是对气候变化科学知识的现状，气候变化对社会、经济的潜在影响以及如何适应和减缓气候变化的可能对策进行评估。1992 年 6 月，联合国政府间气候变化专门委员会于巴西里约热内卢举行的联合国环境与发展大会上通过了《联合国气候变化框架公约》（*United Nations Framework Convention on Climate Change*），该公约是世界上第一个为全面控制二氧化碳等温室气体排放，以应对全球气候变暖给人类经济和社会带来不利影响的国际公约，也是国际社会在应对全球气候变化问题上进行国际合作的一个基本框架。1997 年 12 月，在日本京都召开的第三次缔约方大会上通过《京都议定书》，该公约是《联合国气候变化框架公约》的补充条款，公约中为各国制定了二氧化碳的排放标准，其目的是将大气中的温室气体含量稳定在一个适当的水平，进而防止剧烈的气候改变对人类造成伤害。

然而，仍有少数学者对温室气体的排放导致气候变暖的观点持质疑态度。

Singer在其《人类对气候变化影响的怀疑》一文中对气候变暖产生了质疑，他认为1880—1940年全球气温的上升仅是长期持续寒冷之后的一个回暖；而后1940—1975年，虽然二氧化然的浓度持续升高，但全球气温明显降低，因此气候变暖只是自然气候波动的一个表现，而非人类活动造成的。Landsberg也认为气候变暖只是自然气候的正常波动，而非持续升温。一些科学家研究表明太阳黑子与全球温度有着密切的联系，还有一些科学家从板块移动、海道开合及山地隆起等海陆的构造角度解释气候变暖的原因。

二、全球气候变暖的危害

1. 对海洋冰川生态系统的影响

由于全球气候变暖，全球平均地表温度升高，大范围的冰川和积雪融化，全球平均海平面升高（图1.4）。自1961年以来，全球平均海平面上升的平均速率为每年1.8 mm（1.3～2.3 mm），而从1993年以来平均速率为每年3.1 mm（2.4～3.8 mm），热膨胀以及冰川、冰帽和极地冰盖的融化为海平面上升做出了贡献。近20年来，格陵兰冰盖和南极冰盖的冰储量一直在减少。1992—2001年，格陵兰冰盖的冰储量每年约减少34 Gt的冰体，南极冰盖的冰储量每年约减少30 Gt的冰体。2002—2012年，格陵兰和南极冰盖冰储量减少速度明显加快，每年大约分别减少215 Gt和147 Gt的冰体。全球山地冰川也在明显减少，1971—2009年，全球山地冰川平均每年约减少226 Gt的冰体。北极海冰范围明显缩小。1979—2012年，北极海冰范围缩小速率为每十年缩小3.5%～4.1%，夏季缩小尤为明显，缩小速率达每十年9.4%～13.6%。与北极海冰变化不同，1979—2012年南极海冰范围以每十年1.2%～1.8%的速率增大，但存在显著的区域差异，有些区域在增大，有些区域在缩小。20世纪中叶以来，北半球积雪范围缩小。1967—2012年，北半球3月和4月积雪范围以每十年1.6%的速率缩小，6月积雪范围以每十年11.7%的速率缩小。自20世纪80年代初以来，大多数地区多年冻土层的温度升高。阿拉斯加北部多年冻土温度在20世纪80年代早期至21世纪最初10年的升温幅度达到3℃，俄罗斯地处欧洲大陆的北部区域在1971—2010年升温达2℃，而且多年冻土厚度和范围大幅度减小。

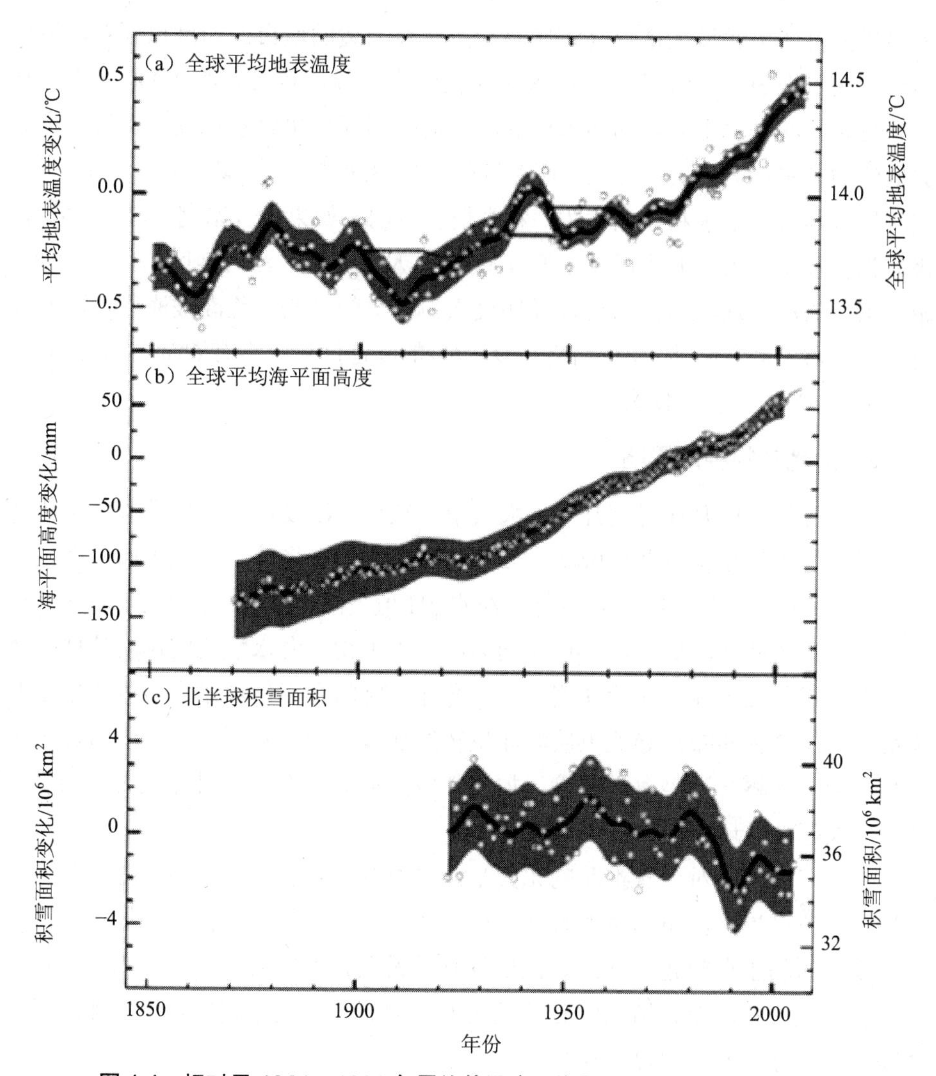

图 1.4 相对于 1961—1990 年平均值温度、海平面和北半球积雪变化

注：(a) 为已观测到的全球平均地表温度的变化，(b) 为来自验潮仪和卫星的全球平均海平面高度的变化，(c) 为 3—4 月北半球积雪面积的变化。所有变化差异均相对于 1961—1990 年的相应平均值。各平滑曲线表示 10 年平均值，各圆点表示年平均值。阴影区为不确定性区间，根据已知的不确定性和时间序列综合分析估算得出。资料来源：IPCC. 气候变化 2007：综合报告//Pachauri R K, Reisinger A. 政府间气候变化专门委员会第四次评估报告，日内瓦：IPCC，2007：104.

冰川融化、海平面升高将严重威胁到全球地势低洼地区和众多岛屿国家。目前全球有超过 70%的人口生活于沿岸地区；全球前十五大城市中，有 11 个是沿海或河口城市。气候变暖将间接导致全球降水重新分布，将会对地势低洼的地区带来洪涝灾害甚至吞噬大部分岛屿国家和海岸线周边的城市。印度尼西亚环境部长预测，在未来 30 年间，该国约 1.8 万个岛屿中，预计将会有约 2 000 个岛屿会因气候变暖、海平面上升，而被海洋吞噬；岛国图瓦卢也将从地图上永远消失。地势低洼的马尔代夫、孟加拉国、荷兰等国家将逐渐被吞没，威尼斯、上海、曼谷、纽约等国际大都市也将逐渐消失。科学研究表明，如果大气温度上升 2～6℃，南极冰帽将基本消失，海平面将上升 4～6 m。人口密集的沿海地区中，包括恒河、湄公河、长江、珠江入海口处以及印度人口密集的岛屿将逐渐被淹没，欧洲及北美沿海城市，美国大陆 48 个州将减少 1.6%的陆地面积，将有 6%的人口迁移，同时伴随有 6%的不动产损失。

2．对地球物种的影响

全球变暖会使海洋温度升高，大气中二氧化碳浓度增大会导致海水酸化，这对海洋生物的生存构成严重威胁，破坏了海洋的生态系统。研究表明，在过去的 200 年里，人类活动排放的 CO_2 导致海水 pH 值下降了 0.1。由于很多海洋生物的骨骼成分为碳酸钙，如珊瑚、翼足动物和壳类生物，海水酸化将影响这些生物的完整性，威胁其生存。大量观测表明，海洋温度的升高破坏了以珊瑚为中心的食物链，底层食物的减少导致上层海洋生物的逐级减少，甚至灭亡。而海洋中大量生物的死亡又将会污染海洋环境，加速其他生物的死亡，同时释放大量的温室气体，造成恶性循环。

全球气候变暖对无脊椎动物尤其是昆虫类有严重影响。如昆虫提早从冬眠期苏醒，导致以捕食昆虫为生的长途迁徙动物无法及时赶上对昆虫的捕捉，会因缺少食物而面临生存问题；其次是昆虫没有了天敌会大肆毁灭庄稼和森林，对人类的生存构成威胁，而且植物的破坏又无形中增加了二氧化碳的含量，加速了气候变暖。植物分布界线明显北移。

3．对人类社会经济的影响

全球气候变暖、气温升高会给空气和海洋提供巨大的动能，从而形成超大型台风、飓风、海啸等灾难，给人类的生命财产造成巨大损失。近年来，一些极端天气，如干旱、洪涝、雷暴、冰雹、风暴、高温天气和沙尘暴等出现的频率与强度明显增加。20 世纪 90 年代以来发生过 4 次厄尔尼诺现象，给太平洋沿岸国家带来了巨大损失。澳大利亚发生数十年最严重的干旱，粮食持续减产，经济作物破坏严重；印度尼西亚、澳大利亚森林大火损失惨重；美国东部近年来也出现了罕见的寒冬，对能源、交通运输等部门造成了高达数百亿美元的经济损失；东亚许多国家经历了少有的冷夏，水稻严重减产等。

气候变暖使多地的农作物减产，这将导致人类面临粮食紧张的风险。气候变暖还将加重农业和林业的病虫害，导致干旱和洪涝灾害的频率增加，会对农业生产造成严重影响。部分地区经济林产量会因温度升高而增加，但森林火险和病虫害等风险也相应增加。除此以外，气候变暖对农业生产和农产品价格的影响预计会造成全球粮食供给紧张，乃至于引起全球经济收益的波动。

除此之外，气候变暖还将影响人类健康状况。气候变暖所导致的夏季高温将频繁出现，伴随着空气湿度增加和城市空气污染加剧，由高温引发的心脏病及其他各类呼吸系统疾病增加，导致相关死亡率上升。气候变暖还将造成某些传染性疾病的传播，西尼罗病毒、疟疾、黄热病等热带传染病自 1987 年以来在美国的佛罗里达、密西西比、得克萨斯、亚利桑那、加利福尼亚和科罗拉多等地相继暴发，这也证实了专家们关于气候变暖，一些热带疾病将向较冷的地区传播的推断。

第三节　减缓全球变暖的对策

一、固定化对策

“温室效应”与全球变暖是 21 世纪人类所面临的重大环境问题。CO_2 是造成温室效应的最主要气体之一，同时也是地球上最丰富的碳资源，CO_2 可转化为巨大的可再生资源。因此，开发利用 CO_2 是降低温室效应的一种可行途径。CO_2 的固定化在环境、能源方面具有十分重要的意义。现阶段，CO_2 的资源化研究已引起了人们的密切关注，其开发前景非常广阔。CO_2 的固定化是将 CO_2 气体转化为稳定的液态或固态形式，目前 CO_2 的固定方法主要有物理法、化学法和生物法。但大多数物理和化学方法都是依靠生物法来固定 CO_2。

1. 生物法固定 CO_2

生物法固定 CO_2 主要靠植物的光合作用和微生物的自养作用。目前，日本已筛选出几种能在很高的 CO_2 浓度下繁殖的海藻，并计划进行人工大面积繁殖试验，用以吸收高度工业化后所排放出的 CO_2；美国则利用盐碱地里的盐生植物吸收

CO_2；海洋藻类对全球 CO_2 吸收也有很高的效率。地球上存在多样的生态系统，在植物不能生长的特殊环境中，自养微生物固定 CO_2 的优势便发挥出来了。CO_2 是不活泼分子，化学性质较为稳定，高效固定 CO_2 的微生物（生物催化剂）可在温和条件下使 CO_2 实现向有机碳的转化。微生物在固定 CO_2 的同时，又可获得许多高营养、高附加值的产品，如菌体蛋白、多糖、乙酸及甲烷等。因此，生物法固定 CO_2 在环境、资源及能源等方面将发挥重要作用。

固定 CO_2 的微生物一般可分为光能自养型微生物和化能自养型微生物。前者主要包括微藻类和光合细菌，它们都含叶绿素，且以光为能源、CO_2 为碳源合成菌体组成物质或代谢产物；后者以 CO_2 为碳源，主要以 H_2、H_2S 等化学能为能源。

2．物理法固定 CO_2

物理法固定 CO_2 是通过改变 CO_2 与吸收液之间的压力和温度来达到吸收 CO_2 的目的。常用的吸收液有丙烯酸酯、甲醇、乙醇、聚乙二醇等高沸点溶剂，其吸附能力取决于操作温度和压力，气体的分压越高或温度越低，系统的吸收能力就越强。CO_2 具有在 31℃、7.39 MPa 下液化的特点，利用这一特性对烟气进行多级压缩和冷却可使 CO_2 液化得以分离。由于液态 CO_2 比海水重，因此液态 CO_2 能稳定地存在于深海里。日本曾经利用比重法将东京电力公司排放的 CO_2 液化后装船，并泵入约 3 km 深的海底。

3．化学法固定 CO_2

在石油化工工业中，常利用 CO_2 和吸收液之间的化学反应将 CO_2 从废气中分离浓缩。常用的吸收液为 1-乙醇胺（MEA），它与 CO_2 可发生可逆反应。目前，以吸收塔和再生塔组合结构为核心的 CO_2 回收系统已被广泛采用。此外，CO_2 矿物碳酸化也是 CO_2 化学固定的一种途径，即 CO_2 与含有碱性或碱土金属氧化物发生反应而生成碳酸盐。

二、排放控制对策

1．联合国行动

（1）《联合国气候变化框架公约》

《联合国气候变化框架公约》（*United Nations Framework Convention on*

Climate Change，简称《框架公约》)，是 1992 年 5 月 9 日联合国政府间气候变化专门委员会就气候变化问题达成的公约，于 1992 年 6 月 4 日在巴西里约热内卢举行的联合国环境与发展大会（地球首脑会议）上通过。《框架公约》是世界上第一个为全面控制二氧化碳等温室气体排放，以应对全球气候变暖给人类经济和社会带来不利影响的国际公约，也是国际社会在应对全球气候变化问题上进行国际合作的一个基本框架。

公约由序言及 26 条正文组成。这是一个有法律约束力的公约，旨在控制大气中二氧化碳、甲烷和其他造成“温室效应”的气体的排放，将温室气体的浓度稳定在使气候系统免遭破坏的水平上。公约对发达国家和发展中国家规定的义务以及履行义务的程序有所区别。公约要求发达国家作为温室气体的排放大户，采取具体措施限制温室气体的排放，并向发展中国家提供资金以支付他们履行公约义务所需的费用。而发展中国家只承担提供温室气体源与温室气体汇的国家清单的义务，制订并执行包括关于温室气体源与汇方面措施的方案，不承担有法律约束力的限控义务。公约建立了一个向发展中国家提供资金和技术，使其能够履行公约义务的资金机制。

《框架公约》以及缔约方会议可能通过的任何相关法律文书的最终目标是：根据《框架公约》的各项有关规定，将大气中温室气体的浓度稳定在防止气候系统受到危险的人为干扰的水平上。这一水平应当在足以使生态系统能够自然地适应气候变化、确保粮食生产免受威胁并使经济发展能够可持续地进行的时间范围内实现。

公约为应对未来数十年的气候变化设定了减排进程。特别是，它建立了一个长效机制，使政府间报告各自的温室气体排放和气候变化情况。此信息将定期统计以追踪公约的执行进度。此外，发达国家同意推动资金和技术转让，帮助发展中国家应对气候变化。发达国家还承诺采取措施，争取 2000 年温室气体排放量维持在 1990 年的水平。

公约于 1994 年 3 月生效，奠定了应对气候变化国际合作的法律基础，是具有权威性、普遍性、全面性的国际框架。截至 2013 年 7 月，公约共有 195 个缔约方，其中，欧盟作为一个整体也是公约的一个缔约方。公约常设秘书处在德国波恩。我国于 1992 年 6 月 11 日签署该公约。

（2）《京都议定书》

《京都议定书》(*Kyoto Protocol*，全称《联合国气候变化框架公约的京都议定书》）是《联合国气候变化框架公约》的补充条款，是 1997 年 12 月在日本京都由

《联合国气候变化框架公约》参加国三次会议制定的。其目标是“将大气中的温室气体含量稳定在一个适当的水平，进而防止剧烈的气候改变对人类造成伤害”。公约于2005年2月16日强制生效，到2009年2月，共有183个国家通过了该公约。

《京都议定书》由28条正文组成，该公约建立了一套“普遍但有所区分的责任”体系。公约提出，缔约方应个别地或共同地限制温室气体的排放量，以使其在2008—2012年承诺期内这些气体的全部排放量比1990年水平至少减少5%。2005年公约生效之初，发达国家不同程度地开始承担温室气体的减排义务，其中欧盟接受了8%的减排量，美国接受了7%的减排量，日本和加拿大接受了6%的减排量；而对于发展中国家，像中国和印度等二氧化碳的排放大国却并未受到限制。直到2012年，发展中国家也开始承担温室气体的减排义务。

《京都议定书》是人类历史上首次以法规的形式限制温室气体排放。为了促进各国完成温室气体减排目标，议定书允许采取以下四种减排方式：

①两个发达国家之间可以进行排放额度买卖的“排放权交易”，即难以完成削减任务的国家，可以花钱从超额完成任务的国家买进超出的额度。

②以“净排放量”计算温室气体排放量，即从本国实际排放量中扣除森林所吸收的二氧化碳的数量。

③可以采用绿色开发机制，促使发达国家和发展中国家共同减排温室气体。

④可以采用“集团方式”，即欧盟内部的许多国家可视为一个整体，采取有的国家削减、有的国家增加的方法，在总体上完成减排任务。

美国人口占全球的3%～4%，但二氧化碳的排放量占全球的25%。美国曾于1998年签署了《京都议定书》，但2001年3月，却以“减少二氧化碳的排放将影响美国经济的发展”和“发展中国家也应承担减排和限排温室气体的义务”为借口，宣布拒绝批准《京都议定书》。2011年12月，加拿大宣布退出《京都议定书》，是继美国之后第二个签署后又退出的国家。

2. 我国节能减排事业的发展

为节约能源，提高能源的利用率，促进社会的可持续发展，1997年11月1日第八届全国人民代表大会常务委员会第二十八次会议通过了《中华人民共和国节约能源法》，并于1998年1月1日起施行。该法规对工业、建筑、交通运输、公共机构重点用能单位等制定了节能管理办法；提出了合理使用能源和鼓励使用节能的进步技术；提出了节能的激励措施；明确了违反节能规定的法律责任。

节能减排，即节约能源、降低能耗、减少排污。“节能减排”一词源于我国“十一五”规划纲要。《国民经济和社会发展第十一个五年规划纲要》提出了“十一五”期间单位国内生产总值能耗降低20%左右，主要污染物排放总量减少10%的约束性指标。国家“十二五”规划纲要明确提出了节能减排的目标，即到2015年，单位GDP二氧化碳排放降低17%；单位GDP能耗下降16%；非化石能源占一次能源消费比重提高3.1个百分点，从8.3%提高到11.4%；主要污染物排放总量减少8%～10%的目标。此外，“十二五”规划中还明确了主要污染物控制种类，比“十一五”规定中增加了氨氮和氮氧化物两个类别的污染物控制指标。“十二五”规划提出的约束性指标更加明确了国家节能减排的决心。

据统计，2006—2012年单位国内生产总值能耗下降了23.6%，相当于少排放二氧化碳18亿t。“十三五”期间，我国要完成到2020年单位GDP碳排放比2005年下降40%～45%的国际承诺低碳目标，并且要为完成《中美气候变化联合声明》中提出的我国在2030年左右达到碳排放峰值的中长期低碳发展目标奠定基础，同时要在大气污染防治等环境指标方面取得明显成效。为完成该目标，国内企业在不断加大技术改造，提高创新力度，特别在能源、运输、冶金等碳排放密集行业，积极开发减少能源消耗和温室气体直接排放的新低碳技术，并大力投入到应用之中。

国家对节能减排制定了相关的管理办法。国务院管理节能工作的部门会同国务院有关部门制定了电力、钢铁、有色金属、建材、石油加工、化工、煤炭等主要耗能行业的节能技术政策，推动企业节能技术改造。国家鼓励工业企业采用高效、节能的电动机、锅炉、窑炉、风机、泵类等设备，采用热电联产、余热余压利用、洁净煤以及先进的用能监测和控制等技术。国家鼓励开发和推广交通工具中使用清洁燃料和石油替代燃料，我国已经是世界燃料乙醇的第三大生产国和使用国，燃料乙醇在全国9个省的车用燃料市场得以推广和使用。国家鼓励在新建建筑和既有建筑节能改造中使用新型墙体材料等节能建筑材料和节能设备，安装和使用太阳能等可再生能源利用系统。国家鼓励开发、生产、使用节能环保型汽车、摩托车、铁路机车车辆、船舶和其他交通运输工具，实行老旧交通运输工具的报废、更新制度。国家鼓励、支持在农村大力发展沼气，推广生物质能、太阳能和风能等可再生能源利用技术，按照科学规划、有序开发的原则发展小型水力发电，推广节能型的农村住宅和炉灶等，鼓励利用非耕地种植能源植物，大力发展薪炭林等能源林。与此同时，国家对节能减排也制定了相关的激励政策。国家通过财政补贴支持节能照明器具等节能产品的推广和使用。国家实行有利于节约能源资源的税收政策，健全能源矿产资源有偿使用制度，促进能源资源的节约及其开采利用水平的提高。国家运用税收等政策，鼓励先进节能技术、设备的进口，控制在生产过程中耗能高、污染重的产品的出口。国家运用财税、价格等政策，支持推广电力需求侧管理、合同能源管理、节能自愿协议等节能办法。国家实行峰谷分时电价、季节性电价、可中断负荷电价制度，鼓励电力用户合理调整用电负荷；对钢铁、有色金属、建材、化工和其他主要耗能行业的企业，分淘汰、限制、允许和鼓励类实行差别电价政策等。

参考文献

[1] 秦大河，等. IPCC 第五次评估报告第一组工作报告的亮点结论[J]. 气候变化进展，2014，10（1）：1-6.

[2] 张晓华，高云，祁悦. IPCC 第五次评估报告第二工作组报告的主要结论对 2015 协议谈判的影响分析[J]. 气候变化研究进展，2014，10（3）：175-178.

[3] 翟盘茂，李蕾第. 五次评估报告反映的大气和地表的观测变化气候变化研究进展[J]. 气候变化研究进展，2014，10（1）：20-24.

[4] 联合国气候变化框架公约. 1992.

[5] 联合国气候变化框架公约的京都议定书. 1998.

[6] 李琰琰. 大气温室效应的热力学机理分析[D]. 北京：华北电力大学，2007.

[7] 吴遵. 气候变暖背景下的中国碳排放的时间演变轨迹及区域特征[D]. 合肥：中国科学技术大学，2013.

第二章　臭氧空洞

第一节　臭氧与臭氧层

一、臭氧（O_3）

臭氧作为大气中的一种痕量气体，其组分在大气中所占的比例极其微小，约为整个大气组分总量的 0.001 2%。常温下臭氧的稳定性较差，可自行分解。臭氧具有极强的氧化性，除了金和铂外，臭氧几乎对空气中的所有金属都有腐蚀作用，一定浓度的臭氧也会对人体健康造成严重的危害。臭氧在医学、农业、餐饮业、杀菌灯等领域被广泛应用。臭氧虽然在大气中含量小，但大气中臭氧浓度的变化却得到了人类的高度关注。

二、大气臭氧层的形成与作用

臭氧层是指大气层的平流层中臭氧浓度相对较高的部分，位于距地面 20～50 km 的上空，大气中的臭氧分布见图 2.1。大气层中的臭氧总量约 33 亿 t，但在整个大气层中的比重极小，如果将其平铺于地球表面，其厚度只有 3 mm（1 个大气压）。

数十亿年前，地球上的大气中没有臭氧层，地面上没有生物存在，仅有少数的生物生存在水中。水中绿色植物不断地吸收大气中的二氧化碳，释放出氧气，扩散到空气中，而其中一部分的氧气在大气层的上层，在太阳紫外线的强烈辐射下，双原子氧气被分解为两个氧原子，每个氧原子和没有分裂的 O_2 合并成臭氧。臭氧形成后，由于其比重大于氧气，会逐渐地向臭氧层的底层降落，在降落过程中随着温度的上升，臭氧不稳定性愈趋明显，在紫外线的照射下又分解成 O_2 和氧原子，继而形成了一个氧气与臭氧相互转化的循环圈，臭氧层保持了这种氧气与臭氧相互转换的动态平衡。

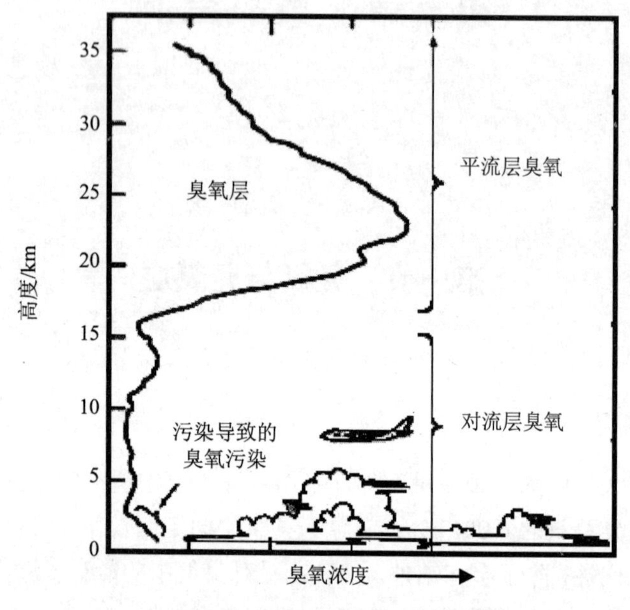

图 2.1 大气中的臭氧分布

臭氧层的主要作用是吸收太阳的短波辐射，为地球提供一个防止紫外线辐射的有效屏障。臭氧层能够吸收太阳光中波长小于 306.3 nm 的紫外线，其中包括部分UV-B和全部的UV-C，从而保护地球上的人类和动植物免遭短波紫外线的伤害。只有长波紫外线 UV-A 和少量的中波紫外线 UV-B 能够辐射到地面，长波紫外线对生物细胞的伤害要比中波紫外线轻微得多。所以，臭氧层犹如一把保护伞保护地球上的生物得以生存繁衍。臭氧是重要的氧化剂，在光化学过程中起着重要的作用，是引起气候变化的重要因素。臭氧不仅吸收了太阳光中的大部分紫外线并将其转换为热能从而加热大气，也能吸收 9～10 μm 的热红外线，使大气层加热。臭氧为温室气体，在对流层上部和平流层底部，即在气温很低的这一高度，臭氧起到了对大气增温的作用，如果这一高度的臭氧减少，则地面温度可能降低。也正是由于臭氧的这一特性，地球上空 15～50 km 的大气层中存在着升温层（逆温层），而地球以外的星球因不存在臭氧和氧气，所以也就不存在平流层。臭氧对平流层的温度结构和大气运动起决定性的作用，而大气的温度结构对于大气的循环具有重要的影响，臭氧浓度的变化不仅影响平流层大气的温度和运动，也影响了全球的热平衡和全球的气候变化。因此，臭氧的高度分布及变化是极其重要的。

第二节　臭氧层空洞

一、臭氧层空洞的发现

1. 南极上空的臭氧层空洞

20 世纪 70 年代，当时英国的科学家通过观测首先发现，在地球南极上空的大气层中，臭氧的含量开始逐渐减少，尤其在每年的 9—10 月（这时相当于南半球的春季）减少更为明显。1985 年，英国科考队在南极地区首次发现了该区域的臭氧总量明显偏低，与其他区域的臭氧厚度相比，该区域存在一个明显的空洞，形成了所谓的“臭氧空洞”效应。

美国国家海洋和大气管理局与国家航空航天局共同对南极洲上空的臭氧空洞的观察表明，南极上空的臭氧空洞在南半球 8—9 月的春季期间形成并扩大，直到 11 月才逐渐减弱。研究表明，1987 年 10 月，南极上空的臭氧浓度比 1957—1978 年减少了约 50%，臭氧空洞面积扩大到足以覆盖整个欧洲大陆。之后，臭氧空洞的面积还在不断扩大，臭氧浓度也在加速降低，甚至减少到原有臭氧总量的 30%。1994 年 10 月观测到臭氧空洞曾一度蔓延到了南美洲最南端的上空。1995 年观测到的臭氧空洞发生天数是 77 天，到 1996 年几乎南极平流层的臭氧全部被破坏，臭氧空洞发生天数增加到 80 天。1997 年，科学家进一步观测到臭氧空洞发生的时间也在提前，1998 年臭氧空洞的持续时间超过 100 天，是南极臭氧空洞发现以来的最长纪录，而且臭氧空洞的面积比 1997 年增大约 15%，几乎相当于 3 个澳大利亚的面积。这一迹象表明，南极臭氧空洞的损耗状况正在恶化。2007 年，南极臭氧空洞为 2 500 万 km^2，而 2008 年 9 月第二个星期却已达 2 700 万 km^2。日本气象厅利用美国国家航空航天局的卫星观测数据，发现 2011 年南极上空臭氧层空洞的面积的最大值为 2 550 万 km^2，约为南极洲面积的 1.8 倍，大幅超过 2010 年南极上空的臭氧层空洞面积 2 190 万 km^2。2012 年南极臭氧层空洞的平均面积为

1 790 万 km^2，这个数值是过去 20 年中面积第二小的。美国国家海洋和大气管理局与国家航空航天局监测到 2014 年臭氧空洞最大时有 2 410 万 km^2，几乎与 2013 年的峰值相当，迄今为止南极上空观测到臭氧空洞的最大面积约为 2 900 万 km^2，出现在 2000 年，这一结果说明臭氧空洞似乎正在逐渐恢复。历年南极臭氧浓度最小值见图 2.2。

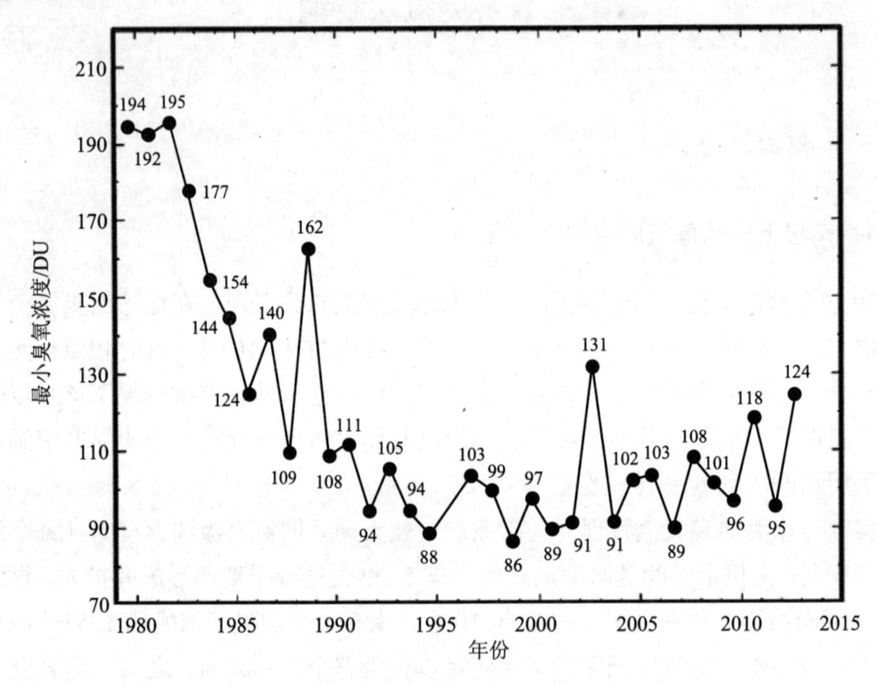

图 2.2 南极臭氧浓度最小值（60°—90°S）

南极臭氧的出现导致大量紫外线透过大气层强烈地辐射到地面，对地球上生物的生存构成了严重的威胁。南极臭氧空洞的出现使南半球的气候也发生了一定的变化：南极的西部快速增温；南极海水面积增大；南半球中纬度地区的降水增多；非洲南部夏季气温的大幅度增加以及澳大利亚地区降水减少。

2. 北极上空的臭氧空洞

2011 年，由来自美国、加拿大、芬兰、丹麦、日本等 9 个国家的研究人员共同完成并发表在《自然》杂志网站上的报告称，对 2011 年春天北极上空臭氧观测数据的分析显示，确认北极首次出现了类似南极上空的臭氧空洞，在 18～20 km

的高空，臭氧浓度减少的幅度超过了 80%，面积最大时相当于 5 个德国或美国加利福尼亚州的面积。

3．青藏高原臭氧总量减少

20 世纪 90 年代初，我国北京、昆明、黑龙江、浙江、青海等地臭氧观测结果表明，当地的臭氧总量不断减少。同时青藏高原 6—9 月形成了大气臭氧低值中心。拉萨地区上空臭氧总量比同纬度地区低 11%，且 1979—1991 年臭氧总量平均年递减率达 0.35%。国际保护臭氧层专家警告：如果任其发展下去，世界屋脊的上空将继南北两极之后，出现世界第三个臭氧层空洞。

二、臭氧空洞的形成原因

对于臭氧空洞形成的原因，有几种说法，分别是化学学说、大气动力学说和太阳活动学说，也有研究表明，火山爆发会加速臭氧层的破坏。

1．化学学说

从化学学说的角度来讲，由于人类活动大量生产和使用氟利昂，并使之进入大气层中，大气环流携带着人类活动所排放的氟利昂，随赤道附近的热空气上升，分流向两极。由于氟利昂是一种含氯的有机化合物，当它受到短波紫外线的照射时，会发生一系列的化学反应，反应过程中消耗掉一部分臭氧。人为消耗臭氧层的物质主要是广泛用于冰箱和空调制冷、泡沫塑料发泡、电子器件清洗的氯氟烷烃，以及用于特殊场合灭火的溴氟烷烃等化学物质。

消耗臭氧层的物质在大气的对流层中是非常稳定的，可以停留很长时间，因此，这类物质可以扩散到大气的各个部位，但是到了平流层后，就会在太阳的紫外辐射下发生光化学反应，释放出活性很强的游离氯原子或游离氯原子，参与导致臭氧损耗的一系列化学反应。

氟氯烃对臭氧层破坏作用的机理见反应式（2-1）至反应式（2-5）：

$$CF_2Cl_2 \rightarrow CF_2Cl + Cl \qquad (2\text{-}1)$$

$$Cl + O_3 \rightarrow ClO + O_2 \qquad (2\text{-}2)$$

$$O_2 \rightarrow 2O \qquad (2\text{-}3)$$

$$ClO + O \rightarrow Cl + O_2 \qquad (2\text{-}4)$$

总反应式为：

$$O + O_3 \rightarrow 2O_2 \qquad (2\text{-}5)$$

科学研究表明，在失去活性或返回到对流层之前，每一个游离氯原子可破坏10万个 O_3 分子。除氟利昂外，其他卤代烷烃如 CF_3Br（哈龙）、CCl_4（氯仿）、CH_3Br（甲基溴）等同样会破坏 O_3，且 Br 破坏 O_3 的能力比 Cl 更强。氯氟烃可在大气中保留数十年之久，因此，即使现在立即停止释放氯氟烃，这种破坏也将持续到下一个世纪。

氮氧化物主要来自工业排放的废气，包括 NO、NO_2、N_2O 等，此外农业氮肥和土壤中的硝酸盐经反硝化细菌的脱氮作用，会分解产生 N_2O，其本不与臭氧发生反应，但受光照可转化成 NO。此外，研究发现，核爆炸、航空器发射、超音速飞机也会将大量的氮氧化物注入平流层中，导致臭氧浓度的下降。

NO 对臭氧层破坏作用的机理见反应式（2-6）至反应式（2-8）：

$$O_3+NO \rightarrow O_2+NO_2 \tag{2-6}$$

$$O+NO_2 \rightarrow O_2+NO \tag{2-7}$$

总反应式为：

$$O+O_3 \rightarrow 2O_2 \tag{2-8}$$

由此可见，NO 在反应中起催化作用，一个催化剂分子可以同游离氧原子和臭氧组合多次反应，从而破坏臭氧层，而随着氮氧化物的增多，对臭氧层的破坏也明显加快。Cl 与 O_3 反应的速度比 NO 与 O_3 的反应快6倍。

除此之外，平流层中的 H_2O、CH_4、H_2 也能跟臭氧发生反应，其反应机理见反应式（2-9）至反应式（2-14）：

$$H_2O+O \rightarrow 2HO \tag{2-9}$$

$$CH_4+O \rightarrow CH_3+HO \tag{2-10}$$

$$H_2+O \rightarrow H+HO \tag{2-11}$$

$$HO+O_3 \rightarrow O_2+HO_2 \tag{2-12}$$

$$HO_2+O \rightarrow O_2+HO \tag{2-13}$$

总反应式为：

$$O+O_3 \rightarrow 2O_2 \tag{2-14}$$

2. 大气动力学说

大气动力学说是从动力学角度进行解释。这种观点认为，在南极极夜期间，因中低纬向南极的热量输送效率很低，控制南极上空的极地“旋涡”内部，形成了异常低温的环境，光照少，氧分子合成臭氧的光化学作用就会减弱。当极夜结束，春季来临，太阳重新越出地平线时，由于集中于平流层中下层的臭氧对太阳辐射的吸收，这一范围的大气被加热，于是该层出现了上升运动。这一上升运动引起的抽吸作用，将对流层臭氧含量低的气体带入了平流层，替代了原来平流层臭氧含量高的气体。这种“抽吸作用”直到 11 月才逐渐减弱，此时南极上空臭氧浓度逐渐上升。可见，南极春季的这种“抽吸作用”，导致了南极春季臭氧空洞的形成。

3．太阳活动学说

有的科学家认为，南极臭氧空洞是太阳活动的结果。他们根据研究发现，臭氧的总量跟太阳黑子的活动有明显的关系，而极地作为地球磁极又是太阳活动反应最敏感的地区，比如极光等都是出现在极地，随着紫外线辐射和高能带电粒子流的增加，大气中氮氧化合物的含量增加，通过光化学反应，破坏了极地上空的臭氧层。

4．火山爆发的影响

有部分学者曾经在 1989 年提出火山爆发可能加剧臭氧耗损的想法，原因是火山喷发出的以硫为主的气溶胶将会产生暂时性的极地平流层，这将加大氯氟烃对臭氧的破坏作用。后来的相关事例也相继印证了这一想法的正确性：1991 年 6 月，菲律宾皮纳图火山爆发后，喷出将近 2 000 万 t 的二氧化硫，同年在加拿大极北边界上发现了几乎可以肯定来自皮纳图火山的含硫气溶胶，而两年后智利哈得逊火山爆发一个月之后，在南极上空检测到臭氧浓度平均减少了 10%～15%，11～13 km 和 25～30 km 上空的上下平流层多达 50%的臭氧遭到了破坏。

三、臭氧层破坏带来的影响

臭氧与其他温室气体不同，这是自然界中受自然因子影响而产生，是太阳辐射中紫外线对高层大气游离氧原子进行光化学作用而生成的，并不是人类活动排放产生的。臭氧除了能够对气候变化产生影响，从而影响环境和生态外，还会对人类健康产生强烈的影响。臭氧层的耗损产生的直接结果就是使太阳光中的紫外线 UV-B 达到地面的数量增加。紫外线 UV-B 能破坏蛋白质的化学键，杀死微生物，破坏动植物的个体细胞，损害其中的脱氧核糖核酸（DNA），引起传递遗传特性的因子变化，发生生物的变态反应。若臭氧层全部遭到破坏，太阳紫外线就会杀死所有陆地生命，人类也将遭到“灭顶之灾”，地球将会成为无任何生命的不毛之地。

1. 对人类的影响

适量的紫外线照射对人体的健康是有益的，它能增强交感肾上腺机能，提高免疫能力，促进磷钙代谢，增强人体对环境污染物的抵抗力。但是长期反复照射过量紫外线将引起细胞内的 DNA 改变，细胞的自身修复能力减弱，免疫机能减退，皮肤发生弹性组织变性、角质化以致皮肤癌变，诱发眼球晶体发生白内障等。10 多年来，经科学家研究，大气中的臭氧每减少 1%，照射到地面的紫外线就会增加 2%，人类患皮肤癌的概率就增加 3%。

（1）皮肤癌：紫外线 UV-B 辐射的增加，直接导致人类常患三种皮肤癌。其中两种是 Basal 和鳞状皮肤癌，这两种非恶性癌每年在美国大约有 50 万患者，不过如果发现及时，这种病可以治好，很少有人死于此病。美国环境保护局估计臭氧每减少 10%，这两种皮肤癌的发病率就提高 26%。第三种皮肤癌是恶性黑色素瘤，比较少见，它与紫外线辐射有关，其机理知之甚少。每年大约 25 000 人患此病。这种病比较危险，每年大约有 5 000 人死于此病。每个细胞里的遗传物质（脱氧核糖核酸）都对紫外线很敏感，脱氧核糖核酸的损伤会杀死细胞或将其变成癌细胞。白色皮肤的人对太阳光缺乏自然保护，他们更容易患皮肤癌。据计算，臭氧每减少 1%，非黑色素瘤皮肤癌就增加 3%，按美国当今人口计算，良性黑色素瘤的病例将增加 45 万例，恶性黑色素瘤的病例将增加 1 000 例。

如今臭氧层空洞对居住在距南极洲较近的智利南端海伦娜岬角的人类及动植物产生了严重的影响。居民只要走出家门，就要在衣服遮不住的皮肤涂上防晒油，戴上太阳眼镜，否则半小时后，皮肤就晒成鲜艳的粉红色，并伴有痒痛。在臭氧层消耗的 7 年间，恶性黑色素瘤发病率增加了 56%，其他皮肤癌发病率增加了 46%。除此之外，此地的羊群、兔子和鱼类则多患白内障，几乎全盲。

（2）白内障：形成在眼球晶体上的一层雾斑（晶状体浑浊）。实验证明，紫外线能损伤角膜和眼晶体，可引起白内障、眼球晶体变形等。据分析，平流层臭氧减少 1%，全球白内障的发病率将增加 0.6%～0.8%，全世界由于白内障而失明的人数将增加 10 000～15 000 人；如果不对紫外线的增加采取措施，从现在到 2075 年，UV-B 辐射的增加将导致大约 1 800 万白内障病例的发生。

（3）免疫系统疾病：中波紫外线 UV-B 的照射，对人体有许多影响。有的是积极的影响，适量的 UV-B 是维持人类生命所必需的。但是长期接受过量紫外线辐射，将引起细胞内 DNA 改变，细胞的自身修复能力减弱，免疫机制减退。研究表明，紫外线对免疫系统的影响与肤色无关，由于紫外线辐射的增加，大量疾病的发病率及严重程度都会大大增加。这些疾病包括麻疹、水痘、疱疹和其他引起皮疹的病毒性疾病，以及通过皮肤传染的寄生虫病（如疟疾和利什曼病）、细菌感染（如肺结核和麻风病）和真菌感染等。

（4）臭氧层的破坏导致紫外线直接作用于汽车尾气，经过一系列的化学反应在对流层产生臭氧。对流层的臭氧由于其强氧化性，在一定浓度下对人体产生毒害作用。

2．对陆生植物的影响

紫外线 UV-B 的辐射会引起某些植物物种的化学组成发生变化，影响农作物在光合作用中捕获光能的能力，造成植物获取的营养成分减少，生长速度减慢。除此之外，紫外线辐射的增加会破坏生物的 DNA，以改变遗传信息及破坏蛋白质。研究表明，紫外线对约 50%的植物有不良影响，尤其是像豆类、瓜类、卷心菜一类的植物更是如此。西红柿、土豆、甜菜、大豆等农作物，由于紫外线 UV-B 辐射的增加，还会改变细胞内的遗传基因和再生能力，使它们的产量下降。一项研究表明，如果臭氧减少 25%，则大豆的产量会下降 20%～25%，大豆的蛋白质含量和含油量也会降低。

3．对水生生物的影响

紫外线 UV-B 辐射对鱼、虾、蟹、两栖动物和其他动物的早期发育阶段都有危害作用，最严重的影响是繁殖力下降和幼体发育不全，也会使渔业产量减少。紫外线辐射可杀死 10 m 水深以内的单细胞海洋浮游生物。实验表明，臭氧减少 10%，紫外线辐射增加 20%，将会在 15 天内杀死所有生活在 10 m 水深以内的鳗鱼幼鱼。

4．对建筑材料的影响

因平流层臭氧损耗导致阳光紫外线辐射的增加会加速建筑、喷涂、包装及电线电缆等所用材料，尤其是聚合物材料的降解和老化变质。特别是在高温和阳光充足的热带地区，这种破坏作用更为严重。由于这一破坏作用造成的损失估计全球每年达到数十亿美元。

5. 对城市环境的影响

过量的紫外线除了直接危害人类和生物机体外，还会使城市环境恶化，进而损害人体健康，影响植物生长和造成经济损失。城市工业在燃烧矿物燃料时排放氮氧化氮与某些工业和汽车所排放的挥发性有机物同时在紫外线照射下会更快地发生光氧化反应，生成臭氧、过氧化烯烷基硝酸酯等产物，从而造成城市内近地面大气的臭氧浓度增高，引起光化学烟雾污染。近地面臭氧浓度过高，吸入人体会导致肺功能减弱和组织损伤，引起咳嗽、鼻咽刺激、呼吸短促和胸闷不适等。近地面的臭氧和过氧化烯烷基硝酸酯能损害植物叶片，抑制光合作用，使农作物减产，森林或树木枯萎坏死，其危害甚至比酸雨还大。

第三节　臭氧层的保护和恢复

一、国际臭氧层保护政策

随着人类活动的加剧，地球表面的臭氧层出现了严重的空洞。1995 年 1 月 23 日，联合国大会决定，每年的 9 月 16 日为国际保护臭氧层日，要求所有缔约国按照《关于消耗臭氧层物质的蒙特利尔议定书》及其修正案的目标，采取具体行动纪念这个日子。

自 20 世纪 70 年代以来，人类认识到臭氧层正在逐渐减少。1976 年 4 月，联合国环境规划署理事会决定召开一次“评价整个臭氧层”国际会议，并于 1977 年 3 月在美国华盛顿召开了有 32 个国家参加的“专家会议”。会议通过了第一个“关于臭氧层行动的世界计划”。这个计划包括监测臭氧和太阳辐射、评价臭氧损耗对人类健康的影响、对生态系统和气候的影响，以及发展用于评价控制措施的费用及益处的方法等，并要求联合国环境规划署建立一个臭氧层问题协调委员会。这个计划提出了对受控物质生产和使用的控制。

1980 年，协调委员会提出了臭氧耗损严重威胁着人类和地球生态系统这一评价结论。1981 年，联合国环境规划署理事会建立了一个工作小组，其任务是起草保护臭氧层的全球性公约。1985 年 3 月，在奥地利首都维也纳通过了有关保护臭氧层的国际公约《保护臭氧层维也纳公约》（以下简称《维也纳公约》），该公约从

1988 年 9 月起生效。这个公约只规定了交换有关臭氧层信息和数据的条款，但对控制消耗臭氧层物质的条款却没有约束力。《维也纳公约》促进了各国就保护臭氧层这一问题的合作研究和情报交流。

在《维也纳公约》的基础上，为了进一步对氯氟烃类物质进行控制，在审查世界各国氯氟烃类物质生产、使用、贸易的统计情况的基础上，通过多次国际会议协商和讨论，于 1987 年 9 月 16 日在加拿大的蒙特利尔会议上，通过了《关于消耗臭氧层物质的蒙特利尔议定书》（以下简称《蒙特利尔议定书》），并于 1989 年 1 月 1 日起生效。《蒙特利尔议定书》规定，参与条约的每个成员组织将冻结并依照缩减时间表来减少 5 种氟利昂的生产和消耗，冻结并减少 3 种溴代物的生产的消耗。5 组氟利昂的大部分消耗量，将从 1989 年 7 月 1 日起，冻结在 1986 年使用量的水平上；从 1993 年 7 月 1 日起，其消耗量不得超过 1986 年使用量的 80%；从 1998 年 7 月 1 日起，减少到 1986 年使用量的 50%。

1989 年 3—5 月，联合国环境规划署连续召开了保护臭氧层伦敦会议与《维也纳公约》和《蒙特利尔议定书》缔约国第一次会议——赫尔辛基会议，该会议进一步强调保护臭氧层的紧迫性，并于 1989 年 5 月 2 日通过了《保护臭氧层赫尔辛基宣言》，鼓励所有尚未参加《维也纳公约》及《蒙特利尔议定书》的国家尽早参加；同意在适当考虑发展中国家特别情况下，尽可能地但不迟于 2000 年取消受控氯氟烃类物质的生产和使用；尽可能早地控制和削减其他消耗臭氧的物质；加速替代产品和技术的研究与开发；促进发展中国家获得有关科学情报、研究成果和培训，并寻求发展适当的资金机制促进以最低价格向发展中国家转让技术和替换设备。

1990 年 6 月，联合国环境规划署在伦敦召开了关于控制消耗臭氧层物质的《蒙特利尔议定书》缔约国第二次会议。57 个缔约国中的 53 个国家的环境部长或高级官员及欧共体代表参加了会议。此外，还有 40 个非缔约国的代表参加了会议。该次大会又通过了若干补充条款，修正和扩大了对有害臭氧层物质的控制范围，受控物质由原来的 2 类 8 种扩大到 7 类上百种。规定缔约国在 2000 年或更早的时间里淘汰氟利昂和哈龙。

截至 2008 年，签署《维也纳公约》的国家共有 176 个；签署《蒙特利尔议定书》的国家共有 175 个。保护臭氧层，是迄今人类最为成功的全球性合作。

二、我国臭氧保护政策

为加强对保护臭氧层工作的领导，我国于 1991 年成立了由国家环保局等 18

个部委组成的国家保护臭氧层领导小组。在领导小组的组织协调下，编制了《中国消耗臭氧层物质逐步淘汰国家方案》，并于 1993 年得到国务院的批准，成为我国开展保护臭氧层工作的指导性文件。在此基础上又制定了化工、家用制冷等 8 个行业的淘汰战略，进一步明确了各行业淘汰消耗臭氧层物质的原则、政策、计划和优先项目，具有较强的可操作性。以上述两个文件为依据，我国积极组织申报和实施蒙特利尔多边基金项目。截至 1997 年 6 月，多边基金执委会共批准了我国 210 个项目，获得赠款总额 1.5 亿美元。为配合履行保护臭氧层的国际公约，国家正在逐步制定并采取一定的法规和措施，对消耗臭氧层物质的生产和使用予以控制，对替代品和替代技术的生产和应用予以引导和鼓励，如生产配额、环境标志、税收价格调节、进出口控制、投资控制等政策，已有一些规定出台。除此之外，我国还开展了保护臭氧层的宣传、国际合作和科研等方面的活动，提高了广大人民群众保护臭氧层的意识，并积极参与到这项保护地球环境的行动中。经过这些努力，我国保护臭氧层工作取得了明显的进展。许多企业或利用多边基金，或利用自有资金进行了生产线的转换。按照有关条款，中国已从 1999 年 7 月 1 日起冻结了 CFCs 制冷剂的生产和消费，在此基础上逐步削减，并将在 2010 年 1 月 1 日前完全淘汰 CFCs 制冷剂。禁止使用 CFCs，为我国进一步的履约工作奠定了基础。我国是 CFC 类制冷剂生产和消费大国，氟利昂保有量达 50 多万 t，其消费量占全世界总量的一半以上。作为缔约国之一，我国政府向国际承诺：将与世界各国联手拯救臭氧层。

参考文献

[1] IPCC. 气候变化 2007：综合报告[R]//Pachauri R K，Reisinger A. 政府间气候变化专门委员会第四次评估报告第一、第二和第三工作组的报告. 日内瓦. 2007：104.

[2] 陈立奇. 南极和北极地区变化对全球气候变化的指示和调控作用[J]. 极地研究，2014，25（1）：1-6.

[3] 翟盘茂，李蕾. 第五次评估报告反映的大气和地表的观测变化[J]. 气候变化研究进展，2014，10（1）：20-24.

[4] 白开旭. 全球大气臭氧总量变化趋势及其区域气候影响机制研究[D]. 上海：华东师范大学，2015.

[5] 陈立奇，高众勇，詹力扬，等. 极区海洋对全球气候变化的快速响应和反馈作用[J]. 应用海洋学学报，2013，32（1）：138-144.

第三章　酸　雨

第一节　概　述

一、酸雨的定义

1．什么是酸雨？

简单地说，酸雨就是酸性的雨。什么是酸？纯水是中性的，没有味道；柠檬水和橙汁有酸味，醋的酸味较大，它们都是弱酸；小苏打水有略涩的碱性，而苛性钠水就涩涩的，碱味较大，它们是碱。科学家发现酸味大小与水溶液中氢离子浓度有关；而碱味与水溶液中氢氧根离子浓度有关；然后建立了一个指标 pH 值来判断溶液的酸碱性，pH 值被定义为溶液中氢离子浓度的负对数。于是，纯水的 pH 值为 7；酸性越大，pH 值越低；碱性越大，pH 值越高。在未被污染的大气中，可溶于水且含量比较高的酸性气体是二氧化碳，如果只把二氧化碳作为影响天然降水 pH 值的因素，经过理论计算可知该降水的 pH 值为 5.6。如果大气被除二氧化碳以外的其他酸性物质污染，其降水的 pH 值就会小于 5.6。多年来，国际上一直将 5.6 作为未受污染的大气降水 pH 值的背景值，把 pH 值为 5.6 作为判断酸雨的界限。pH 值小于 5.6 的雨叫酸雨；pH 值小于 5.6 的雪叫酸雪；在高空或高山（如峨眉山）弥漫的 pH 值小于 5.6 的雾，叫酸雾。通过降水，如雨、雪、雾、冰雹等将大气中的酸性物质迁移到地面的过程统称为酸性降水。酸性降水中最常见的就是酸雨。酸雨给地球生态环境和人类的社会经济带来严重的影响和破坏，科学家将酸雨称作“空中死神”和“看不见的杀手”。

图 3.1 为酸雨和生活中常见物质的 pH 值。

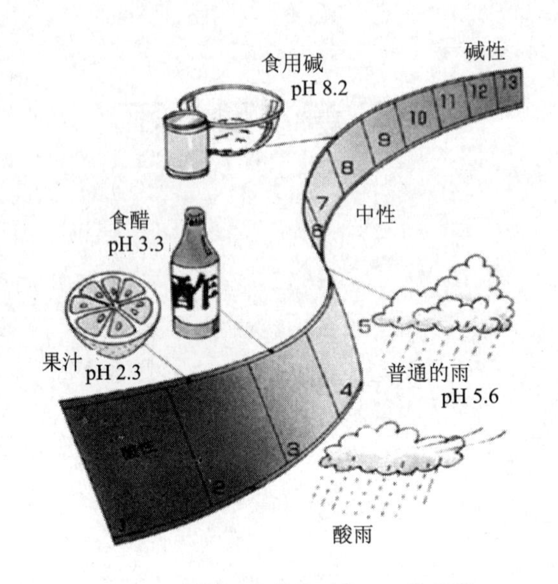

图 3.1 酸雨和其他物质的 pH 值比较

2. 酸雨的发现

近代工业革命，从蒸汽机开始，锅炉烧煤，产生蒸汽，推动机器；而后火力发电厂星罗棋布，燃煤数量日益猛增。遗憾的是，煤中含有杂质硫，煤的含硫量通常为 0.5%～6%，在燃烧中将排放酸性气体二氧化硫；燃烧产生的高温还能促使助燃的空气发生化学变化，氧气与氮气化合，生成酸性气体氮氧化物也会被排放出来。它们在高空中被雨雪冲刷、溶解，雨成为酸雨；这些酸性气体成为雨水中的杂质硫酸根、硝酸根和铵离子。1872 年，英国科学家史密斯分析了伦敦市雨水成分，发现它呈酸性，且农村雨水中含碳酸铵，酸性不大；郊区雨水含硫酸铵，略呈酸性；市区雨水含硫酸或酸性的硫酸盐，呈酸性。于是史密斯在他的著作《空气和降雨：化学气候学的开端》中首次提出“酸雨”这一专有名词。这一名词出现后迅速为大众接受并广泛传播开来。酸雨跟正常雨水的降落过程一样，具有可传播性、渗透性、跨国界性和季节性。

二、酸雨的化学组成

1. 酸雨的成因

酸雨的成因是一种复杂的大气化学和大气物理现象。酸雨中含有多种无机酸和有机酸，绝大部分是硫酸和硝酸。工业生产和民用生活燃烧煤炭排放出来的二氧化硫，燃烧石油以及汽车尾气排放出来的氮氧化物，经过“云内成雨过程”，即水汽凝结在硫酸根、硝酸根等凝结核上，发生液相氧化反应，形成硫酸雨滴和硝酸雨滴；又经过“云下冲刷过程”，即含酸雨滴在下降过程中不断合并吸附、冲刷其他含酸雨滴和含酸气体，形成较大雨滴，最后降落在地面上，形成了酸雨。

2. 酸雨的化学形成过程

SO_2 和 NO_x 是形成酸雨的主要起始物，其化学形成过程为：

$$SO_2 + H_2O \rightarrow H_2SO_3 \quad (3\text{-}1)$$

$$H_2SO_3 + [O] \rightarrow H_2SO_4 \quad (3\text{-}2)$$

$$SO_2 + [O] \rightarrow SO_3 \quad (3\text{-}3)$$

$$SO_3 + H_2O \rightarrow H_2SO_4 \quad (3\text{-}4)$$

$$NO + [O] \rightarrow NO_2 \quad (3\text{-}5)$$

$$2NO_2 + H_2O \rightarrow HNO_3 + HNO_2 \quad (3\text{-}6)$$

反应式中[O]代表各种氧化剂。

大气中的 SO_2 和 NO_x 经过氧化在云层内与雨滴作用而形成酸雨。在这些形成过程中一些金属 Mn、V、Cu 等是酸性气体氧化的催化剂；大气光化学产物 O_3、HO_2·是使 SO_2 氧化的氧化剂。而大气中存在的碱性物质如 NH_3 可以起到缓冲作用，减缓酸雨的形成。

3. 酸雨的化学组成

一般情况下大气降水中阴离子为 SO_4^{2-}、NO_3^-、Cl^-、HCO_3^-，阳离子为 H^+、NH_4^+、Ca^{2+}、Na^+等。研究表明，对我国降水酸度影响最大的阳离子是 NH_4^+和 Ca^{2+}，阴离子是 SO_4^{2-}和 NO_3^-。

酸雨检测点的数据分析表明，在我国硫酸和硝酸占酸雨总酸量的 90%，且硝酸含量不及硫酸的 1/10，所以我国酸雨主要是大气中二氧化硫造成的，因此我国的酸雨是硫酸型酸雨。

三、酸雨的危害

酸雨给地球生态环境和人类的社会经济带来严重的影响和破坏，科学家将酸雨称作“空中死神”和“看不见的杀手”。

1. 酸雨对土壤和农作物的危害

酸雨使土壤酸化，一方面降低土壤肥力，导致粮食、蔬菜、瓜果大面积减产，另一方面土壤中含有的有毒重金属溶出，许多有毒物质被植物根系吸收，毒害根系，杀死根毛，使植物不能从土壤中吸收水分和养分，抑制植物的生长发育。

2. 酸雨对地表水的危害

酸雨使河流和湖泊的水体酸化，抑制水生生物的生长和繁殖，甚至导致鱼苗窒息死亡；酸雨还杀死水中的浮游生物，减少鱼类食物来源，使水生生态系统紊乱；酸雨污染河流、湖泊和地下水，直接或间接危害人体健康。在加拿大，酸雨毁灭了1.4万多个湖泊，另有4 000多个湖泊也濒临“死亡”。欧洲有数千个美丽的湖泊也毫无生气，听不到蛙声，见不到鱼跃。美国酸化的水域已达3.6万km^2，在28个州17 054个湖泊中，有9 400个受到酸雨影响，水质变差。纽约州北部阿迪达克山区，1930年只有4%的湖泊没有鱼，而目前半数以上的湖水pH值在5以下，90%的湖泊没有鱼，听不到蛙声，死一般寂静。

3. 酸雨对森林的危害

酸雨通过对树木表面（叶、茎）的淋洗直接伤害或通过土壤的间接伤害，促使森林衰亡。酸雨还诱使病虫害暴发，造成森林大片死亡。欧洲每年排出2 200万t硫，毁灭了大片森林。我国四川和广西等省区已有10多万hm^2森林濒临死亡。

4. 酸雨对建筑的危害

酸雨对金属、石料、木料、水泥等建筑材料有很强的腐蚀作用。世界上已有许多古建筑和石雕艺术品遭到酸雨腐蚀破坏，如加拿大的议会大厦、德国的石雕和我国的乐山大佛等。酸雨还直接危害电线、铁轨、桥梁和房屋。美国每年因酸雨造成的损失达250亿美元。我国重庆市与南京市自然条件相似，但重庆是酸雨侵蚀比较严重的地区，电视塔及建筑机械的维修、路灯及电线的更换频率比南京快 1.5 倍。嘉陵江大桥的钢梁每年锈蚀 0.16 mm，如此下去用不了 30 年，就会因钢梁锈坏而发生危险。

5. 酸雨对人体健康的危害

酸雨对人类的直接危害并不显著，人类直接接触酸雨可能会导致皮肤红肿，加速皮肤老化，也会对呼吸道黏膜造成损害，引起呼吸道疾病。

四、影响酸雨形成的因素

1. 酸性污染物的排放及其转化条件

从现有的监测数据来看，降水酸度的时空分布与大气中二氧化硫和降水中硫酸根浓度的时空分布有一定的关系。也就是说，某地二氧化硫污染严重，降水中硫酸根浓度就高，降水的 pH 值就低。例如，我国西南地区煤中含硫量较高，并且很少进行脱硫处理，而是直接用作燃料燃烧，所以导致二氧化硫的排放量很高。再加上该地区气温高，湿度大，有利于二氧化硫进入雨水中，因此在该地区形成了大面积的强酸性降雨区。

2. 大气中的碱性物质

NH_3 是大气中唯一常见的气态碱。大气中的 NH_3 对酸雨的形成非常重要。有研究表明，降水的 pH 值取决于硫酸、硝酸与 NH_3 和其他碱性尘粒的相互关系。NH_3 易溶于水，能够与酸性物质发生中和作用，从而降低雨水的酸度。大气中 NH_3 的来源主要是有机物的分解和农田施用的含氮肥料的挥发。土壤中 NH_3 的挥发量随着土壤碱性的上升而增大。我国北方地区土壤偏碱性，而南方地区土壤偏酸性。碱性土壤 NH_3 的挥发量要大于酸性土壤，所以我国大气中 NH_3 的含量呈现北高南低的特点。这也是我国酸雨更多发生在土壤 pH 值低的南方地区的原因之一。

3. 大气颗粒物的酸度及其缓冲能力

与国外相比，不论在我国的北方还是南方，大气中颗粒物浓度都普遍处于较高的水平，这对酸雨的形成起着不可忽视的作用。大气颗粒物的浓度和化学组成随各地的自然和社会条件而异，但一般而言，南方湿润多雨、植被良好、颗粒物浓度小，北方干燥少雨、土壤裸露、颗粒物浓度大。不仅如此，由于北方土壤偏碱性，所以北方大气颗粒物中碱性浓度也明显高于南方。因此，对于同样的降水，大气颗粒物对降水酸性的缓冲能力南方要比北方小很多。

4．天气及地理位置的影响

地形、地貌和气象条件与大气污染物的沉降、扩散和输送都有着密切关系，也是影响降水酸性的重要因素之一。我国南方地区山峦起伏，局部地区大气的扩散能力弱，加之湿润多雨，所以排入大气中的二氧化硫和氮氧化物经化学转化后易与水汽结合形成硫酸和硝酸；北方地区，由于地势平坦，干燥少雨并处于大气扩散的强区，所以大气中的二氧化硫和氮氧化物易随大气运动而传输到其他地区，不易在本地区产生酸雨。

第二节　我国酸雨现状与防治对策

一、基本术语

1．什么是酸雨率？

一年之内可降若干次雨，有的是酸雨，有的不是酸雨，因此一般称某地区的酸雨率为该地区酸雨次数除以降雨的总次数。其最低值为 0%；最高值为 100%。如果有降雪，当以降雨视之。有时，一个降雨过程可能持续几天，所以酸雨率应以一个降水全过程为单位，即酸雨率为一年出现酸雨的降水过程次数除以全年降水过程的总次数。除了年均降水 pH 值之外，酸雨率是判别某地区是否为酸雨区的又一重要指标。

2．什么是酸雨区？

某地收集到酸雨样品，还不能算是酸雨区，因为一年可有数十场雨，某场雨可能是酸雨，也可能不是酸雨，所以要看年均值。目前我国定义酸雨区的科学标准尚在讨论之中，但一般认为：年均降水 pH 值高于 5.60，酸雨率是 0%～20%，为非酸雨区；pH 值在 5.30～5.60，酸雨率是 10%～40%，为轻酸雨区；pH 值在

5.00～5.30，酸雨率是 30%～60%，为中度酸雨区；pH 值在 4.70～5.00，酸雨率是 50%～80%，为较重酸雨区；pH 值小于 4.70，酸雨率是 70%～100%，为重酸雨区。这就是所谓的五级标准。其实，北京、西宁、兰州、乌鲁木齐等市也收集到几场酸雨，但年均 pH 值和酸雨率都在非酸雨区标准内，故为非酸雨区。酸雨区的划分如表 3.1 所示。

表 3.1　酸雨区的划分

酸雨区	年均降水 pH	酸雨率
非酸雨区	5.6＜pH	0%～20%
轻酸雨区	5.3＜pH＜5.6	10%～40%
中度酸雨区	5.0＜pH＜5.3	30%～60%
较重酸雨区	4.7＜pH＜5.0	50%～80%
重酸雨区	pH＜4.7	70%～100%

二、我国酸雨的现状及发展趋势

我国是燃煤大国，煤炭占一次能源消费总量的 75%，是世界最大的 SO_2 排放国。根据环保部对全国 2 177 个环境监测站 2013 年监测数据分析表明，SO_2 超标的城市不断增加，目前已有 62.3%的城市环境空气 SO_2 年平均浓度超过国家环境空气质量二级标准、日平均浓度超过三级标准。二氧化硫的过量排放是形成酸雨的因素之一，所以我国的酸雨形势尤其是南方比较严峻。

目前，世界上已形成了三大酸雨区。一是以德、法、英等国家为中心，涉及大半个欧洲的北欧酸雨区。二是 20 世纪 50 年代后期形成的包括美国和加拿大在内的北美酸雨区。这两个酸雨区的总面积已达 1 000 多万 km^2，降水的 pH 值小于 5.0，有的甚至小于 4.0。我国在 20 世纪 70 年代中期开始形成的覆盖四川、贵州、广东、广西、湖南、湖北、江西、浙江、江苏和青岛等省市部分地区，面积为 200 万 km^2 的酸雨区是世界第三大酸雨区。酸雨区已占我国国土面积的 30%左右，且目前仍呈逐年加重的趋势。如贵州是酸雨污染的重灾区，全区 1/3 的土地受到酸雨的危害。省会贵阳出现酸雨的频率几乎为 100%。其他主要大城市的酸雨频率也在 90%以上。我国酸雨区面积虽小，但发展扩大速度之快，降水酸化速率之高，在世界上是罕见的。由于大气污染是不分国界的，所以酸雨是全球性的灾害。

1．我国酸雨的区域分布

我国的酸雨主要分布于长江以南、青藏高原以东地区及四川盆地。南方地区土壤偏酸性，大气颗粒物也是偏酸性的，对酸的缓冲能力差，降水容易酸化；而北方则相反，土壤偏碱性，大气颗粒物也偏碱性，可从一定程度上中和降水中的酸性物质。

（1）华中地区

以长沙、赣州、南昌、怀化等地为代表。本区为全国酸雨污染最严重的地区，其中心地区年均 pH 值低于 4.0，酸雨频率高达 90%以上。

（2）西南地区

以重庆、贵阳、柳州、宜宾等地为代表。本区酸雨污染程度近年来有所缓解，但仅次于华中地区，其中心地区年均 pH 值低于 5.0，酸雨频率高达 80%以上。

（3）华东沿海地区

酸雨主要分布在长江下游地区以南至厦门的沿海地区，以南京、上海、杭州、福州和厦门为代表。本区酸雨污染强度较华中和西南地区弱，但由于范围较广，覆盖苏南、皖南、浙江大部分及福建沿海地区，也成为我国主要的酸雨地区。

（4）华南地区

酸雨主要分布于珠江三角洲及广西的东部地区，以广州、桂林、南宁和梧州等地为代表。该区重污染城市年均 pH 值在 4.5～5.0，中心地区酸雨频率在 60%～90%。广西地区的酸雨污染较普遍，除南部滨海地区，大部分地区酸雨频率在 30%以上，酸雨区沿湘桂走廊向东西扩展，东与珠江三角洲相连。

（5）北方地区

以青岛、图们等地为代表，包括华北和东北地区。该区近年来频频出现酸性降水，如青岛、图们、太原和石家庄等年均 pH 值低于 5.6。

总之，降水年均 pH 值低于 5.6 的区域面积已占全国面积的 30%左右，目前仍呈逐年加重的趋势。

2．我国酸雨的垂直分布

酸雨是在城市上空形成的，城市上空粗大的碱性颗粒物含量较少，SO_2、NO_x 及转化生成的酸性气溶胶致酸作用明显。而在地面层，扬尘等颗粒物明显增加，酸性气态污染物浓度虽高，但是碱性颗粒物对雨水洗脱的总效应却表现出不同程度的中和作用。上海、重庆和广州酸雨垂直分布监测结果表明，百米高度内的近地层对降水酸度主要起中和作用，即高空的降水酸度比近地层的降水酸度大。

3. 我国酸雨的季节变化

酸雨的季节分布规律主要是由气象条件造成的。研究结果表明，我国南方酸雨出现的频率季节变化明显，一般是冬季和春季酸雨出现频率较高，降水的酸度也较高，而夏季和秋季酸雨频率和降水酸度相对较低。

我国是一个季风气候国家。春季和冬季风开始衰退，夏季风逐渐增强，大陆冷气团与海洋暖气团在我国南方交绥相持，形成准静止锋。在此天气系统控制之下，长江以南各省经常出现阴雨天气，湿度大，水蒸气与烟尘等颗粒物凝结成雾状，使污染物下沉积聚在低层大气中。冬季和春季主导风多为北风，在此期间正是北方各省采暖季节，燃煤产生的污染物可随北风南下，加重了南方地区的酸雨污染程度，并使污染范围扩大。

在夏、秋季节，我国南方地区主要受热带天气系统的影响，降水前后伴随有较强的气流运动，不论是水平方向还是垂直方向，气流湍动都很强，使大气中各种污染物很难积聚，在此期间酸雨频率和降水酸度相对较低。而北方工业较集中的大城市，夏季在大雨和暴雨时，时常出现酸雨。这是因为大气中偏碱性的大气颗粒物被雨水洗脱而减少，悬浮在空中的是偏酸性的微小粒子，对雨水中酸性物质的缓冲能力差，所以降水越多，持续时间越长，越容易出现酸雨。

4. 我国酸雨现状

2014 年《环境公报》显示，全国有 470 个城市（区、县）开展了降水监测，酸雨城市比例为 29.8%，酸雨频率平均为 17.4%。

2015 年《环境公报》显示，全国 480 个城市（区、县）开展了降水监测，酸雨城市比例为 22.5%，酸雨频率平均为 14.0%。

2014 年和 2015 年酸雨类型总体都为硫酸型，酸雨污染主要分布在长江以南—云贵高原以东地区。2015 年与 2014 年相比，开展降水 pH 监测的地区增多，酸雨城市比例和酸雨平均频率均有所降低。

5. 我国酸雨的发展趋势

SO_2 和 NO_x 的排放在西欧和北美已得到有力控制，而亚洲则是当今 SO_2 和 NO_x

排放量增长最快的地区。现在我国是继欧洲和北美之后的世界第三大酸雨区，而且降水的酸度在不断升高。我国一次能源以煤为主的结构（75%）近期不会发生变化，预计到2020年煤炭产量将达21亿t。如不加以控制，届时全国SO_2排放量将达到3 900万t。到那时，酸雨污染的面积将进一步扩大，SO_2污染的城市数量将进一步增多，污染程度进一步加重，对人民群众健康和生态环境的危害更加严重，造成的经济损失更大。

为此，我国政府高度重视酸雨和SO_2污染的防治。由于控制SO_2排放的技术难度大，资金投入较高，因此削减排放量需要一个过程。1995年全国人大常委会通过了《中华人民共和国大气污染防治法》，规定在全国划定酸雨控制区和SO_2污染控制区，即“两控区”，强化对酸雨和SO_2的污染控制。1997年1月12日，国务院批准了《酸雨控制区和二氧化硫污染控制区划分方案》。酸雨控制区的范围包括上海、江苏、浙江、安徽、福建、江西、湖北、湖南、广东、广西、重庆、四川、贵州和云南；SO_2污染控制区范围包括北京、天津、河北、山西、内蒙古、辽宁、吉林、江苏、山东、河南、陕西、甘肃、宁夏和新疆。“两控区”的总面积约占国土面积的11.4%，SO_2排放量约占全国的60%。因此，重点控制“两控区”SO_2的排放，就可以基本控制全国酸雨和SO_2污染恶化的趋势。

三、防治对策

控制酸雨的根本措施是减少二氧化硫和氮氧化物的排放。由于我国的酸雨是硫酸型的，因此，二氧化硫排放量的控制在我国酸雨控制中占主导地位。

为控制酸雨发展，应将其防治工作纳入经济和社会发展计划，调整能源结构，治理工业排放，研发治理技术和设备，同时加强环境管理。

1. 从政策上控制和削减燃煤二氧化硫排放量

控制和削减燃煤二氧化硫排放量是酸雨综合防治中最直接最有效的方法。借鉴国外成功经验，从政策上对二氧化硫排放量进行控制可取得较好的效果。根据我国国情，可采用下列政策来控制排放量。严格实行《酸雨控制区和二氧化硫污染控制区划分方案》，要求各地方政府和有关部门必须制定相应的酸雨和二氧化硫污染综合防治规划以及分阶段总量控制计划，并将其纳入当地国民经济和社会总体规划来组织实施，按照“谁污染、谁治理”的原则，落实防治项目和治理资金。同时限制高硫煤的开采和使用，严令禁止含硫量大于3%的煤矿的开采，改造含硫量大于 1.5%的煤矿。严格执行二氧化硫排放许可证制度，推行酸雨和二氧化硫污染综合防治体系，实行总量控制，促进节约能源。建立酸雨和二氧化硫污染监测网络和二氧化硫数据库及动态管理信息系统，强化环境监督管理措施。做好二氧化硫排污费的征收、管理和使用工作，运用经济手段促进治理。严格执行环境影响评价制度，对于新建项目必须严格执行"三同时"制度，按照"先评价、后建设"和"技术起点要高"的要求，充分评价建设项目对大气环境的影响，并确保控制二氧化硫污染的投资。

2．从技术上控制和削减二氧化硫排放量

前已述及，造成我国酸雨的主要原因是煤直接燃烧排放的大量二氧化硫。减少二氧化硫的排放目前通常有两种方法，即燃烧前脱硫和燃烧后脱硫。发展洁净煤技术降低煤的含硫量属于燃烧前脱硫，它是减少我国燃煤排污和控制酸雨发展的重要举措。据预测，我国二氧化硫的排放量在采用洁净煤技术后可从 1995 年的 2 370 万 t 减少到 2050 年的 980 万 t，即此技术的削减贡献率为 60%。但是，目前我国洁净煤技术的研究和实际应用还处于初级阶段，有很多工作要做，比如型煤技术，我国存在两大问题：一是型煤固硫技术落后，所能达到的固硫率平均只有 50%左右，远低于美国和日本 85%的水平，说明我国在这方面还有很大潜力，当前应大力开展固硫剂的筛选研究，提高固硫率；二是型煤化还未普及，使用散煤还很普遍，应加大型煤化推广力度。燃烧后脱硫控制和削减燃煤 SO_2 排放量是酸雨综合防治中最普遍采用的污染控制方法，目前主要是对燃烧过程中排放的烟气进行脱硫处理，以减少燃料燃烧后的 SO_2 排放。国外成功经验证明烟气脱硫是控制酸雨和二氧化硫污染的最主要技术手段，也是唯一可大规模商业化推广应用的脱硫方式。

3．大力发展清洁能源

除了上述围绕 SO_2 来控制酸雨之外，还应积极发展高效节能技术。在条件允许的情况下，尽可能使用洁净能源，如大力发展城市燃气，积极开发水能、核能、风能、太阳能、生物能、地热能和海洋能等洁净能源。

参考文献

[1] 张峰. 我国酸雨污染现状对策[J]. 上海化工，2005，30（2）：1-5.

[2] 张赟，李代兴. 我国酸雨污染现状及其防治措施初探[J]. 北方环境，2011，23（8）：121-122.
[3] 张军林，申进玲，李晓玲，等. 我国酸雨的危害及控制现状[J]. 农业资源与环境，2006，10：47-48.
[4] 戴树桂. 环境化学[M]. 2 版. 北京：高等教育出版社，2006.
[5] 赵志龙. 我国酸雨状况及综合防治对策研究[J]. 矿冶，2007，16（3）：63-68.
[6] 王文兴. 中国酸雨成因研究[J]. 中国环境科学，1994，5：69-74.
[7] 杨本宏. 我国酸雨危害现状及防治对策[J]. 合肥联合大学学报，2000，2：54-56.
[8] 花日茂，李湘琼. 我国酸雨的研究进展[J]. 安徽农业大学学报，1998，25（2）：206-210.

第四章　生物多样性减少

第一节　生物多样性简介

1992 年 6 月 5 日，联合国环境与发展大会在巴西里约热内卢举行，153 个国家签署了《生物多样性公约》。1994 年 12 月，联合国大会通过决议，将每年的 12 月 29 日定为“国际生物多样性日”，以提高人们对保护生物多样性重要性的认识。

2001 年 5 月 7 日，根据第 55 届联合国大会第 201 号决议，国际生物多样性日由原来的每年 12 月 29 日改为 5 月 22 日。

自 2010 年以来，国际生物多样性日的主题分别为：

2010 年：生物多样性就是生命，生物多样性也是我们的生命

2011 年：森林生物多样性

2012 年：海洋生物多样性

2013 年：水和生物多样性

2014 年：岛屿生物多样性

2015 年：生物多样性促进可持续发展

2016 年：生物多样性与气候变化

生物多样性是地球上 40 亿年生物进化留下来的宝贵财富，是人类赖以生存和发展的基础。生物多样性的概念是于 1995 年由国际生物多样性科学研究规划提出的。所谓生物多样性，是指包括地球上所有植物、动物、微生物和它们所拥有的全部基因以及由这些生物和环境构成的各种各样的生态系统。包括遗传多样性（基因多样性）、物种多样性、生态系统多样性和景观多样性。

一、遗传多样性

遗传多样性是生物多样性的重要组成部分。狭义的遗传多样性主要指物种内不同群体之间或一个群体内不同个体的遗传变异总和。广义的遗传多样性是指地球上所有生物所携带的遗传信息的总和。这些遗传信息储存在生物个体的基因之中。因此，遗传多样性也就是生物的遗传基因的多样性。任何一个物种或一个生物个体都保存着大量的遗传基因，因此，可被看作是一个基因库。遗传多样性包括分子、细胞和个体三个水平上的遗传变异度，因而成为生命进化和物种分化的基础。一个物种所包含的基因越丰富，它对环境的适应能力越强，而一个物种的适应能力越强则它的进化潜力也越大。因此，遗传多样性对农、林、牧、副、渔业的生产具有重要的现实意义。

1. 分子水平的多样性

分子水平的多样性分为 DNA 的多样性和蛋白质的多样性。我们知道 DNA 分子的多样性决定了蛋白质分子的多样性，不同的个体间 DNA 分子不同，因而蛋白质也不同。

DNA 和蛋白质多样性分析结果表明，在个体间 DNA 的差异比蛋白质大；种群间的个体差异比种群内的个体差异大，种群间的遗传分化程度比较高。

2. 细胞水平的多样性

细胞水平的多样性主要指染色体的多样性。例如，中华地鳖的染色体数目有 23、24、25 和 33、34、35 等类型；草甸碎米荠的染色体最少有 16 条，最多有 96 条，共 54 种类型。

3. 个体水平的多样性

个体水平的多样性是指表现型的多样性，表现型的多样性反映的是基因型的多样性。

二、物种多样性

物种多样性是物种水平的生物多样性，是用一个区域的物种种类的丰富程度和分布特征来衡量的。包括两个方面，其一是物种的丰富度，指一个群落或生境中物种数目的多寡；其二是物种的均匀度，指一个群落或生境中全部物种所有个体数目的分布状况，反映了各物种个体数目分布的均匀程度。

物种多样性研究的内容通常包括：物种多样性的现状、物种多样性的形成、演化及维护机制等。通常一个物种的种群越大，它的遗传多样性就越大。物种多样性是生物多样性最直观、最基本的表现。

2001—2010 年的 10 年间，一些动物相继从地球上消失，以下是 10 年间世界范围内灭绝的 10 个物种。

1. 金蟾蜍

金蟾蜍有时也称蒙特沃尔蟾蜍或橙色蟾蜍，又称环眼蟾蜍，美洲蟾蜍的一种，曾大量存在于哥斯达黎加蒙特维多云雾森林（Monteverde Cloud Forest Reserve，现已为自然保护区）中一片狭小的热带雨林地带，其雄性个体全身呈金黄色，因此被称作金蟾蜍。1966 年由爬虫学者杰伊·萨维奇（Jay Savage）发现并正式命名，金蟾蜍原本是一个常见物种，但自从 1989 年以来，金蟾蜍再没有被发现。至 2006 年，金蟾蜍在世界自然保护联盟濒危物种红色名录中的保护状况为灭绝，由于全世界范围内两栖动物数量不断减少，金蟾蜍灭绝的实例也被许多相关学者研究，一般认为，造成金蟾蜍灭绝的主要原因为全球变暖和环境污染。

2. 白鳍豚

据记载，最后一次观察到白鳍豚的记录是在 2002 年，自从 1996 年起，白鳍豚就被列入极度濒危物种名录，而在 2006 年，白鳍豚基金会的科学家在长江航行 2 000 多英里，配备了光学仪器和水下测音器等先进工具，但仍未能发现活白鳍豚。白鳍豚基金会就此发布报告，宣布白鳍豚功能性灭绝。

功能性灭绝是指该物种因其生存环境遭到破坏，数量非常稀少，以致在自然状态下基本丧失了维持繁殖的能力，甚至丧失了维持生存的能力。白鳍豚数量减少被归咎于过度捕捞、船运、栖息地丧失、有害渔具、电捕鱼操作、船桨击打、修建水库、河流淤泥沉淀以及污染等原因。白鳍豚有“长江女神”的美誉，它的皮非常有价值，可用以制造手套和手提包等。

3. 斯皮克斯金刚鹦鹉

斯皮克斯金刚鹦鹉，也被称为小蓝金刚鹦鹉，是一种原产于巴西的金刚鹦鹉。

虽然人工饲养的斯皮克斯金刚鹦鹉（Spixsmacaw）数量仍达到 71 只，但最后一个已知野生个体在 2000 年消失，而野外再未发现过斯皮克斯金刚鹦鹉。它已被列入“极度濒危”物种名单，之所以不是“野外灭绝”物种名单，是因为科学家没有对这个物种所有潜在栖息地进行彻底摸查。

1987 年，3 只野生个体被人捉到后卖出。其中，一只雄性个体在 1990 年被发现，与人工饲养的一只雌性个体组成家庭。不幸的是，在这只雌性斯皮克斯金刚鹦鹉被放到野外后，它撞上了电线，一命呜呼。造成斯皮克斯金刚鹦鹉几乎绝种的原因，主要是猎杀和诱捕、栖息地遭到破坏以及引入非洲化蜜蜂（被称为“杀人蜂”）。

4．夏威夷乌鸦

最后两个夏威夷乌鸦种群绝灭于 2002 年，现在的保护状况为“野外灭绝”。当地还有一些被圈养的夏威夷乌鸦，但是由于其剩余数量过少，该物种被认为已无法重新恢复。当地人曾经建立夏威夷乌鸦的再引回计划，但再引回的个体常被另一种濒危鸟类夏威夷隼捕杀，结果无法成功。科学家尚未完全揭开夏威夷乌鸦灭绝之谜，但他们认为像禽疟这样的传染病可能是夏威夷乌鸦灭绝的罪魁祸首。

5．比利牛斯山羊

比利牛斯山羊生活在西班牙北部比利牛斯山脉的崇山峻岭中，是西班牙山羊已经灭绝的两个亚种之一。这个物种曾经数量众多，广泛分布于西班牙和法国，20 世纪初，数量急剧下降，最后不到 100 只。2000 年 1 月 6 日，世界上已知最后一只比利牛斯山羊（称为“西莉亚”的母羊）被发现死于西班牙北部，这种野山羊被正式宣布灭绝。

科学家从“西莉亚”的耳朵中提取了皮肤细胞，保存在液氮中，并在 2009 年成功克隆出一只比利牛斯山羊，令其成为世界上第一个通过克隆又复活的物种。但是，由于肺部功能衰弱，它仅存活了 7 分钟。导致比利牛斯山羊灭绝的原因仍是一个谜，科学家提出了各种各样的说法，包括偷猎、疾病和无力与其他物种争夺食物。

6．利物浦鸽

利物浦鸽是一种来源不明的已灭绝鸟类，虽然有些科研人员认为塔希提岛上可能仍存在它们的踪迹。现存唯一一只利物浦鸽栖居于默西塞德郡博物馆，科学家表示这种鸽子可能在欧洲人在太平洋开始探险以前便已濒临灭绝。世界自然保护联盟在2008年对利物浦鸽进行了评估，随后宣布它已灭绝，而原因尚不得而知。

7. 西非黑犀牛

西非黑犀牛是黑犀牛中最珍稀的亚种，已经被列入“极度濒危”物种名单，研究人员担心它可能已经彻底灭绝。西非黑犀牛曾广泛分布在非洲中部大草原，由于偷猎活动，近年来数量开始下降。1980年，这一珍稀物种总数仍有数百头，但到2000年，估计只剩下10头。科学家曾对西非黑犀牛在喀麦隆北部的最后一块栖息地进行过调查，遗憾的是，并没有发现野生西非黑犀牛的踪迹，不过寻找工作仍在继续。据目前掌握的情况，世界上不存在人工繁殖西非黑犀牛项目。

8. 黑脸蜜旋木雀

黑脸蜜旋木雀也称毛岛蜜雀，是美国夏威夷毛伊岛上的特有物种，已被列入“极度濒危/可能灭绝”物种名单。在1998年发现的三只黑脸蜜旋木雀中，一只圈养的个体在2004年死亡，其余两只自此再没有出现过。科学家表示，黑脸蜜旋木雀可能已经绝种，但要证实这一点，需要对潜在栖息地进行全面摸查。即便有一些生存下来，数量一定极少。黑脸蜜旋木雀数量减少的主要原因是栖息地遭到破坏及携带疾病的蚊子的快速传播。

9. 德氏小鸊鷉

德氏小鸊鷉在2010年被宣布灭绝，虽然这个物种可能在几年之前便已从地球上消失。科学家之所以迟迟不愿将德氏小鸊鷉列入灭绝物种名单，是因为它们栖息于马达加斯加岛偏远的阿劳特拉湖。科学家分别在1989年、2004年和2009年对该地区进行了全面摸查，但没有找到德氏小鸊鷉的踪迹，最后一次看到这种鸟类个体的踪影还是在1982年。

由于栖息地遭到破坏，以及与小鸊鷉自然杂交造成的基因池减少，德氏小鸊鷉的数量在20世纪开始下降。鉴于德氏小鸊鷉活动范围和活动能力受限，科学家宣布它已经灭绝，今天，仅有一张照片捕捉到野生德氏小鸊鷉的画面。

10. 霍尔德里奇蟾蜍

霍尔德里奇蟾蜍是哥斯达黎加雨林地区的特有物种，在2008年10月被宣布灭绝，因为自1986年以来，就没有人再看到霍尔德里奇蟾蜍的踪影。2000—2007年，科学家进行了定期摸查和全面搜寻，但均无功而返。科学家认为，这种蟾蜍数量急剧减少并最终灭绝的主要原因，是两栖动物常见的壶菌病和全球变暖的影响。

三、生态系统多样性

生物圈内生境、生物群落和生态过程的多样化，以及生态系统内生境差异和生态过程的多样性，导致生态系统多样化。生境主要指地貌、气候、土壤和水文等无机环境。生物群落的多样化是指生物群落的组成、结构和动态方面具有多样性。生物群落结构的不同层次中都由不同生物组成，形成了生态系统内的不同生境，它们在生态过程中发挥的作用都不同，即体现了生态过程的多样化。我国具有陆地生态系统的各种类型，包括森林、灌丛、草原和稀树草原、草甸、荒漠、高山冻原等。由于不同的气候、土壤等条件，又进一步分为各种亚类型599种。如我国的森林有针叶林、阔叶林和针阔混交林；草甸有典型草甸、盐生草甸、沼泽化草甸和高寒草甸等。除此以外，我国海洋和淡水生态系统类型也很齐全。

四、景观多样性

景观多样性指不同类型的景观要素或者生态系统构成的景观，在空间、功能机制和时间动态方面的多样性。组成景观的要素包括地形、水文、气候、土壤、植被、动物等。地球表面的各种景观是人类和自然相互作用的结果，是生物多样性的第四层次。例如，农业景观、森林景观、草地景观、河流景观、湖泊景观、荒漠景观、城市景观、果园景观和公园景观等。

一般来说，一个物种的种群越大，它的遗传多样性就越丰富。遗传多样性导致了物种多样性，物种多样性与多种多样的生境构成了生态系统多样性。

五、生物多样性的意义

生物多样性将从道德、审美和经济等多个层面使人类的生活更加丰富多彩。生物多样性遭到破坏，短期内可能不会导致人类走向灭绝，但人类的生存质量将受到严重影响。

最简单的例子是，看不到品种繁多的花草树木、飞禽走兽，旅游将变得索然无味。此外，很多物种在生态系统中扮演着重要角色。例如，大象是很好的“播种者”，有利于植物的扩散和生长，而熊和狼等大型食肉动物，可以限制常见的草食动物如兔子和鹿的数量，从而保持生态系统平衡。

生物多样性是地球生命经过几十亿年发展进化的结果，是人类赖以生存和持续发展的物质基础。每个层次生物多样性都有着重要的实用价值和意义。生物多样性在生态系统中的最重要的作用就是改善生态系统的调节能力，维持生态平衡。生物多样性不仅能为人类提供丰富的自然资源，满足人类社会对食品、药物、能源、工业原料、旅游、娱乐、科学研究、教育等的直接需求，而且能维持生态系统的功能，调节气候、保持土壤肥力、净化空气和水，从而支持人类社会的经济活动和其他活动。可以说，保护生物多样性就等于保护了人类生存和社会发展的基石，保护了人类文化多样性基础，就是保护人类自身。

第二节　我国的生物多样性

一、我国生物多样性的现状

我国是世界上物种多样性最丰富的国家之一。我国的生物多样性在世界生物多样性中占有重要地位。地球表面的动植物、微生物的总数达到 500 万～3 000 万种，已经记录的有 140 万～170 万种。我国已经记录的物种总数达 29 万种。拥有高等植物 3 万余种、脊椎动物 6 347 种，分别约占世界总数的 10%和 14%，均居世界前列，还有昆虫 15 万种。此外，我国物种特有属、特有种类型繁多，其中高等植物中有 17 700 个特有种，脊椎动物有 677 个特有种。动植物区系起源古老，珍稀物种丰富。

2013 年公布的《中国生物多样性红色名录》显示，我国除海洋鱼类外的 4 357 种脊椎动物中，已有 4 种灭绝，3 种野外灭绝，10 种区域灭绝。受威胁物种共计 932 种，约为评估物种总数的 21.4%。其中，185 种极危，288 种濒危，459 种易危。受威胁比例最高的类群为两栖动物，高达 43.1%。此外，我国特有动物 1 598 种，受威胁率达 30.6%。

哺乳类中有 6 个物种属于灭绝等级。大独角犀、爪哇犀和双角犀列为“区域灭绝”等级。20 世纪 50 年代初，大独角犀、爪哇犀和双角犀在我国云南消失。此后，我国境内再没有发现大独角犀、爪哇犀和双角犀。属于野外灭绝的有野马、高鼻羚羊和野水牛 3 种。尽管 20 世纪 80 年代我国从国外重新引入了普氏野马和高鼻羚羊，分别建立了圈养种群，但是目前野放的普氏野马在冬季仍需要人工补饲，在野外尚未形成可生存种群；高鼻羚羊仍生存在人工圈养状态下。

我国 34 450 种高等植物中，已有 27 种灭绝，10 种野外灭绝，15 种区域灭绝。受威胁物种共计 3 767 种，约占评估物种总数的 11%。其中，583 种极危，1 297 种濒危，1 887 种易危。受威胁比例最高的类群为裸子植物，高达 51%。此外，高等植物中 17 700 个特有种中，受威胁率高达 65.4%。

二、我国生物多样性的特点

1. 物种丰富

我国有高等植物 3 万余种，其中在全世界裸子植物 15 科 850 种中，我国有 10 科，约 250 种，是世界上裸子植物最多的国家。我国有脊椎动物 6 347 种，占世界种数近 14%。

2. 特有属、种繁多

高等植物中特有种最多，约 17 300 种，占我国高等植物总种数的 57%以上。6 347 种脊椎动物中，特有种 667 种，占 10.5%。

3. 区系起源古老

由于中生代末我国大部分地区已上升为陆地，第四纪冰期又未遭受大陆冰川的影响，许多地区都不同程度保留了白垩纪、第三纪的古老孑遗部分。如松杉类世界现存 7 个科中，我国有 6 个科。动物中大熊猫、白鳍豚、扬子鳄等都是古老孑遗物种。

4. 栽培植物、家养动物及其野生亲缘的种质资源非常丰富

我国是水稻和大豆的原产地，品种分别达 5 万个和 2 万个。我国有药用植物 11 000 多种，牧草 4 215 种，原产中国的重要观赏花卉超过 30 属 2 238 种。中国是世界上家养动物品种和类群最丰富的国家，共有 1 938 个品种和类群。

5. 生态系统丰富多彩

我国具有地球陆生生态系统如森林、灌丛、草原和稀树草原、草甸、荒漠、高山冻原等各种类型，由于不同的气候和土壤条件，又分为各种亚类型 599 种。海洋和淡水生态系统类型也很齐全，目前尚无统计数据。

三、我国生物多样性面临的威胁

1. 物种灭绝加速

曾经，乳齿象、猛犸象、麋鹿、剑齿虎、美洲豹等各种各样的大型哺乳动物在这个星球上繁衍生息。之后，现代人类遍布全球，这些动物大部分永久地消失了。可悲的是，最新研究发现，大型哺乳动物的灭绝趋势仍在继续，而小型物种的生存也受到威胁。目前，仅鸟类的灭绝速度就达到每 3 年灭绝 2 种，其他物种更难统计。而且有加速的趋势。

研究发现，过去 500 年来，人类已经使陆地上野生动植物总量减少了 10%，使物种总量减少了 14%，绝大多数损失都发生在 100 年以内。这是科学家在分析了 70 多个国家的近 2.7 万个物种、100 多万条生态多样性改变记录后发现的结果。其中 14%的物种灭绝只是全球平均水平。在一些地区，生物多样性的确保存较好，而在其他地区，如西欧，已经失去了 20%～30%的物种。

我国已经灭绝的野生动物有犀牛、野马、高鼻羚羊和新疆虎等。

2. 基因多样性减少

许多物种野生类型数量严重减少，濒临灭绝。有些只剩圈养或者种植类型，近亲繁殖严重。

3. 生态系统多样性破坏

许多河湾、湖泊、湿地改造成农田。森林储量骤减、草原退化、沙漠化严重。

四、生物多样性减少的原因

近百年来，由于人口的急剧增加和人类对资源的不合理开发，加之环境污染等原因，生物物种正以前所未有的速度消失。地球已进入 6 500 万年前恐龙灭绝以来最大的一次生物灭绝时期。

1. 自然原因

自然原因导致的生物多样性减少包含两方面原因：一是物种本身的生物学特性。首先，物种的形成与灭绝是一个自然过程，化石记录表明，多数物种的限定寿命平均为100万～1 000万年；其次，物种对环境的适应能力或变异性、适应性较差，在环境发生较大变化时难以适应，因此面临灭绝的危险。如大熊猫，其濒危的原因除气候变化和人类活动以外，与其本身食性狭窄、生殖能力低等身体特征有关。二是环境突变，天灾，如地震、水灾、火灾、暴风雪、干旱等自然灾害导致物种灭绝。

2. 人为原因

人为原因是导致目前生物多样性减少的主要原因。

美国杜克大学的斯图尔特·匹姆团队的研究结果显示，人类活动导致物种灭绝的数量是自然淘汰数量的 1 000 倍。该团队认为，物种灭绝速度加快的主要原因不是因为近20年来自然灭绝的速率开始加快，而是人类活动使然。但两栖类动物的消失是个例外，该物种的大幅灭绝主要是因为壶菌门真菌在两栖动物之间的全球性传播。

匹姆团队还绘制了一幅全球生物多样性分布地图，以每10 km^2为一个单位将地球表面网格化，标明每个单位内的生物物种丰富性以及濒危物种的现状，以此作为开展物种保护工程的数据基础。例如，他们与巴西生态研究所合作，调查并标识了大西洋巴西沿岸的高危物种分布，巴西的一个环保组织在此数据基础上有针对性地购买土地，保护植被，进而将零星分散的森林重新连接起来。

人类活动主要从以下几个方面影响了物种的生存：

（1）大面积森林受到采伐、火烧和农垦，草地遭受过度放牧和垦殖，导致了生境的大量丧失，保留下来的生境也支离破碎，对野生物种造成了毁灭性影响；

（2）对生物物种的强度捕猎和采集等过度利用活动，使野生物种难以正常繁衍；

（3）工业化和城市化的发展，占用了大面积土地，破坏了大量天然植被，并造成大面积污染；

（4）外来物种的大量引入或侵入，大大改变了原有的生态系统，使原生的物种受到严重威胁；

（5）无控制的旅游，使一些尚未受到人类影响的自然生态系统受到破坏；

（6）土壤、水和空气污染，危害了森林，特别是给相对封闭的水生生态系统造成了毁灭性影响；

（7）全球变暖，导致气候形态在比较短的时间内发生较大变化，使自然生态系统无法适应，可能改变生物群落的边界。

尤其严重的是，各种破坏和干扰会累加起来，从而对生物物种造成更为严重的影响。

外来物种是指在一定区域内历史上没有的但被人类活动直接或间接引入的物种。当外来物种在引入地不但能存活、定居，而且繁殖、发展出庞大的种群，并对新分布区生态系统结构与功能构成严重危害时，外来种即演变为外来入侵种，又叫生物入侵。据资料记载，在全球范围内，生物入侵是继生境破坏后造成生物多样性锐减的第二大因素。生物入侵对生物多样性的各个方面都会产生负面影响，对当地的生物多样性有着严重威胁，甚至造成许多不可逆转的损失。

在我国，复杂多变的自然特征使得许多外来物种很容易找到适宜的栖息地，再加上新中国成立以来尤其是近10年外来物种的引入多为有意识的行为，因此引入失败的很少，居留成功的倒占大多数，从而客观上促进了它们向入侵物种的转变。据有关文献查证，目前已知我国至少有300种入侵植物、40种入侵动物、11种入侵微生物。目前对农业危害较大的外来微生物或病害有11种。

目前，地球上的生物物种每年以0.1%～1.1%的速率在急剧减少。这种生物多样性的极度锐减，除了人类大规模开垦土地导致自然生境快速丧失外，它的另一个主要因素就是生物入侵。随着全球化、商业和旅游的增长以及对自由贸易的重视，有意或无意地为物种传播提供了前所未有的机会。

第三节　生物多样性保护和恢复

生物多样性下降、生态系统服务功能退化，是当今世界面临的主要环境危机之一。各国政府投入大量人力物力和资金，但仍未能实现《生物多样性公约》设定的“到2010年，生物多样性的丧失得到遏制”的目标。通过经济手段促进生物多样性的保护，就是在这种背景下提出来并迅速得到各国广泛认可的有效措施之一。

一、生物多样性保护公约

生物多样性的减少，不仅会使人类丧失各种一系列宝贵的生物资源，丧失它们在食物、医药等方面直接和潜在的利用价值，而且会造成生态系统的退化和瓦解，直接和间接威胁人类生存的基础。因此，国际上比较早地采取了行动，保护各种生物物种和资源，并逐渐形成了一个国际条约体系。20 世纪 70 年代初以来，陆续通过了以野生动植物的国际贸易管理为对象的《华盛顿公约》，以湿地保护为对象的《拉姆萨尔公约》，以候鸟等迁徙性动物保护为对象的《波恩公约》，以世界自然和文化遗产保护为目的的《世界遗产公约》及其他一些国际或区域性的公约和条约。1992 年，在联合国环境与发展大会上通过了《生物多样性公约》，几个国际环境组织还在会议上公布了“全球生物多样性保护战略”，形成了保护生物多样性的综合性公约和战略。我国先后加入了《华盛顿公约》《拉姆萨尔公约》和《世界遗产公约》，并于 1992 年签署加入了《生物多样性公约》。

《生物多样性公约》指出生物多样性是指“所有来源的形形色色的生物体，这些来源包括陆地、海洋和其他水生生态系统及其所构成的生态综合体；它包括物种内部、物种之间和生态系统的多样性”。我国作为《生物多样性公约》较早的缔约国之一，一直积极参与有关公约的国际事务，就国际履约中的重大问题发表意见。我国还是世界上率先完成公约行动计划的少数国家之一。完成于 1994 年的《中国生物多样性保护行动计划》，使大量保护生态环境的活动有章可循。依据《野生动物保护法》，破坏野生动物资源的犯罪行为将一律受到处罚，其处罚最高可判处死刑。

通过各种保护措施的有效实施，我国生物多样性保护已取得初步成果。2003 年 1 月，中国科学院倡导启动一项濒危植物抢救工程，计划在 15 年内将所属 12 个植物园保护的植物种类从 1.3 万种增加到 2.1 万种，并建立总面积为 458 km^2 的世界最大植物园。此项工程中，用于收集珍稀濒危植物的资金达 3 亿多元，将以秦岭、武汉、西双版纳和北京等地为中心建设基因库。

拯救濒危野生动物工程也初见成效。全国已建立 250 个野生动物繁育中心，专项实施大熊猫、朱鹮等七大物种拯救工程。目前，被视为我国“国宝”，也被称为动物“活化石”的大熊猫种群数量保持在 1 000 只以上，生存环境继续得到良好改善；朱鹮种群数量由 7 只增加到 250 只左右，濒危状况得以进一步缓解；扬子鳄的人工饲养数量接近 1 万条；海南坡鹿由 26 只增加到 700 多只；遗鸥种群数量由 2 000 只增加到 1 万多只；难得一见的老虎也不时的在东北、华东和华南地区现身；对白鳍豚人工繁殖的研究正在加速进行。由于坚持不懈的打击盗猎，加上国际社会多个动物保护组织的配合，曾遭受疯狂非法屠杀致使其数量急剧下降的藏羚羊得以休养生息，目前数量稳定在 7 万只左右。

二、生物多样性保护措施

对于人类来说，生物多样性具有直接使用价值、间接使用价值和潜在使用价值，例如，许多植物是人类可以利用的良药和食物，如三七、当归、红枣等；森林对于调节气候和气温起着极大的作用；动物为人类提供了肉食、皮毛、医药。因此，保护生物多样性，就是保护人类自己。因此，应当采取以下措施：

1. 建设自然保护区完善保护制度

建立自然保护区是就地保护最有效的办法，为保护生物多样性，将包含保护对象的一定面积的区域划分出来进行保护和管理。保护对象主要有代表性的自然生态系统和珍稀濒危动植物的天然集中分布区。我国现已建立 3 000 多个自然保护区，其中有 16 个加入到“世界生物圈保护区网”中。例如：

①吉林长白山自然保护区，主要保护对象为温带森林生态系统、自然历史遗迹和珍稀动植物。区内分布有野生植物 2 540 多种，野生动物 364 种。其中，东北虎、梅花鹿、中华秋沙鸭、人参、红松等动植物为国家重点保护物种。

②青海湖鸟岛自然保护区，因岛上栖息着数以十万计的候鸟而得名。其保护对象是斑头雁、棕头鸥等鸟类及它们的生存环境。

③浙江省凤阳山百山祖国家级自然保护区，现在生存着我国濒临灭绝的国家一级保护动物华南虎。

④四川省大熊猫自然保护区，自 1998 年四川省率先在全国实施天然林保护工程以来，四川大熊猫的栖息地面积扩大了三成多，大熊猫自然保护区达到 35 个，大熊猫的生存环境得到进一步优化，种群数量稳中有升，大熊猫得到了有效保护。

为了保护生物多样性，把因生存条件不复存在，物种数量极少或难以找到配偶等，生存和繁衍受到严重威胁的物种迁出原地，移入动物园、植物园、水族馆和濒危动物繁殖中心，进行特殊的保护和管理，称为迁地保护，是对就地保护的补充，是生物多样性保护的重要部分。

迁地保护为行将灭绝的生物提供了生存的最后机会。一般情况下，当物种的种群数量极低，或者物种原有生存环境被自然或者人为因素破坏甚至不复存在时，迁地保护成为保护物种的重要手段。通过迁地保护，可以深入认识被保护生物的形态学特征、系统和进化关系、生长发育等生物学规律，从而为就地保护的管理和检测提供依据，迁地保护的最高目标是建立野生群落。

例如，白鳍豚是世界鲸类动物中最濒危的一种，这已经是不争的事实。鉴于长江生态环境的恶化，大批专家认为，迁地保护是拯救白鳍豚的唯一选择和最后希望。

生物多样性就地与迁地保护成就显著。截至2014年年底，全国已建立各类自然保护区2 729个，自然保护区总面积147万km^2，约占陆地国土面积的14.84%，高于世界12.7%的平均水平。

2．外来入侵物种防治和建立外来物种管理法规体系

外来物种入侵不仅对当地生物构成威胁，同时也对经济和人体健康带来不可估量的损失，因此一些国家对此进行了立法。如美国先后颁布或制修订了《野生动物保护法》《外来有害生物预防和控制法》《联邦有害杂草法》等。

3．生态示范区建设

以我国为例，截至2003年年底，国家环保总局共批准 8 批全国生态示范区建设试点 484个。颁布了《生态县、生态市、生态省建设指标（试行）》，加强了生态系列创建活动的指导和管理力度。

生态系统保护与修复取得良好成效。实施天然林资源保护、退耕还林、退牧还草等重点生态过程，部分区域生态状况明显改善。

4．国家合作与行动

在生物多样性问题上，世界各国的共识是生物多样性问题不是局部的、地区的问题，而是全球性的问题。联合国有关组织、世界科学界和各国政府部门认为国际合作是推进生物多样性保护的重要方面。为了更好地保护生物多样性，应积极开展国际合作，并制订相关的实施计划与细则，在必要的情况下制定相关行政法规或法律。

我国的生物多样性保护上升为国家战略。2010年国务院批准发布了《中国生

物多样性保护战略与行动计划（2011—2030）》。

成立中国生物多样性保护国家委员会。委员会由中宣部、环境保护部以及光明日报社等 25 个部委和单位组成。审议通过了《加强生物遗传资源管理国家工作方案》和《生物多样性保护重大工程实施方案》等。

5．增强宣传和保护生物多样性

保护生物多样性，需要人们共同的努力。从生物多样性的可持续发展这一社会问题来说，除发展外，更多地应加强民众教育，广泛、通俗、持之以恒地开展与环境相关的文化教育、法律宣传，培育本地化的亲生态人口。利用当地文化、习俗、传统、信仰、宗教和习惯中的环保意识和思想进行宣传教育。

生物多样性宣传教育成效明显。每年各地和有关部门都举行形式多样的宣传活动，参与的国内外组织和机构 200 多家，发放宣传品 500 多万件，通过媒体宣传影响受众达数亿人次。

总之，一个物种的消亡往往是多个因素综合作用的结果。所以，生物多样性的保护工作是一项综合性的工程，需要各方面的参与。

参考文献

[1] 盛连喜. 环境生态学导论[M]. 北京：高等教育出版社，2002.

[2] 张殷波，傅靖轩，刘莹立，等. 我国珍稀濒危植物保护红线的划定[J]. 生物多样性，2015，23（6）：733-739.

[3] 方碧真. 美丽中国之保护生物多样性[M]. 广州：广东科学技术出版社，2013.

[4] 薛达元，高振宁.《生物多样性公约》技术评注与履行策略[M]. 北京：中国环境科学出版社，1995.

[5] 陈玥竹，熊嘉辉. 论生物多样性保护中存在的问题及完善建议[J]. 法制与社会，2014，14（5）：240-241.

[6] 矢部光保，林岳，西村文英，等. 生物多样性保护及其作用于农产品的价值研究[J]. 资源与生态学报，2014（4）：291-300.

[7] 张风春，刘文慧，李俊生. 中国生物多样性主流化现状与对策[J]. 环境与可持续发展，2015，40（2）：13-18.

第五章　森林锐减

第一节　世界与我国森林退化现状

一、世界与我国森林概况

从1992年召开的联合国环境和发展大会做出承诺，将国际活动集中于世界林业，到2016年，每年联合国粮农组织都会发布林业资产评估报告，林业已经成为继粮食安全问题之后又一关乎人类可持续健康发展的核心领域。自1992年联合国环境与发展大会以来的二十几年中，这一点的确得到了加强。过去，大众媒介从没有像现在这样关注过全球的林业问题，许多地区性的和国际性的组织主动研究森林保护和经营的各个方面。对森林过多的索取所产生的问题，已使得人们转而关注森林的保护及其各方面效益的发挥。现今林业所处的环境和面临的期望是复杂的和具有挑战性的。

根据联合国粮农组织《1999年森林状况》的统计，1995年的世界森林面积（包括天然林和人工林）为34.54×10^8 hm^2，森林覆盖率为25.6%。其中，发展中国家为19.61×10^8 hm^2，约占世界森林总面积的55%；发达国家为14.93×10^8 hm^2，约占45%。世界人均森林面积0.6 hm^2，温带和北半球地区的森林面积（占陆地总面积的48.5%）略少于湿润或干旱热带地区。世界的森林有2/3以上集中于以下7个国家，按森林面积从大到小的顺序依次为：俄罗斯（占全球森林面积的22.1%）、巴西（占15.9%）、加拿大（占7.1%）、美国（占6.2%）、中国（占3.9%）、印度尼西亚（占3.2%）和扎伊尔（占3.1%）。其中，巴西、印度尼西亚和扎伊尔主要为热带森林。有29个国家（包括21个热带国家）的国土面积一半以上被森林覆盖，但其他的 49 个国家（主要是面积小、无林地的岛国和地区）的林业用地比例还不足 10%，例如：非洲的撒哈拉地区（7.5%），南非的非热带地区（6.8%），近东地区（1.9%），北非（1.2%）。天然林在欧洲的分布很少，其主要分布于发达国家以外的地区和大多数湿润热带国家。全世界的天然林或半天然林占 97%，人工林只占 3%左右。

我国现有森林面积 13 370×10^4 hm^2，其中天然林面积 8 726.54×10^4 hm^2，约占全国森林面积的 65%。森林覆盖率由解放初期的 8.7%提高到目前的 13.92%。活立木蓄积量为 117×10^8 hm^2。三北防护林、长江中上游防护林、沿海防护林、太行山绿化和防沙治沙等生态工程建设进展顺利，林业生态体系建设的骨架基本形成，使我国生态环境有所改善，区域环境得到了有效治理。我国在近几十年来，尤其是改革开放以来，在全国范围内大力开展了几大防护林体系和用材林基地的建设，人工林发展相当快且面积大。我国的人工林保存面积累计已达 3 379×10^4 hm^2，是世界上人工林面积最大的国家。在当前世界森林资源总体呈下降趋势的情况下，我国已经做到了森林资源总生长量大于总消耗量，扭转了长期以来森林蓄积量持续下降的被动局面，开始进入森林面积和蓄积量双增长的新阶段。林业产业结构从单纯的培育森林、生产木材的单一经济目标开始向森林的多资源利用目标发展，发挥出较大的生态效益和社会效益。

天然林的状况关系到几千万林区人口和几亿农民的生存与发展，经营管理好天然林对建设稳定的农业生态环境和保证农业的可持续发展具有重大意义。从 1997 年始，国家启动了国有林区天然林保护工程，该项工程的基本内容是通过实施分类经营，调整森林资源的利用方向，到 2000 年，将分布于长江、黄河、伊犁河、黑龙江、松花江、嫩江等江河上游及流域且生态环境脆弱的绝大多数国有天然林划为生态公益林，面积达 1 883×10^4 hm^2，占国有林区林地面积的 60%左右。以此为基础，在充分考虑生态需要和经济可能的情况下，将现有的 135 个森工企业局原则上划为停伐企业和部分停伐企业两类，其中 65 个停伐企业经营的国有林以生态公益林和兼用林为主，完全停止生态公益林主伐，转制为以森林经营管护为主的营林事业局；另 70 个为部分停伐企业，所经营的森林包括生态公益林、商品林和兼用林 3 类，在停止生态公益林主伐的同时，大力加强以人工林为主的商品林建设，并适当调减兼用林的采伐量，在管理体制上仍维持企业属性。由于大范围禁止生态公益林主伐，木材产量大幅度减少，到 21 世纪末，将调减 1 000×10^4 m^3。工程实施后，现有的国有天然林将得到保护和恢复，生态环境恶化趋势将得到遏制，国有林区资源、人口、经济之间的矛盾将得以缓解，使国有林为国民经济和社会可持续发展发挥更加重要的作用。

我国森林资源类型多。主要指的是树种多、森林类型多和珍贵经济林木多。我国地域辽阔，地理、气候条件等自然因素复杂多样，形成了我国森林资源类型多的特点，全世界木本植物 2 万余种，我国约有 8 000 余种，占世界木本植物种类的 40%，其中乔木有 2 000 多种；竹类资源非常丰富，约有 30 个属，300 多个种，总面积达 340 万 hm^2，是世界上竹类资源最多的国家。由于我国从南到北地跨热带、亚热带、暖温带、温带和寒温带 5 个主要气候带，因而形成了热带雨林、热带季雨林、亚热带常绿阔叶林、暖温带落叶阔叶林、温带针叶林与阔叶混交林、寒温带针叶林等多种主要森林类型。如果详细划分，类型则更多，在众多森林资源类型中，许多具有较高价值，包括经济价值、观赏景观价值、生物多样性价值等。例如，经济价值较高的树种有银杏、红豆杉、槭树、橡胶树、红木、杜仲、桑树、茶树等。世界主要的食用油树种有 150 种，我国就有 100 种左右，此外，还有众多干鲜果品种、天然香料、饮料树种等。许多树种资源不仅经济价值高，而且为我国所特有，如水杉、银杏、红豆杉、杜仲、珙桐等。

我国森林资源总量大、人均少。根据联合国粮农组织 1995 年公布的《1990 年全球森林资源评估》报告，我国森林资源面积总量排名第五位，林木总蓄积量排名第七位。但由于我国人口众多，约占世界人口的 22%，而森林面积只占世界的 3.9%，平均每人森林面积只有 0.223 hm^2，是世界平均水平（0.64 hm^2）的 1/6，人均蓄积量我国为 8.6 m^3，不足世界平均水平（71.8 m^3）的 1/8。

我国属于森林资源贫乏的国家，分布不均。由于历史和自然地理条件等因素，我国森林资源的分布非常不平衡，东北、西南和东南各地森林资源较多，华北、中原和西北各地的森林资源分布少，差异极大。从人均拥有量上来看，人均面积超过世界平均水平的只有西藏和内蒙古自治区，其中西藏的人均拥有量最多，森林面积人均 2.987 hm^2，这主要由人口稀少所致。人均蓄积量超过世界平均水平（71.8 m^3）的只有西藏自治区，林分蓄积量达到人均 850.9 m^3。另外，森林资源分布不均的特点还反映在与人口、经济发展等关系的不平衡上，现有森林主要分布在人口稀少、经济欠发达的地域，不仅增加了经营利用森林的费用，也使人们的生活环境得不到森林资源的直接保护，降低了生活质量。近年来，在我国日渐兴盛的与森林有关的旅游、文化、休憩等也由于距离森林遥远而增加了出行的难度和费用。

森林结构不合理。主要反映在林龄结构和林种结构等方面。从年龄结构上看，不合理主要反映在幼龄、中龄林较多，成熟过熟林资源少，林分低龄化。全国森林中，幼龄林和中龄林占 2/3 以上，在用材林中，尤其是在老的国有林区已经接近无成熟林可采伐的状态。从区域林区状况分析，森林资源低龄化的倾向更为严重。例如，东南部丘陵林区，幼龄林、中龄林面积占 80%以上，过熟林、成熟林蓄积量只有约 40%，与正常情况下的 60%～70%相距甚远。

森林资源结构不合理的另一个重要方面，是各种林种比例不合理。最突出的是用材林比重大，占 64.6%，而其他林种比重小，特别是防护林少，只有 13.9%，薪炭林占 2.9%，特用林占 2.9%，比例也是偏少的。像我国这样的少林国家，森林资源总量原本就少，许多地区的生态环境非常脆弱，防护林少则更加不利于发挥森林的生态防护效益。从区域情况看，有的地区林种结构不合理现象更为明显，例如，京、津、唐地区经济发达，人口密集，北京又是政治和文化中心，而周边地区的防护林还达不到全国平均水平。

我国森林资源的林地生产力低。林地生产力低主要反映在两个方面，一是每公顷蓄积生长量低，二是林业用地中有林地比重小。蓄积生长量是我国森林资源蓄积量增长的主要途径，每年新种植林木的蓄积量只有 78.1 hm^2，因而蓄积生长量只有约 3 m^3。如果我国林分蓄积量能达到世界平均水平，即每公顷 114 m^3，则每公顷年蓄积生长量将达到 4.5 m^3，需比现在的生长量增长 50%，林分生长率在全国各地区间差距较大，南方各省自然条件好，中龄、幼龄林比重大，林分生长率较高，多数在 6%以上；我国森林资源的主要分布区，北方的内蒙古、黑龙江、吉林和西南的云南、四川、西藏等的林分生长率都低于全国平均水平。因此，在南方生长条件好的省重点发展用材林，是解决我国木材供给严重不足的有效途径。林业用地的利用率，即有林地占林业用地的比例较低是林地生产力低的另一个原因。我国现有林业用地 2.57 亿 hm^2，其中有林地只占 59.8%，为 1.34 亿 hm^2（不包括台湾）。其余的 40.1%，其中无林地 0.47 亿 hm^2，占 18.3%；疏林地 0.72 亿 hm^2，占 2.8%。从中可以看出，无林地和疏林地有 1.18 亿 hm^2，占林业用地的 46.3%。世界上林业发达的国家，如德国、芬兰、美国等有林地比重都占 90%以上，与此相比，我国的林业用地资源还有巨大的发展潜力。

我国森林资源中人工林多，质量不高。1949 年以后，经过几十年的人工绿化造林，我国的人工林与世界各国人工林相比，数量是最多的。现有人工林面积 0.47 亿 hm^2，占有林地的 18.3%，国有林占 18.9%，集体林占 81.1%，这些人工林已成为全国森林资源的重要组成部分，在我国的经济建设和生态环境保护中发挥着巨大作用。但由于经营管理水平不高，人工林的质量较低。质量低的主要表现：第一，人工造林合格率低，20 世纪 80 年代中期只有 55%，90 年代中期只有 87%；第二，蓄积量低，全国人工林蓄积量 10.1 亿 m^3，仅占森林蓄积量 10.0%，平均每公顷只有 35 m^3，与天然林每公顷 91 m^3 相比，还有较大的提升空间。究其原因，除了许多人工林正处于幼龄、中龄林阶段外，主要是经营管理水平低，造林成活后，后期管理跟不上，成活而未成林。

二、森林退化现状

目前，我国森林资源总量不足和结构不合理的问题十分突出，并由此造成许多地方生态环境的持续恶化。我国的森林资源在数量和质量上已陷入双重危机，用材林中成熟过熟林的蓄积年消耗量超过了成熟过熟林的生长量与每年由近熟林进入成熟林的生长量之和，年均赤字大约为 1.7×10^8 m^3，从而使我国林产品（尤其是木材）的供需矛盾加剧，后备资源断档。国家对林业基础设施建设投入欠账太多，林业基础脆弱，导致森林环境建设与发展后劲不足。由于林业科技投入严重不足，林业科技进步滞后，科技贡献份额仅为 20%左右，与其他行业相比，差距较大。国家对林业投入的总量不足，致使对林业生态建设工程预算内基建投资、财政专项补助资金、农村造林补助金、生态公益林资金、林业基础设施投资以及森林防火和森林病虫害防治等方面的经费都有较大的缺口。

天然林是我国森林资源的主体。我国的天然林主要分布在大江大河源头和部分农业生产区，对维持我国大江大河等流域的稳定性，对广大农区生态环境的改善和保障农业持续的稳产高产都起着至关重要的作用。然而，伴随着我国天然林质量下降和面积锐减，森林的生态功能和防护效益明显降低，生态环境不断恶化。我国水土流失呈扩大趋势，水土流失面积由解放初期的 116×10^4 km^2 增至目前的 367×10^4 km^2，每年流失的泥沙量达 50×10^8 t。水土流失造成的水库、湖泊和河道淤塞、河床抬高，已严重危及工农业生产和人民生命财产的安全。1949 年以来，我国湖泊减少了 500 多个，因水土流失而损失的水库、山塘库容累计 200×10^8 m^3 以上。黄河下游断流次数逐年增多，断流时间和断流河段越来越长。水土流失对农业生产造成严重影响，全国 1/3 的耕地受到水土流失的危害。包括生物灾害在内的自然灾害发生频繁，危害加重。1998 年长江、嫩江及松花江发生的特大洪灾，除气象因素之外，主要是江河上游天然林植被破坏严重，森林数量减少且质量退化，森林涵养水源和保持水土的能力降低，以及所导致的水土流失使河道、水库和湖泊淤积，行洪能力降低的结果。

第二节 森林锐减原因和灾害

一、森林锐减的原因

1990—1995 年，发达国家（不包括俄罗斯）的森林覆盖面积（包括人工林）年增长量约为 175×10^4 hm^2（其中，欧洲为 39×10^4 hm^2，北美为 76×10^4 hm^2）。与此同时，发展中国家天然林的消失速度已有所减缓，平均每年减少 1 370×10^4 hm^2（其中 1 290×10^4 hm^2 位于热带地区），这种损失通过每年 70×10^4 hm^2 的人工造林面积（热带地区国家为 30×10^4 hm^2）得到了部分补偿，但森林每年的净损失仍有 1 300×10^4 hm^2。按照粮农组织的估计，1990—1995 年，发展中国家的森林面积减少了 6 510×10^4 hm^2，而发达国家的森林面积则增加了 880×10^4 hm^2，因而全球的森林面积净减少了 5 630×10^4 hm^2，相当于全球森林总面积的 0.33%（或者说每 3 年损失 1%），而在发展中国家每年的损失量可达到森林总面积的 0.65%。

世界森林资源减少的人为原因大致可归结为以下几方面：

第一，毁林现象严重。耕地面积不断扩大，导致 20 世纪 90 年代非洲和亚洲热带地区森林消失。进入 21 世纪后，由于粮食生产的压力增加，某些发展中国家，尤其是近撒哈拉非洲地区和拉美国家，继续把一些林地转变为耕地，因为要满足这些地区的食物需求，其他可供选择的途径非常有限。根据《世界森林状况》，2010 年，发展中国家农业用地增加 900 万 hm^2，其中一半来自森林地带。发展中国家的年毁林率高达 0.65%，亚洲及大洋洲地区热带林毁林率最高，为 0.98%。另外，大量采伐薪材也是世界森林资源遭到严重破坏的原因之一。目前全球 2/5 家庭能源的主要来源就是薪材，并且其需求量正以每年 1.2%的速度增长。发展中国家约占世界薪材产量和消费量的 90%，而且在不断增加。热带森林占世界森林面积的 52%，但其工业用材产量只占 20%。

第二，森林保护力度不够。20 世纪 90 年代，世界森林保护区面临严重威胁。在许多发展中国家，只有不到 1/4 的已公布国家公园、野生动物保护地和其他保护区得到妥善经营，而其他的绝大部分都面临威胁。据联合国粮农组织专家估计，这些保护区只有1%的面积可以免受人类定居以及农业、采伐、狩猎、采矿、污染、战争和旅游等的严重威胁。据世界自然基金会报道，世界上仍有10处最脆弱的森林没有得到充分保护。这些最脆弱的森林大多分布在一些最贫穷的国家。这些国家在经济上无力顾及自己的自然资源，他们最需要的是森林提供的食物和潜在的收入。在经济上极不发达的情况下，他们很难对森林提供有效的保护。

第三，世界林产品需求不断加大。根据联合国粮农组织数据，2010年薪材的年产量增长率达到1.7%，北美与欧洲的需求量仍将占世界的56%，而其产量从64%下降到61%。21世纪，全球对林产品的需求量将超过其供应量。工业用原木的需求量将从1995年的16亿hm^2增长到2030年的29亿hm^2。不断增长的林产品需求对世界森林资源，尤其是热带森林资源造成了很大压力。许多发展中国家为了发展经济，不断加大对森林的采伐力度，扩大林产品出口，这也是森林资源遭到破坏的原因之一。另外，林产品结构不合理也是造成大量消耗森林资源的原因。世界林产品产量中绝大部分仍为原木等初级林产品，其产量几乎占世界林产品出口量的一半，而高附加值的林产品产量比例偏小，这在很大程度上加大了森林资源的消耗量。

发展中国家的森林面积减少和森林退化与国际经济结构及本国的社会经济特征有关。造成森林面积减少的主要原因不外乎以下几个因子：人口增长与资源需求、经济对资源的依赖、贫困化的蔓延、政策失误、不合理的租赁和使用权利、林业部门内部不合理的投资、不适宜的土地利用计划和系统，以及轮垦、过度放牧、过度樵采、森林火灾、乱砍滥伐和采伐技术落后等。林业和农业之间的相互影响是毁林问题的核心，把发展林业和保护森林有机地结合起来是解决毁林问题的最佳途径。

森林资源是自然资源和陆地生态系统的重要组成部分，随着森林资源的减少，生物多样性也随之减少，很多动植物失去了其栖息环境；同时，温室效应加剧、臭氧层遭到破坏、土地荒漠化、水资源短缺、酸雨蔓延、大气污染等严重的生态环境问题，对人类文明构成了严重的威胁。而目前，经济增长是各国首选的政策目标，发展中国家的政策目标更是如此，经济增长给社会带来一定的繁荣，但是产生了资源与经济发展“空壳化”问题，如何处理经济增长与环境保护，尤其森林可持续经营与经济可持续发展，成为时代的主旋律之一。

二、森林锐减的自然灾害

世界森林火灾严重是造成森林资源减少的重要原因。1997 年森林大火焚毁印度尼西亚和巴西至少 500 万 hm^2 森林。巴西亚马孙河流域的森林火灾数量比 1996 年上升了 50%，印度尼西亚的森林大火造成的经济损失不少于 200 亿美元。此外，巴布亚新几内亚、哥伦比亚、秘鲁、法国、坦桑尼亚、肯尼亚、卢旺达、俄罗斯、澳大利亚、美国、加拿大等国也都因森林火灾而损失惨重。1998 年上半年，全球森林受灾总面积超过 80 000 万 hm^2。20 世纪 90 年代后期，世界气候异常、全球释放二氧化碳增多导致大气增温，这些都是造成森林火灾的原因。但更重要的却是人类活动影响的不断扩大，大大增加了发生森林火灾的可能性。

2016 年 5 月 6 日，加拿大麦克默里堡附近火灾持续，烟雾弥漫。加拿大能源大省艾伯塔省迎来最恐怖、最具灾难性的一场森林大火，小城麦克默里堡遭猛烈野火侵袭，已造成 2 人死亡，约 10 万居民撤离，民众纷纷拥入数小时车程外的小村避难，消防人员持续奋战，希望控制肆虐油砂区的大火。整个场景如末日、如炼狱，而被大火吞噬和摧毁后的城市犹如一座“鬼城”。直接经济损失超过 100 亿加元。2016 年 6 月 21 日，美国圣地亚哥遭遇森林大火，过火面积高达 6 000 hm^2，对当地森林生态系统都造成毁灭性的打击，这种林冠火蔓延趋势、面积、范围十分广大，危害严重，也是世界各国注重防范的。

表 5.1 世界自然灾害统计（2010 年）

发生日期	发生地点	灾害种类	受灾情况
2010.01.12	海地南部	内陆地震	海地（南部）地震 M7.0，横向断层的直下型地震，死亡 22 万人以上。首都受到直接冲击，几近毁灭。总统府倒塌、1/3 的国民受灾。一部分断层延伸至海地引起局部海啸。世界性的支援活动
2010.02.27	智利中部	海底地震	智利中部地震 M8.8，巨大海沟型地震死亡 800 人以上，大海啸，大范围受灾。海啸波及太平洋沿岸。日本三陆浪高超过 1 m
2010.03.01	欧洲西部	暴风雨	死亡超过 50 人，特别是法国受灾严重
2010.03.02	乌干达	滑坡	死亡超过 400 人，大雨
2010.03.08	土耳其东部	内陆地震	地震 M5.9，死亡 50 人以上，局地严重

发生日期	发生地点	灾害种类	受灾情况
2010 年 4 月	欧洲西部（冰岛）	火山喷发	冰岛南部火山大喷发。喷烟波及欧洲西部大部分地区，航空受到很大影响。死伤几乎没有。受灾额超过 15 亿美元
2010.04.05	巴西东南部	暴雨水灾	死亡超过 400 人，里约热内卢及近郊受灾严重。泥石流、滑坡多发
2010.04.13	印度东部	台风水灾	死亡 80 人以上，飓风
2010.04.14	我国青海省南部	内陆地震	地震 M7.1，死亡 2 200 人以上、西藏自治区、玉树等地受灾严重，伤者超过 1 万
2010.05.29	中美洲（主要是危地马拉）	台风水灾	死亡 230 人以上，飓风。危地马拉城出现巨大地坑，大楼倒塌，推测是水管老化引起的地洞因暴雨下沉。附近有火山活动、泥石流
2010.06.07	我国南部	大雨水灾	大范围受灾，两个月内死亡 1 400 人以上，1 亿人以上受灾
2010.06.15	缅甸孟加拉	豪雨水灾	死亡 160 人，缅甸滑坡多发
2010 年 7 月	南美洲各地	寒冷	死亡超过 200 人，0 度以下低温致死
2010 年 7 月	俄罗斯	森林火灾	死亡超 30 人，有记录的酷暑引发森林火灾
2010 年 7 月	日本	高温	有记录的高温，中暑死亡者超过 300 人
2010.07.28	巴基斯坦北部	大雨水灾	死亡 1 200 人以上，泥石流频发，谷仓地带受灾严重
2010.08.08	我国甘肃省	暴雨水灾	死亡 1 700 人以上，大规模泥石流频发
2010.10.25	苏门答腊岛中部沿海	海底地震	地震 M7.7，死亡 700 人以上，明打威群岛因海啸灾害严重

第三节　森林可持续保护和利用

一、森林保护

林业保护也可称之为国家对林业的扶持。纵观世界各国林业发展的历史不难发现，在市场经济条件下，政府对林业的保护都不同程度地经历了工业化前期的负保护、工业化中期的一般性保护和工业化后期的正保护 3 个阶段。这是由森林资源在国民经济体系中作为不可替代的初级资源及资本积累产业的地位和作用决定的。我国林业目前仍作为初级资源产业而处于负保护阶段。由政府向林业提供保护，是世界上发达国家较为普遍的做法。所不同的只是各国在林业保护的程度、重点和具体措施的选择上存在差异。林业保护的普遍性是由林业的长周期性和林业生态环境公益性的特点以及对国家经济、社会、环境协调持续发展的重要性决定的。林业在我国既是一项产业，又是一项社会公益事业，随着社会经济的发展，其公益性地位和作用将愈加突出，因此，国家有必要对林业实施一系列的保护政策和措施。德国、日本、美国、新西兰、瑞典、澳大利亚、奥地利、芬兰等国都经历了工业化不同时期的林业负保护、一般保护和重点保护实践，其经验教训值得我们学习和借鉴。林业是自然再生产和经济再生产相结合的公益性产业，生产周期长，所需资金投入多，比较效益低，因此在市场经济条件下，林业的市场竞争能力较弱，且常常处于不利的地位。林业若长期处于负保护状态，林业的资源提供和生态环境保障功能都将受到不可逆转的削弱，并对国民经济发展及人民生活产生严重影响。政府对林业实行保护的重要性和紧迫性在于：良好的生态环境是农业稳产高产、增强发展后劲的有力保障；丰富的森林资源是涵养水源，保证水利设施发挥效能的重要前提；发达的林业是提供我国经济高速发展所需木材和非木材林产品的可靠保证；森林对改善人类生存环境具有重要作用。

保护宏观措施：

（1）建立国家生态林补偿机制和森林生态效益补偿制度。林业效益多向性的特点决定了森林环境建设必须有相应的扶持体系。林业既是一项产业，又是一项社会公益事业，本身存在着周期长、社会效益和生态效益显著、市场竞争力弱的特点，以发挥生态效益为目的的生态林的营造、管护和更新的工作，属于国家保护生态环境的事业，按照事权划分的原则，建议国家将生态林建设的资金列入中央财政预算，稳定和保障发展、保护生态林的资金来源，以促进生态林业的顺利发展。面向全社会（农村、农民除外）征收森林生态效益补偿费，将征收的资金用于生态林业建设，征收的森林生态效益补偿费 25%上缴中央，75%留地方，根据“先收后支、列收列支、收支平衡”的原则拨给同级林业主管部门使用。

（2）建立保护森林资源、改善生态环境的多元化投资机制。制定以政府为导向、全社会为基础、银行信贷为补充的投资政策，逐步建立和完善多元化的投资机制；实现国家投资份额的较大增长，从林业投入占国民生产总值的 0.1%，提高到 2010 年的 0.3%～0.5%；建立和完善适应市场经济发展要求、保障林业投入的经济政策和法规体系。

（3）调整林业政策，保障林业经济持续增长。改变单靠木材收入解决造林育林资金的政策，借鉴国外的成功经验，建立完善国家造林补助制度，同时将目前林业承担的政策性和社会性支出逐步转由国家和地方财政支出。在税收政策方面，国家应对林业实行轻税制、低税率的优惠政策。取消向原木、原竹生产者代扣代缴8%农业特产税，对属于生产性事业单位的国有林场、苗圃免征所得税，以保证营林事业的发展；对林业生产单位为节约利用森林资源而利用“三剩物”和次小径材为原料生产的综合利用产品免征增值税和所得税。建议对国有森工企业在国家财政体制未进行调整的情况下免征所得税。根据国有森工企业的现状和我国林业发展的目标，从森林保护的现实出发，即使在理顺财政体制的情况下，国家仍应对国有林实行轻税制、低税率的优惠扶持政策。总之，对林业的税收优惠扶持政策，应从我国未来发展的战略角度，以立法的形式确定下来，保证扶持政策的长期性和稳定性。

（4）建立森林资源与环境综合核算体系。建议充分应用现有研究成果，建立完整的、可供操作的森林资源和环境综合核算体系，形成国家级、地区级和企业级的森林资源和环境核算方案，以补充和完善新的国民经济核算体系。

二、可持续利用

人们一般认为林业比森林的内涵广泛，林业包括森林。在可持续发展深入到林业领域后，也有人认为可持续林业比森林可持续经营的内涵更广泛，森林可持续经营设计的是如何经营有形的森林资源，特别是指林木和林地资源的经营管理。但也有人和专业组织在研讨林业的可持续发展时，并没有刻意地区分两者的定义与内容。就我国而言，许多人认为可持续林业与森林可持续经营是不同的。联合国环境与发展大会文件《关于森林问题的原则声明》明确指出：“林业这一主题涉及环境与发展整个范围内的问题和机会，包括社会经济可持续发展的权利在内。”该文件还指出：“森林资源和森林土地应以可持续的方式进行管理，以满足这一代人和子孙后代在社会、经济、文化和精神等各方面的需要。这些需要是森林的产品和服务，例如，木材、木材产品、水、粮食、饲料、医药、染料、住宿、就业、娱乐、野生动植物居住区、风景多样性、碳的汇合库以及其他森林产品。”

森林的永续利用也称为森林永续收获或者森林永续作业等，是可持续发展思想在林业上的延续。然而追踪这种永续利用的思想雏形，是从人类最早的永续经营思想开始形成到18世纪中叶，这可视为第一阶段；第二阶段到19世纪中叶，永续利用的思想、理论和经营方法逐步完善，形成较为完整的体系，但主要是木材的永续利用；第三阶段是从19世纪中叶至20世纪末，永续利用由单纯的木材生产发展为森林多种效益的永续利用。它包含两个方面的条件，即内部条件和外部条件。

内部条件主要是指森林资源条件，包括林地条件和林木条件。林地条件是指包含林地数量和林地质量在内的、实现从事林业生产永续利用保证的基础条件。

林地数量，无论是何种空间尺度的森林永续利用，一定数量的林地是最基本的条件，它关系到森林经营的规模、生产成本、森林结构与优化、设备和人力资源配置、生产经营管理的效率等。林地数量不仅包括林地的总量，还包括各种用途森林的数量及比重。森林多种效益的永续利用，要实现其经济效益、生态效益和社会效益的永续，就必须使商品林与公益林保持合适的比例和结构，用材林、防护林、薪炭林、经济林和特种用途林等各林种的林地数量应保持合适的数量和比例。一般而言，一个国家的发达水平与商品林、公益林的比例密切相关，经济水平高的国家的公益林比重较高。这是由于随着生活水平的提高，人们对森林效益的需求更注重生态环境效益和社会效益。以国家论，要使一个国家生态环境和谐、稳定，森林覆盖率要达到30%以上。

林地质量是指林地的立地质量，包括林地的土壤、地形地势、水文气候等方面的状况，是林地生产能力的基本条件，林地质量高，经营管理规范，就能产生较高的林地生产力。

林木条件主要是林木的结构、生长状况等。其中主要包括树种结构、年龄结构、径级量结构、蓄积量结构、生长量等。森林资源的生产经营周期长，少则几年，多则几十年，甚至上百年，因此需要永续利用，森林资源的年龄结构就是保证永续性最重要的因子之一。在一定地域空间内，无论何种森林资源，要实现永续利用都必须保证森林资源的年龄结构基本或完全均匀，即各种年龄或龄级的都有，而且面积基本相等。例如，在用材林中，同龄林在经营类型级别上的永续利用模型——法正林模型就是典型的例子，其他还有完全调整林模型等。

蓄积量结构合理是永续利用的必备条件。根据森林永续利用面积单位的不同，合理的蓄积量结构分两种不同的情况。在较大地域空间内，如国家、省份、林业局等，合理的蓄积量结构可从林木的年龄结构中得到反映，即成熟的、近熟的、中龄的、幼龄的林分比例适宜，大中小径级的林木组合成合理的蓄积量结构，满足社会需求。在较小的地域空间内，如林分单独的同龄林林分是不能永续利用的；在典型的异龄林林分中，各种年龄、各种径级的木材都有，原则上单个林分可以永续利用，但从生产规模和生产效率的角度看，并不可行，在现实中，常常将若干个类型基本相同的异龄林林分组织在一起，作为永续利用的经营单位。即使低于环境最大容量，生长量在每年的收获量小于或等于林木的蓄积生长量时，就可以做到永续利用。当然，这也是仅从林木产品永续的角度出发的。但在较小的地域空间内，收获量小于或等于生长量这一原则，只在年龄结构合理的情况下适用。

外部条件主要是指经济、社会、政策法规、文化管理水平等方面的条件。经济发展水平对森林的影响主要同成本、病虫害防治、安全投入等密切相关。政策法规和对人们行为的规范主要是通过经营者能够理解管理经营对提高森林永续利用起到至关重要的作用等来实现对森林的永续利用。而社会、文化则是由于教育等方面的原因让人们在生活中认识到森林的作用。

参考文献

[1] Forestry Department，Food and Agriculture Organization of the United Nations. Global Forest Products Facts and Figures [J]. 2016：1-16. http：//www.fao.org/forestry/statistics.

[2] 联合国粮农组织. 世界森林概况 2014-提高森林的社会经济效益[J]. 2016：19，24.

[3] 陈维娜，等. 浅述中国森林植被保护与可持续发展[J]. 环境科学与管理，2007，32（7）：130-134.

[4] 联合国气候变化框架公约. 1992.

[5] 联合国气候变化框架公约的京都议定书. 1998.

[6] 田大伦. 高级生态学[M]. 北京：科学出版社，2008.

[7] 中国森林编辑委员会. 中国森林（第一卷）[M]. 北京：中国林业出版社，1997.

[8] 联合国环境规划署. 2015 年度报告[R]. 2016：21-26，50.

第六章　水土流失与荒漠化

第一节　我国土壤概况

根据联合国粮农组织2015年的《世界土壤资源状况报告》："土壤是地球生命的基础，但是人类活动给土壤带来的压力已经达到了警戒水平。精细化土壤管理是保证农业可持续发展的关键因素之一，同时为气候控制提供了一个可行性的途径，同时也为生态系统服务和生物多样性水平提供了安全保障。"

土壤受到水侵蚀的影响程度与降水潜势、地表坡度、地表径流以及植被覆盖密切相关。

（1）我国是世界上人口最多的农业大国，虽然幅员辽阔，但人地矛盾突出，属于土壤资源严重制约型的国家。其特点有四方面：一是人均耕地面积少；二是土壤资源空间分布不平衡；三是利用充分，后备土壤资源匮乏，四是功能限制型土壤面积大，退化现象严重。

（2）土壤资源空间分布不平衡。可用于农业土壤资源的地区分布极不平衡。人均耕地较多的一些省份主要分布在东北、西北和西南地区，而自然条件较好、生产力水平较高的东部地区人均耕地最少。人均耕地低于联合国警戒线的县，大多数分布在东南沿海地区，尤其是长江三角洲、珠江三角洲以及京津唐地区。太湖地区人均耕地只有0.41 hm^2。

（3）土壤利用充分，后备土壤资源匮乏。我国后备土壤资源尤其是后备耕地资源短缺，历经数次大规模开垦，后备土壤资源的开垦潜力锐减。目前我国后备耕地资源总量约为 0.33×10^8 hm^2，可用于农业生产的约为 0.133×10^8 hm^2。开垦系数即使按 0.6 计算，全部开垦后也只能获得 0.08×10^5 hm^2 的耕地，不足现有耕地总面积的 6%。

（4）土壤的功能限制型面积大，退化现象严重。平均生产力水平不高、功能限制型土壤类型分布面积大是我国土壤资源的重要特征之一。辐射强、缺氧的高寒地区以及沙漠、戈壁、沙化等干旱型荒漠地区占国土面积的 1/2 以上，6%的耕地分布在山地、丘陵、高原地区，退化土壤分布面积大，以土壤侵蚀、肥力衰退、土壤酸化与盐渍化、土壤污染为主要形式的土壤退化现象严重。

第二节　我国水土流失和土壤荒漠化现状

一、土壤发育及我国目前面临的主要问题

地壳表面的岩石风化体及其再搬运的沉积体，接受其所处的环境因素的作用，而形成具有一定剖面形态和肥力特性的土壤，称为土壤发育。因此，土壤发育可理解为土壤和它所处环境相平衡的过程。而它的具体表现则是土壤物质转化及其迁移。土壤物质的转化和迁移总称为土壤的物质运动，这是土壤发生发育及其各发育阶段特征形成的总根源。研究土壤的发育，必须详尽地研究其物质及能量的转化和迁移的方式。而土壤物质的转化主要是矿物的风化和黏粒的新生作用，以及动植物有机质的分解和土壤腐殖质的合成。其土壤物质的迁移既包括物质迁入和迁出土体，又涉及物质在土体内的分散和集中、淋溶和积淀以及在土内由上层迁至下层和由下层迁至表层等。

我国土壤资源利用历史悠久，利用强度大，利用经验丰富，但利用余地较小。近年来，我国经济高速发展，导致土壤资源，尤其是耕地资源数量减少。耕地减少，土地质量下降明显。土壤退化已经成为严重制约我国社会、经济、环境协调发展的因素之一。

（1）耕地快速减少。我国农业土壤资源面积自 20 世纪 50 年代末期开始进入衰减期。1958—1985 年全国耕地面积年均净减少 50×10^4 hm^2。20 世纪 80 年代中期开始到 20 世纪末，全国耕地面积减少的年均幅度超过 60×10^4 hm^2。1978—1997 年全国累计增加耕地净减少面积为 465×10^4 hm^2，占目前全国耕地总面积的 3.5%以上，1997—2002 年全国耕地净减少 418.9×10^4 hm^2。导致耕地快速减少的主要因素是农业内部结构调整与生态环境恢复建设。20 世纪 80 年代以来，所损失的耕

地面积中农业产业结构调整所占份额在 60%以上，自然灾害损毁的耕地面积占16%～18%，非农建设占用 18%～20%。

由于现阶段快速城市化和工业化进程及农业结构调整与生态环境建设，耕地资源向果园、菜地的转变以及退耕还林、还草，土壤作为基础资源的生产和生态功能并没有消失（开挖鱼塘、建养殖场舍、增设水利设施等除外）。上述利用方式之间的转变，并不意味着土壤作为一种自然资源在数量上的增减。

城市化占据大面积优质土壤资源。我国土壤资源分布的严重不均衡性以及气候条件、土壤质量的巨大差异，用简单的总量百分比（18%～20%）评估城市化对农业土壤资源的影响有失偏颇。大多数城市分布于地形平坦的各种泛滥或冲积平原、盆地以及滨海、河口和三角洲地区，城市化的快速发展占用的无疑是最好的农业土壤资源。20 世纪 80 年代以来，我国东部地区在城市化过程中非农建设占地在农业土壤资源减少总量中的比例远高于全国水平。1988—1991 年，沿海 12 个省份非农建设占地在全国此类占地中的比重维持在 40%左右，而在此后的 4 年，比重上升到 50%～55%。

值得重视的是，城市化过程中土壤资源浪费严重。城市空间发展缺少科学规划，土地利用效率低下，城市建设用地结构性浪费现象严重是近年来我国快速城市化过程中的一个突出问题。24 座代表城市在 1980—1995 年用地弹性系数竟高于 1.90，37 个特大城市用地规模增长系数更是高达 2.30，远远超过我国城市用地弹性系数的合理值 1.12。1987—1995 年，全国城市建城区面积猛增 58%以上，而同期城市化率却只增加了不足 5 个百分点。

20 世纪 90 年代初，全国兴起了房地产热和开发区热，1994 年开发区最多时总数超过 5 000 个，占地 1.51×10^4 km^2，几乎相当于当时全国城市建成区面积的总和。我国城市化高速发展的“八五”期间，全国耕地净减少 146.7×10^4 km^2，其中农业结构调整占用耕地占全国耕地减少量的 64.5%。

土壤退化严重，资源质量下降。据 2002 年公布的“全国第二次水土流失遥感调查”结果：全国水土流失面积为 356×10^4 km^2，占国土面积的 38.2%。其中水蚀面积 165×10^4 km^2，风蚀面积 191×10^7 km^2。全国每年因为侵蚀而流失的土壤物质约为 50×10^8 t，每年损失的土壤有机质以及氮、磷、钾营养元素分别为 2 700×10^4 t、55×10^4 t、600×10^4 t 和 5×10^6 t。过去 10 年间全国水土流失总面积减少 11×10^4 km^2，局部地区状况虽明显好转，但整体形势仍令人担忧。

（2）我国是受风沙和土地荒漠化危害最严重的国家之一。国家林业局 2000

年发布的“第二次全国荒漠化、沙化土地监测”结果显示：截至 1999 年，我国共有荒漠化土地 267.4×10^4 km^2，占国土总面积的 27.9%。50 年净增荒漠化土地 71% 以上。1995—1999 年，5 年净增荒漠化土地 5.20×10^4 km^2，年均增长 1.04×10^4 km^2。每年输入黄河的 16×10^8 t 泥沙，其中有 12×10^8 t 来自荒漠化地区。荒漠化每年导致的草场废弃面积为 4.27×10^4 km^2，相当于内蒙古自治区总面积的 3.6%。

（3）土壤肥力演变趋势表明，农业土壤资源土壤养分不平衡现象明显，部分地区土壤肥力有下降趋势。长江中下游的样本地区土壤平均有机质含量明显上升，全氮和速效磷含量增加，速效钾含量略有下降，土壤酸化现象明显。华北的样本地区平均有机质含量略有改善，全氮和速效磷含量增幅较大，但速效钾含量损耗很多。东北的样本地区四个土壤肥力指标平均含量均有下降，且有酸化趋势。

（4）土壤污染状况明显。工业污染对农田土壤的危害正在由局部向整体蔓延，而农业活动自身产生的环境问题也变得越来越严重。我国土壤污染面积在逐年扩大，污染程度正在加剧，污染类型日趋多样，污染途径日趋复杂。2000 年，有关部门对 10 个省会城市郊区农产品质量调查表明，有 7 个城市重金属超标率达 30% 以上；全国 30×10^4 km^2 基本农田保护区粮食抽样调查表明，重金属超标率大于 10%。土壤污染得不到有效控制和修复，可能会在土壤中形成具有长期潜在危险的“化学定时炸弹”。

二、土壤荒漠化现状

荒漠化原指中非和西非降水在 700～1 500 mm 的半湿润、湿润地区的热带森林，滥伐、烧荒和耕作导致森林草原化和干旱化，以及向类似荒漠景观演变的现象。这些现象以严重的土壤侵蚀、土壤理化性质恶化，以及众多旱生植物入侵为特征。法国的 Le Houerou 提出了沙质荒漠化一词，用来强调在沙漠边缘的干旱地区，由于人类活动的作用，制造了“新的沙漠”，气候因素则为之提供了适宜的环境条件。

1977 年，在肯尼亚内罗毕召开的联合国荒漠化会议上对“荒漠化”提出了较为明确的定义，在此之后，科学家围绕荒漠化概念和内涵进行了深入探讨，并根据各自的专业背景相继提出了 100 多个定义。直到 1992 年在巴西里约热内卢召开的联合国环境与发展大会上，才提出为世界各国所公认的荒漠化定义，该定义经过 1993 年和 1994 年“国际荒漠化公约政府间谈判委员会”（INCD）的多次讨论，在正式通过的《联合国防治荒漠化公约》中，荒漠化得以准确地定义。

根据《联合国防治荒漠化公约》规定，荒漠化是指包括气候变化和人类活动在内的各种因素造成的干旱、半干旱和亚湿润地区的土地退化。这个定义明确了三个方面的内容：

（1）荒漠化是包括气候变化和人类活动在内的多种因素的作用下起因和发展的。气候变化和人类活动等因素是土地荒漠化的起因。气候变化引起的荒漠化是荒漠生态系统自身结构和功能变化的结果。这个过程作用时间较长，并且永久存在，而人类活动对荒漠化的影响不过是在气候变化的背景之上叠加了人类的影响而已。但这种影响却很直观、速效而且深远。

（2）荒漠化发生在干旱、半干旱及亚湿润区，给出了荒漠化产生的背景条件和分布范围。

（3）荒漠化是发生在干旱、半干旱及亚湿润地区的土地退化，将荒漠化置于宽广的全球土地退化的框架内，从而界定了其区域范围。

防治荒漠化是指干旱、半干旱和干燥的半湿润地区为持续发展而进行的土地综合开发活动，主要目的有三个：防止和减少土地退化、恢复部分退化土地和复垦已荒漠化的土地。

三、全球荒漠化现状

荒漠化是干旱土地的退化，包括耕地、草地和林地丧失生物生产力和经济生产力，其诱因可能是气候变化和人类不合理的利用方式。这些方式包括过度开垦、过度放牧、森林破坏、灌溉设施落后等。荒漠化是全球性的环境问题，它在世界各大洲均有分布，世界沙漠、沙漠化土地集中分布在赤道两侧的亚热带至温带，在北半球集中在北纬10°—50°，南半球集中在10°—50°。据世界观察所估计，近年来全世界每年损失240×10^8 t表土，全球约1/3的土地面积受到荒漠化的威胁。目前，全世界用于农业的52×10^8 hm^2旱地中，约70%已经退化（不包括极其干旱的沙漠），面积达36×10^6 hm^2。另据联合国环境规划署估计，土地荒漠化使全世界每年蒙受420亿美元的损失，全球超过10亿人口的生计正面临威胁，1.35亿人有被迫背井离乡之虞。

从全球范围来看，兰州大学科研人员将订正后的数据用于预测未来不同温室气体排放情景下的干旱半干旱区面积变化，发现在温室气体高排放情景下，21世纪末干旱半干旱区面积相比1961—1990年的面积将增加23%，未来土地干旱化的程度将比之前预估的更加严重，而且78%的干旱半干旱区面积的扩张将主要发生在生态脆弱、人口集中的发展中国家。

沙特阿拉伯有一半以上的土地为极端干旱区。自北非的撒哈拉，经南亚的阿拉伯半岛，伊朗、印度北部、中亚到我国西北和内蒙古，形成了一个几乎连续不断，东西长达 13 000 km 的辽阔干旱荒漠带，占世界沙漠面积的 67%。在全球荒漠化面积中，亚洲占 32.5%，非洲占 27.9%，澳大利亚占 15.6%，北美洲和中美洲占 11.6%，南美洲占 8.9%，欧洲占 2.6%。

四、水土流失和荒漠化的主要危害

水土流失对当地和河流下游的生态环境、生产生活和经济发展都造成极大的危害。水土流失破坏地面完整，降低土壤肥力，造成土地硬石化、沙漠化及石漠化，影响工农业生产，威胁城镇安全，加剧干旱等自然灾害的发生、发展，导致群众生活贫困、生产条件恶化，阻碍经济、社会的可持续发展。

（1）破坏土壤肥力。水土流失导致大量的肥沃土壤随水流走，土层日益变薄，土壤肥力不断下降，土地资源受到破坏，耕地在逐年减少，水土流失中的沟蚀是破坏地面完整的“元凶”。例如，黄河流域的黄土高原地区，许多地方沟头每年平均前进 3 m 左右，把地面切割得支离破碎。据黄土丘陵区许多典型小流域的调查，平均每平方千米面积上沟壑长度就有 3～5 km。我国南方的广东、江西、湖南等省境内风化花岗岩地区的崩岗，也有类似的情况。破坏地面完整是破坏生态环境的一个重要方面。我国的农业耕垦历史悠久，大部分地区土地资源遭到严重破坏，水蚀、风蚀都很强。肥沃的土壤，能够不断供应和调节植物正常生长所需要的水分、养分（如腐殖质、氮、磷、钾等）、空气和热量。裸露坡地一经暴雨冲刷，就会使含腐殖质多的表层土壤流失，造成土壤肥力下降。据山西省大宁县县志记载，太德塬在清光绪年间，塬面面积约 870 hm^2，现在只剩下了 600 hm^2，其余的都变成了沟壑。由此可见，西气东输管道甘肃段沿线各类土壤养分含量总的状况为有机质不足，少氮、贫磷、钾有余，相当于全国养分分级标准的中下等水平。土壤肥力水平低，耕性不良。同时，土壤代换量普遍较低，土壤容重稍偏高，说明西气东输管道甘肃段沿线土壤的保肥和供肥能力比较差。

（2）造成土壤干层。根据调查研究，黄土高原由于地下水埋藏很深，土壤水分主要以悬着水状态存在。因此，悬着水的蒸发成为区内土壤水量平衡的主要支出项，从而构成特殊的土壤水文状况类型——蒸发的自成型水文状况。在这种土壤水文状况下，通常都伴随有土层的干燥。在这类地区，土壤水分上行蒸发性能十分活跃，降水对土层水分的补给，只能在土层中持续短时间即行消失，从而构成以水分负补偿为特征的土层低湿状态。由于降水总量少，有效性差，气候变暖，以及沙尘暴频率加快，使年内时段干旱发生次数多，持续时间长，波及范围广，经济损失大，成为历史上罕见的特大干旱区，造成草地、农耕地 0～100 cm 的土壤含水量均低于 4.2%（干土重），林地 0～180 cm 仅为 3.6%，刺槐林地 0～500 cm 平均仅为 4.2%，其直接后果是以林草地地力衰退为特征的人工林草地土壤干化日益严重，导致群落衰败以致大片死亡，土壤水分严重亏缺，其含水量一般为 4%～8%，个别层次有时低于 4%，接近土壤最大吸湿水。土壤水分在剖面上分布均匀，水分曲线为一摆动垂线。雨季水分补偿明显，补偿深度一般不超过 200 cm 土层深度。这种类型在黄土丘陵区较为常见，其上林木多生长不良，低产林或“小老树”者居多。

（3）淤积水库、阻塞河道、抬高河床。由于上游流域水土流失，汇入河道的泥沙量增大，当挟带泥沙的河水流经中下游或者河床、水库、河道等区域时，流速降低，泥沙就逐渐沉降淤积，使得水库淤浅而减小容量，河道阻塞而缩短通航里程，严重影响水利工程和航运事业。因河道淤塞而导致通航能力下降，全国河道通航里程由 20 世纪 60 年代的 17.2 万 km 降至 90 年代的 10.8 万 km。泥沙是加剧河流洪涝灾害的主要因素之一。长江原有的 22 个较大的通江湖泊，因大量不合理的开发建设已损失容积 567 亿 m^3。20 世纪 50 年代初，湖北有 332 个面积在 333 km^2 以上的湖泊，2000 年仅剩下 125 个，总面积 2 520 km^2，不足 50 年代初期的 1/3。由于上述原因，国内第一大淡水湖鄱阳湖面积也急剧减少，湖床平均每年增高 3 cm。由于大量泥沙进入黄河河道，河床持续抬高，河流生态失衡，对黄河及两岸构成严重威胁。该区多年平均年输入黄河的 16 亿 t 泥沙中，约有 4 亿 t 沉积在下游河床，致使河床每年抬高 8～10 cm。目前，黄河河床平均高出地面 4～6 m，其中河南开封市黄河河床则高出市区 13 m，形成著名的“地上悬河”，直接威胁着下游两岸人民的生命安全。

（4）威胁工矿交通设施安全。山地灾害发生过程的实质就是水土流失过程，现代山地灾害地貌形成过程中，人为因素在因山地灾害发生而引起的水土流失过程中起着越来越显著的作用。人类不合理的经济活动，破坏了自然环境，引起泥石流灾害和严重水土流失，给人类生存和经济持续发展带来巨大损失，在高山深谷，水土流失常引起泥石流灾害，危及工矿交通设施安全。成昆铁路沿线常有山坡泥石流灾害发生。在成昆线北段重大泥石流灾害中，山坡泥石流占 14%。目前，成昆铁路山坡泥石流沟条（处）数约占总泥石流沟条（处）数的1/3。其中，1985年6月五里牌等山坡泥石流，曾造成机车、客车颠覆等重大灾害事故，给国民经济与铁路运营造成严重损失。2005年8月11日19时许，这里曾遭遇长达40 min的暴雨袭击，引发的山洪和泥石流将项目部9 间房屋冲毁。据初步估算，直接经济损失达500余万元。8月12日20时左右，建设中的新疆精伊霍铁路北天山隧道工区再次遭遇暴雨，通往工地的主便道被冲毁，堆放在料场的部分沙石料、钢材等施工材料被洪水卷走。

（5）恶化生态环境。20世纪30—60年代，人们对于水土流失灾害的认识还停留在对土地造成直接经济损失方面，但在60年代以后，开始联系到人类整个环境所受的影响，包括沉淀物的污染、生态环境的恶化等。在1972—1996年的25年间，有19年出现河干断流，平均4年3次断流。尤其是80年代中期后（1987年后），几乎连年出现断流，其断流时间不断提前，断流范围不断扩大，断流频次、历时不断增加。1995年，地处河口段的利津水文站，断流历时长达122天，断流河长上延至河南开封市以下的陈桥村附近，长度达683 km，因黄河断流，黄河下游地区1972—1996年累计造成工农业损失约268亿元，每年平均损失14亿元以上，受旱农田累计500万hm^2，减少粮食100亿t，黄河断流严重扰乱了沿岸人民的生活，山东境内10余万居民长期供水不足。黄河季节性断流使其下游地区水源减少，而排入黄河的工业污水与生活废水却逐年增多，黄河的自净能力减弱，地下水水质恶化，威胁着人们的健康状况。黄河的季节性断流极大地制约了华北地区社会、经济的健康发展。黄土高原这种在我国甚至世界上都少见的严重水土流失，持续恶化着当地人民群众的生活、生产和生存条件，制约着我国西部地区经济的发展，阻碍着当地全面建设小康社会目标的实现。目前黄土高原地区的生态危机正在日益加剧，并面临着土地荒漠化、水资源短缺、水土流失面积增大、水污染严重、断流加剧、生存环境恶化等诸多问题交织的严峻形势，给黄土高原地区人民乃至整个国家都发出了严重的警示。水土流失是生态环境恶化的后果，但它又对生态环境的恶化起到推波助澜的作用。水土流失会毁坏大面积的林地与草地，导致土壤植被覆盖度降低，恶化生态循环。20世纪90年代，山西省每年都有不同程度的旱情，其中发生重大旱灾的年份包括1991年、1992年、1997—2000年。

第三节　土壤可持续利用与保护

一、土壤宏观保护

土壤保护主要结合土地利用方式的具体内容展开。注重历史经验，坚持综合治理。以县或者小流域为治理单元，以修建基本农田和发展经济果木为突破口，山水田林路沟综合治理的做法是成功的，大规模的退耕还林还草和有计划的封山育林育草，是保护土壤、恢复土地利用类型的关键举措。

生态经济协调发展，生态优先。习近平总书记强调：“既要金山银山，也要绿水青山。”要把生态建设当作重点任务来抓，退耕还林还草是扭转生态恶化的关键。一般来说，对于 25°以上的坡地退耕后还要坚持营造水土保持林灌草的生态保护用地，在一定期限内不得从事任何采伐和收获活动，同时加大生态补偿力度，完善补偿机制。

把对天然植被保护、改良放在与退耕还林还草同样重要的位置，改善生态建设项目的投资管理办法，加强水土保持与生态建设，协调各部门工作，在生态脆弱区、恶化区设立专职机构，加强统一管理、统一规划，协调农林牧渔各部门之间的责任，提高投资效益。

加强科学技术与专业科技力量，直接切入生态建设，充分发挥其支撑作用。

二、土壤沙化防治技术

（1）“五带一体”的防沙治沙技术。建立封沙育草带、前沿阻沙带、草障植物带、灌溉造林带、固沙防沙带，采用植物沙障和机械沙障相结合的办法，建成坚固的防风固沙体系。主要用于铁路、公路的两侧。

（2）活沙障技术。通过植物成活形成植被覆盖带，进行长期的固定和改造流沙技术。覆盖度达到 40%～50%时，风沙流中 99%的沙粒能被拦截沉积。具体技术包括：营造防风固沙林，直播、扦插、植苗等技术，选择柠条、花棒、紫穗槐、黄柳、松树等造林树种进行培植；人工种草和改良草地技术，在防风固沙林的前沿和沙区的草牧场，采用改良草地和人工种草技术，提高植被覆盖度，控制流沙效果；飞机播种林草技术，可用于控制固定沙地和大面积流动和半流动沙地；农田防护林技术，降低风速、调节气温、防止风沙；营造灌木群落技术，可以选用梭梭、沙棘、胡枝子、柽柳等灌木种营造灌木群落。

（3）机械固沙技术。采用各种形式的障碍物来加固沙土和削弱沙丘近地表层风力，以使沙丘表面流沙保持相对稳定，抑制沙丘推进，为植物生长和建立活沙障创造条件。机械沙障一般用以秸秆为材料制成，固沙效果能维持2～3年。机械固沙与植物固沙相结合，能使流沙长久地固定下来。机械沙障的防护范围一般为沙障高的10～20倍，其设置通常与主风方向垂直。机械沙障主要用在铁路、公路两侧的防护体系中和村庄附近的流动沙丘中。机械沙障按高度可分为高立式、半隐蔽式、隐蔽式和平铺式沙障。

（4）化学固沙技术主要采用各种胶结物以增加砂粒之间的胶结力来防治风蚀，以加固沙土的方法来达到固定流沙的目的。包括沥青乳剂固沙、泥炭石灰乳剂固沙、高分子聚合物固沙3种固沙方式。

三、农用土壤的可持续利用对策

保护耕地数量和提高耕地质量，对于农业生产、社会稳定和可持续发展至关重要。可以从以下几个方面入手，保护耕地，实现耕地的可持续利用。

（1）加大宣传力度，提高耕地保护意识。通过电视、广播、网络等多种途径，宣传法律法规，让人们意识到保护耕地的意义和紧迫性，这是符合社会长远发展和百姓切身利益的大事。加大对国土管理干部的培训力度，提高干部素质，加强对耕地资源的统一管理、依法管理，尤其是对农田的保护，并且对污染和潜在污染企业进行整改，防止耕地污染事件发生。

（2）改革土地管理制度，完善土地管理程序。强化土地利用的规划，严格把控耕地土地利用方式转变，严禁随意占用耕地行为，对于非生产性建设项目，如高尔夫球场等用地进行严格控制，避免强占、霸占耕地资源。提高补偿标准，在征用耕地时，对农民补偿到位，避免企业变相圈地。

（3）加大投入，提高耕地质量。合理利用耕地，维持耕地肥力，适当使用机械操作，合理施肥，大力推广保护性耕作技术，秸秆还田、平衡施肥、施用有机肥、轮作及施用绿肥等。改善耕地条件，提高单位产出。通过改善自然条件，防治生态灾害，加强水利设施建设，排灌沟渠，提高抵御和疏导能力。

（4）加大复垦力度，增加耕地资源。全国可以利用的土地资源都可以因地制宜地加以利用，有计划地开垦荒地，做到提高土地垦殖率，减缓城市用地压力。

同时要遵循客观自然规律，避免发生水土流失等问题。

参考文献

[1] 联合国气候变化框架公约. 1992.

[2] 联合国粮农组织. 世界森林概况 2014-提高森林的社会经济效益. 2016：19，24.

[3] 孙辉，等. 水土保持与荒漠化防治及理论实践[M]. 成都：四川大学出版社，2010：58-65，101-104.

[4] 余新晓，等. 水土保持学前沿[M]. 北京：科学出版社，2015：30-33，197-200.

[5] 联合国气候变化框架公约的京都议定书. 1998.

[6] 唐克丽，等. 中国水土保持[M]. 北京：科学出版社，2004.

[7] Intergovernmental Technical Panel on Soils，Food and Agriculture Organization of the United Nations. Status of theWorld's Soil Resource. FAO，2016.

[8] 联合国环境规划书. 2015 年度报告. 2016：21-26，50.

[9] Forestry Department，Food and Agriculture Organization of the United Nations.Global Forest Products Facts and Figures [J]. 2016：1-16. http：//www.fao.org/forestry/statistics.

第二篇　环境污染

第七章　水污染与海洋污染

广义的水体包括淡水水体（河流、湖泊、地下水、冰盖、冰帽等）与咸水水体（海洋、咸水湖等），水体污染主要指河流、湖泊、地下水、海洋等的污染，海水在物理特性、化学组成、动力学特征等方面与河流、湖泊、地下水有较大差别，本书在讲述水体污染时，单独将海洋污染列出一节进行详细叙述。

第一节　水污染与水体自净

一、水污染及其种类

1. 水污染

根据《中华人民共和国水污染防治法》第60条规定，所谓水污染，是指水体因某种物质的介入，而导致其化学、物理、生物或者放射性等方面特性的改变，从而影响水的有效利用，危害人体健康或者破坏生态环境，造成水质恶化的现象。

自然界的水受到各种复杂因素的影响，通常是不纯净的，其中含有物理、化学和生物的成分。水中各种成分及含量各有不同，反映到水的感官性状（色、臭、味、浊度等）、物理化学性能（温度、反应热、电导率、氧化还原电势、放射性等）、化学成分（无机物和有机物）、水中生物组成（种群、数量）甚至其底泥状况彼此均有差异。由于人类生产和生活等活动，不可避免地有污染物排出，它们会通过不同途径进入水体而使水体受到污染，表现为水体中的物理化学性能和生物种群发生一系列的变化。

早期的水污染，主要是人口稠密的大城市所排出的生活污水造成的。后来在

18世纪产业革命以后，工业生产排放的废水和废物成为水污染的主要来源。随着工业的发展，水污染的范围不断扩大，污染程度日益严重。20世纪50年代以后，在一些水域和地区，由于水体严重污染而危及人类的正常活动；70年代以来采取了一些防治措施，部分水体的污染虽有所减轻，但全球性的水污染状况还在发展，尤其工业废弃物对水体的污染更具有潜在的危险性，若干水资源还因污染而降低或者丧失了其使用价值，改善和消除这种现象已是当务之急。

2．水污染种类

影响水体的污染物种类繁多，大致可以从物理、化学、生物等方面将其进行划分。在物理方面，污染物主要是影响水体的颜色、浊度、温度、悬浮物含量和放射性水平等；在化学方面，主要是排入水体的各种化学物质，包括无机无毒物质（酸、碱、无机盐类等）、无机有毒物质（重金属、氰化物、氟化物等）、耗氧有机物及有机有毒物质（酚类化合物、有机农药、多环芳烃、多氯联苯、洗涤剂等）；在生物方面，主要包括排放污水中的细菌、病毒、原生动物、寄生蠕虫及大量繁殖的藻类等。水污染物质也可以根据污染物性质分为：①持久性污染物（重金属、有毒有害易长期积累的有机物等）；②非持久性污染物（一般有机污染物）；③酸碱污染（pH）；④热污染。按污染成因可以分为自然污染和人为污染。自然污染是指由于特殊的地质或自然条件，使一些化学元素大量富集，或天然植物腐烂过程中产生的某些有毒物质或生物病原体进入水体，从而污染了水体。人为污染则是指由于人类活动（包括生产性和生活性）引起水体污染。

水污染类型主要有：恶臭污染，地下水硬度升高所造成的污染，需氧有机物引起的污染，病原微生物的污染，有毒物质造成的污染，酸、碱、盐污染，富营养化污染等。

（1）恶臭污染

恶臭是一种普遍存在的污染危害，它也常发生于水体中。人能嗅到的恶臭多达4 000多种，危害大的也多达几十种。

（2）水硬度

高硬水尤其是永久硬度高的水，其危害多表现为以下几方面：难喝；可引起消化道功能紊乱、腹泻、孕畜流产；对人们日常生活造成不便；耗能多；影响水壶、锅炉的正常使用寿命；锅炉用水结垢，易造成爆炸；需进行软化、纯化处理，酸、碱、盐流失到环境中又会造成地下水硬度提高，形成恶性循环。

（3）需氧有机物污染

有机物的共同特点是这些物质进入水体后，通过微生物的生物化学作用而分解为简单的无机物、二氧化碳和水，在分解过程中需要消耗水中的溶解氧，若在缺氧条件下污染物就会发生腐败分解、导致水质恶化，因此，常称这些有机物为需氧有机物。水体中需氧有机物越多，消耗水中溶解氧量也就越多，水质也越差，说明水体污染越严重。

（4）病原污染

病原物主要来自城市生活污水、医院污水、垃圾及地面径流等方面。病原微生物的特点主要表现在以下几个方面：①数量大；②分布广；③存活时间较长；④繁殖速度快；⑤易产生抗性，很难消灭；⑥经过传统的二级生化污水处理及加氯消毒后，某些病原微生物、病毒仍能大量存活。此类污染物实际上可通过多种途径进入人体，并在体内存活，引起人体疾病。

（5）有毒物质污染

有毒物质污染是水污染中特别重要的一类，种类繁多，跟其他污染一样也会对生物有机体产生毒性危害。

（6）盐污染

酸与碱往往同时进入水体，中和之后可产生某些盐类，从 pH 测量值观察，酸、碱污染因中和作用而相互抵消，但由于产生各种盐类，又形成了新的污染物。

（7）富营养化污染

富营养化污染是一种氮、磷等植物营养物质含量过多所引起的水质恶化现象。水生生态系统的富营养化主要通过两种途径发生：一种是正常情况下限定植物的无机营养物质量的增加；另一种是作为分解者的有机物含量的增加。

（8）酸碱污染

酸碱污染是指酸性或者碱性物质进入环境，使环境中 pH 值过高或者过低，从而影响生物的生长与发育或者腐蚀建筑物的现象。

（9）热污染

热污染又称为环境热污染，是指在能源消耗及能量转换过程中有大量化学物质及热蒸汽排放到环境中去，使局部环境或全球环境增温，并可能对人类和生态系统产生直接或者间接危害的现象。

（10）悬浮物

悬浮物是指悬浮在水中的固体物质，包括不溶于水的无机物、有机物及泥沙、黏土、微生物等。有机部分大多数是碎屑颗粒，它们是由碳水化合物、蛋白质、脂类物质等组成。无机部分包括陆源矿物碎屑（如石英、长石、碳酸盐和黏土）、水生矿物（如沉淀的海绿石和钙十字石等硅酸盐类）、碳。水中悬浮物含量是衡量水污染程度的指标之一。悬浮物是造成水体浑浊的主要原因。水体中的有机悬浮物沉积后易厌氧发酵，造成水质恶化。

（11）放射性物质污染

某些物质的原子核能发生衰变，放射出肉眼看不见也感应不到，只能通过专门的仪器才能探测到的射线，物质的这种特性称为放射性。放射性物质是指那些能自然地向外辐射能量，发出射线的物质。放射性物质一般都是原子质量很高的金属，如钚、铀等。放射性物质放出的射线有三种，分别是α射线、β射线和γ射线。放射性物质的来源包括：①核武器试验的沉降物（在大气层进行核试验的情况下，核弹爆炸的瞬间，由炽热蒸汽和气体形成大球，即蘑菇云）携带着弹壳、碎片、地面物和放射性烟云，在与空气混合的过程中，辐射热逐渐损失，温度逐渐降低，于是气态物凝聚成微粒或附着在其他的尘粒上，随后沉降到地面。②核燃料的循环过程包括核燃料的产生、使用与回收，核燃料循环的各个阶段均会产生“三废”问题，该问题能对周围环境带来一定程度的污染。③医疗放射引起的放射性污染，由于辐射在医学上的广泛应用，使医用射线源成为主要的环境人工污染源。④其他来源的放射性污染可归纳为两类：一是工业、医疗、军队、核舰艇或研究用的放射源，因运输事故、遗失、偷窃、误用以及废物处理等失控而对居民造成的大剂量照射或环境污染；二是一般居民消费用品，包括含有天然或人工放射性核素的产品，如放射性发光表盘、夜光表以及彩色电视机产生的照射，虽然对环境造成的污染很低，但是仍然有研究的必要。

二、水污染的危害

（1）含色、臭、味的废水，会影响水体外观、工业产品质量，水生生物也深受其害，不仅使鱼贝类的质量下降，甚至会影响水产养殖业。

（2）有机污染物，导致微生物大量繁殖，使水中因缺氧导致大量有机物发酵，分解出恶臭气体，污染环境，毒害水生生物，是水体污染最主要的方面。

（3）无机污染物，使水体 pH 值发生变化，破坏其自然缓冲作用、消灭或抑制细菌及微生物的生长，阻碍水体的自净作用。同时，增加水中无机盐类和水的硬度，给工业和生活用水带来诸多不利，并且会引起土壤盐渍化。

（4）有毒物质的污染，毒害生物，影响人体健康，造成水俣病、骨痛病等公害事件。

（5）富营养化污染，造成藻类大量繁殖，水中缺氧，鱼类大量死亡。水中含氮化合物增加，给人畜健康带来很大的影响，轻则中毒，重则致癌。

（6）油类污染，不仅不利于水的有效利用，还会造成鱼类大量死亡，海滩变坏，休养地、风景区遭受破坏，鸟类也遭到危害。

（7）热污染，热电厂等的冷却水是热污染的主要来源，其直接排入水体，可导致水温升高，溶解氧含量减少，某些毒物的毒性升高，导致鱼类死亡或改变水生生物种群。

（8）病原微生物污染，使受污染地区疾病流行。

（9）放射性污染物大剂量的照射下，会使人体和动植物遭受某种损害作用。如在 400 rad 的照射下，受照射的人有 5%死亡；若照射强度为 650 rad，死亡率则高达 100%。照射剂量在 150 rad 以下，死亡率为零，但并非无损害作用，往往需在 20 年以后，一些症状才会逐渐表现出来。放射性也能损伤遗传物质，主要引起基因突变和染色体畸变，使下一代甚至几代受害。

三、水污染源

水污染源是指造成水域环境污染的污染物发生源。通常是指向水域排放污染物或对水环境产生有害影响的场所、设备和装置。按污染物的来源可分为天然污染源和人为污染源两大类。人为污染源按人类活动的方式可分为工业、农业、生活、交通等污染源；按排放污染物种类的不同，可分为有机、无机、热、放射性、重金属、病原体等污染源以及同时排放多种污染物的混合污染源；按排放污染物空间分布方式的不同，可分为点、线和面污染源。

1. 点污染源

点污染源是指由排污口排入水体的污染源。又可分为固定的点污染源（如工厂、矿山、医院、居民点、废渣堆等）和移动的点污染源（如轮船、汽车、飞机、火车等）。造成水体点源污染的工业主要有以下几种：食品工业、造纸工业、化学工业、金属制品工业、钢铁工业、皮革工业、染色工业等。点污染源排放污水的方式主要有 4 种：直接排污进入水体；经下水道与城市生活污水混合后排入水体；用排污渠将污水送至附近水体；渗井排入。

2. 线污染源

线污染源是指呈线状分布的污染源，如输油管道、污水沟道以及公路、铁路、航线等线状污染源。线污染源所形成的危害大大低于点污染源，但一旦形成线污染源，其后果也是极其严重的。

3. 面污染源

面污染源指在一个大面积范围排放污染物的污染源，如喷洒在农田里的农药、化肥等污染物，经雨水冲刷随地表径流进入水体，从而形成水体污染。

造成水体污染的原因是多方面的，其重要来源有以下几方面：①工业废水。在世界范围内工业废水是造成污染的主要原因。工业生产过程的各个环节都可能产生废水。影响较大的工业废水主要来自冶金、电镀、造纸、印染、制革等企业。②生活污水。是指人们日常生活的洗涤废水和粪尿污水等。来自医疗单位的污水是一类特殊的生活污水，主要危害是引起肠道传染病。③农业污水。主要含氮、磷、钾等化肥、农药、粪尿等有机物及人畜肠道病原体等。④其他。工业生产过程中产生的固体废弃物中含有大量的易溶于水的无机物和有机物，受雨水冲淋后造成水体污染。

事实上，水体不止受到一种污染物的污染，同时也会受到多种污染物的污染，并且各种污染物之间相互影响，不断地发生着分解、化合或生物沉淀作用。

四、水体自净

水体自净能力的定义有广义和狭义两种。广义的水体自净是指受污染的水体经物理、化学与生物作用，使污染物的浓度降低并恢复到污染前的水平；狭义的水体自净是指水体中的氧化物将有机污染物分解而使水体得以净化的过程。自然环境包括水环境对污染物质都具有一定的承受能力，即所谓环境容量。水体能够在其环境容量的范围内，经过水体的物理、化学和生物的作用，使排入污染物质的浓度和毒性随着时间和空间的推移自然降低，最终使水体得到净化。水体自净能力是水介质拥有的、在被动接受污染物质后发挥其载体功能，主动改变、调整污染物时空分布，改善水质质量，以保持水体的持续使用。因此，水环境自净能力的科学认识和充分合理利用对水环境保护工作具有重要意义。

废水和污染物进入水体后，即开始自净过程，该过程由弱到强，直到趋于恒定。自净机制包括物理自净、化学和物理化学自净、生物和生化自净。

1．水体自净的特征

自净过程的主要特征包括：①污染物浓度逐渐下降；②一些有毒污染物可经过各种物理、化学和生物作用，转变为低毒或无毒物质；③重金属污染物以溶解态被吸附或转变为不溶性化合物，沉淀后进入底泥；④部分复杂有机物被微生物利用和分解，变成二氧化碳和水；⑤不稳定污染物转变成稳定的化合物；⑥自净过程初期，水中溶解氧含量急剧下降，到达最低点后又缓慢上升，逐渐恢复至正常水平；⑦随着自净过程及有毒物质浓度或数量的下降，生物种类和个体数量随之逐渐回升，最终趋于正常的生物分布。

2．影响因素

影响水体自净能力的因素是多样且十分复杂的，如水体的流速、流向、流动结构等条件的不同将直接对污染物迁移、扩散方向和强度造成影响。同时，水体本身的组分决定了生物和化学进程对水体自净能力的影响。如湖泊中的某些生物往往对排入水体中的营养盐有明显吸收效果，但这些生物过多，又会导致水体中溶解氧的大量减少，反过来造成水体中的生态破坏。另外，如果该水体的水动力特征很活跃，如向外部的迁移、扩散能力强，或浅水湖泊中的风力对水体的强烈扰动等又会增加水体中的溶解氧，对增加水体的自净能力有益处。在水体床底长期积累的底质污泥，即内源污染积累对水体的自净能力也有不可忽视的间接影响。例如，在浅水水域中受风的扰动造成波浪掀沙，吸附在沙砾中的污染物就会随之对水体造成二次污染等。总之，物理的、生物的、化学的，或直接的、间接的各种因素对水体自净能力的影响是交互作用的复杂过程，而水动力特征在其中起着不可忽视的作用。

总之，水体的自净作用包含着十分广泛的内容，任何水体的自净作用又常是相互交织在一起的，物理过程、化学和物化过程及生物化学过程常常是同时同地产生，相互影响，其中常以生物自净过程为主，生物体在水体自净作用中是最活跃、最积极的因素。水的自净能力与水体的水量、流速等因素有关。水量大、流速快，水的自净能力就强。但是，水对有机氯农药、合成洗涤剂、多氯联苯等物质以及其他难以降解的有机化合物、重金属、放射性物质等的自净能力是极其有限的。

3. 水体自净表现形式

由于地形、地貌和水文等的差异，不同的水域呈现出不同的水动力特征，表现出不同的自净特点。对同一水域而言，依照不同的环境功能区划，其自净能力也各不相同。水域的动力特性是影响水域自净能力的直接的、重要的因素之一。

河道径流型的水域，其水流的主体流动方向是单向的。污染物排入水域后，总体趋势是随着水流从上游向下游迁移，同时在空间上扩散沉降。污染物在空间的扩散强度与流速的大小及梯度也有直接关系。随着河道中横向流速强度的不同，河道中污染带的宽度及其分布形式也会有所不同。污染物进入河流后，有机物在微生物作用下，进行氧化降解，逐渐被分解，最后变为无机物。随着有机物被降解，细菌经历着生长繁殖和死亡的过程。当有机物被去除后，河水水质改善，河流中的其他生物也逐渐重新出现，生态系统最后得到恢复。由此可见，河流自然净化的关键是有机物的好氧生物降解过程。

湖泊水库环流型的水域，流动结构主要是以平面和立面环流的形式存在。对浅水型水域内的环流，其主要的外界驱动力是风。而对深水的水库和湖泊而言，除风之外，温度梯度及其变化往往也是形成立面环流的主要因素。由于该类水域相对而言与外域的交换较少（汛期等特殊情况除外），水域纳污之后污染物主要仍在域内滞留，尤其是进入环流区的污染物，往往不易被水流带走。另外，该类水域的流速一般较小，使污染物在该类水域内的扩散作用相对加强，与外域的交换相对减弱。对湖泊环流型水域而言，自净能力主要是体现在域内的迁移转化。湖泊水库水体的自净过程主要是水体中微生物与污染物质的作用过程，将污染物质还原为无机态，为生态系统的循环生长提供营养，同时保持水体的洁净。在湖泊，经常有大量水源贮留，即使有污水流入，也可以想象会充分得到稀释。事实上果真如此吗？现在，假定一定量污水在一定时间范围内被排入湖中，这就像盛满水的玻璃杯滴入一滴墨水，假如加以搅拌，只要玻璃杯装水量多，便可以充分稀释。但是在污水连续排入湖中的情况下，湖水与污水逐渐混合，最后，整个湖水便被污水充满，因此，稀释效果便等于零。

河口海湾感潮型的水域，水体的流动方向往复变化，污染物在该类型水域中随着流向的不同而迁移转换。在该类型水域中，余流的强度和方向是确定污染物最终迁移方向的因素，因而对该类水域而言，自净能力主要体现在与外域水体的交换能力上。

自然状态下的不同水域，因其物理的、生物的、化学的条件不同，其自净能力也各不相同。对排污口进行科学选址，并因地制宜地对排污量实施控制，是科学利用自然状态下水域自净能力的重要内容。以河道径流型水域为例，虽然在此类水域中水流的主要流向指向下游，但各断面的流速分布是不均匀的，沿空间方向的流速梯度也不相同，因而在不同的部位安排排污口，其污染带的范围及向外域迁移扩散的效果必不相同。极端而言，若将排污口安排在有局部环流存在的区域，则该部分水域的水质会很快被破坏，即它的自净能力会远低于直接将污染物排放到流速大且方向单一的部位（当然，作为一条河流，应当从整体上对上下游的水环境区划进行安排，并认清不同水域间的交换特性，兼顾上下游的利益）。在我国许多热电站和核电站的建设前期，都要对承纳热、核排放的水域进行审慎研究，在选址时尽可能地避开水动力交换弱、自净能力差的区域。不少热电站设计时还经常利用流速沿垂向分布的不同及浮力流的特性，合理安排取水口、排水口的高程和部位，达到科学利用自然状态下水域的自净能力的目的。

第二节　水环境现状

一、水资源概况

1．世界水资源现状

水是地球上分布最广的物质，是人类环境的一个重要组成部分。地球上水的总量约为 139 亿 km^3，海洋中的水占地球总水量的 96.5%。陆地上分布着江河湖沼，地面水总量约为 23 万 km^3，淡水约占地球总水量的 2.7%，其中 69%呈固态，以冰川或冰帽的形式存在。南北极冰山是目前世界上最大的淡水库，主要分布在南北两极的冰雪中。河流、湖泊中的淡水仅占淡水总量的 0.014%。1977 年，在阿根廷召开的“联合国世界水会议”上，有人对全球淡水资源打了一个比方：“如果用一个半加仑的瓶子装下地球上所有的水，那么可利用的淡水只有半茶匙；在这半个茶匙中，河水只相当于一滴，其余全是地下水。”

土壤和岩层中含有多层地下水，总量估计有 840 万 km^3。此外，大气中流动着大量的水蒸气和云，在动植物机体中也包含水，即使在矿物岩石结构中也包含了相当量的结晶水。人类可以直接利用的只有地下淡水、湖泊淡水和河床水，三者总和约占地球总水量的 0.77%，除去不能开采的深层地下水，人类实际能够利用的水只占地球上总水量的0.2%左右。世界淡水资源在时间和空间分布上极不均衡，使有限的淡水资源不能被充分利用。

欧洲的地理环境较为优越、水资源较为丰富，其他各洲都不同程度地存在一些严重的缺水地区，最为明显的是非洲撒哈拉以南的内陆国家，那里几乎每个国家都存在着严重的缺水问题。

随着社会的进步，人类对水的需求量也日益增加。18 世纪增加到 60 L，当前发达国家一些大城市人均每天耗水 500 L。发达国家出生的孩子对水的消耗量是发展中国家的 30～50 倍。发展中国家对水的需求量也呈现日益增加的态势。

联合国于 2003 年 3 月在日本东京“第三届水资源论坛大会”召开之前发表的《世界水资源开发报告》对 180 个国家和地区的水资源丰富状况做了排名。人均可用水量排序倒数的国家/地区是科威特、加沙地带、阿拉伯联合酋长国、巴哈马和卡塔尔。水资源最丰富的前五个国家/地区是丹麦的格陵兰、美国的阿拉斯加州、法属圭亚那、冰岛和圭亚那。

随着社会的发展，世界许多地方人均用水不足的问题日益恶化，可用水资源正在因为世界人口增加、环境污染和气候变化而逐步减少，全球水危机正日益加剧。

与此同时，世界海洋的污染也日趋严重。海洋孕育了地球上的原始生命，为人们提供了丰富资源，是全球生命支持系统的重要组成部分。它不仅为人类提供了生存和发展所必需的重要资源和空间，也为沿海区域经济发展创造了有利条件，并且为沿岸居民提供了就业机会和休养生息场所。然而，正当人们兴致勃勃地向海洋进军，对这片基本未被开发的疆域寄予殷切希望的时候，又不得不正视这样一个严峻的现实——海洋污染。

因为海洋本身具有自净功能，进入海洋的各种污染物经过化学氧化、还原、物理扩散、稀释和生物降解过程，以及放射性衰变过程，被海水净化成为无害物质。因此，长期以来，海洋基本上并未被污染。也正因如此，自古以来海洋一直被人们视为广阔无边的垃圾场，作为处理陆地上废弃物、污染物的场所。

但是，水体自净能力终究是有限的，进入 20 世纪以来，尤其是 50 年代以后，随着现代工农业的发展、人口的剧增、海上活动的频繁，大量生产、生活的废弃物无节制地排入海洋，导致海洋被严重污染。污染最严重的海域有波罗的海、地中海、东京湾、纽约湾、墨西哥湾等。就国家来说，沿海污染严重的是日本、美国、西欧诸国和俄国。我国的渤海湾、黄海、东海和南海的污染状况也相当严重。这些污染主要有石油污染、放射性污染以及水质富营养化引起的赤潮污染。

2. 我国的水资源现状

我国降水、河流、湖泊、地下水和冰川等水资源相当丰富。地表水平均年径流总量为26 264亿m^3。全国年降水量约为61 889亿m^3，约占世界年降水量的5%，居世界第3位。全国水资源总量为27 267亿m^3（其中地下水约7 745亿m^3），居世界第4位，次于加拿大、巴西和俄罗斯，略多于美国和印度尼西亚。但由于我国人口众多，人均水资源量为1 999 m^3，只相当于世界人均水资源占有量的1/4，居世界第110位，是世界上13个贫水国之一。全国城市工业因缺水每年损失高达1 200亿元。

我国水能资源的68%左右集中于西南三省和西藏自治区。青藏高原地势高耸，落差很大，因此水能资源非常丰富，理论蕴藏量达6.76亿kW，目前实际开发不到6%，所以开发前景十分乐观，其中以长江水系为最多，其次为雅鲁藏布江水系。黄河水系与珠江水系也有较大的水能蕴藏量。目前已开发利用的地区，集中在长江、黄河和珠江的上游。

（1）雨水

在我国的降水总量中，约有56%被土壤蒸发和植物蒸腾所消耗，剩下44%的雨水形成径流，径流量低于除非洲与南极洲外的其余各大洲的平均径流量。

我国水的时空分布极不合理，降水量的地区性差异很大。东南沿海多雨，西部、北部少雨，降水量自东南向西北递减，降水最多的是台湾省中部山区，年平均可达4 000 mm，最少的是新疆塔克拉玛干大沙漠，年平均不足10 mm。占国土面积过半、全国耕地面积64%的长江以北地区水资源只占全国的18%，华北地区人均还不到全国平均水平的1/6。

我国属季风气候国家，降水量在年内分布极不平衡，全国大部分地区冬春少雨，夏季多雨，降水主要集中于汛期。华北地区最为明显，天津市6—9月份汛期雨量占年雨量的82%，北京占84%，而且，汛期内的降雨又往往集中于一两场暴雨。北京市平原地区丰水年有50亿m^3的降水，但往往有10亿m^3的水是在一日之内降下来的。这就使得汛期内水量得不到充分利用，在非汛期内水量缺乏。

水资源的时空分布不均，不仅给水资源开发利用带来困难，而且还导致了严重的洪涝和旱灾。我国基本上两年左右就发生一次较大的旱灾。20世纪90年代以后，一直面临着洪涝灾害、干旱缺水和水环境恶化的困扰。

（2）冰川

我国是世界上冰川资源最丰富的国家之一，冰川总面积约为 5.87 万 km^2，约相当于全球冰川覆盖面积 1 620 万 km^2 的 0.36%。冰川储量约 51 322 亿 m^3，年均冰川融水量（冰川水资源量）约 563 亿 m^3，占内陆河水资源总量的 20%，是内陆河水资源的重要组成部分。干旱区河川径流量中冰川融水所占比例较大，一般在 50%左右。冰川融水补给比较稳定，使得西北干旱区河流的流量较北方其他河流流量稳定。

我国冰川规模的大小及分布很不均匀，西藏境内的冰川面积最大，占全国冰川面积的 47%，其冰川水资源量约占全国冰川水资源总量的 60%；其次是新疆，占 44%；其余 9%分布在青海、甘肃等省内。

（3）湖泊

我国的湖泊具有多种多样的类型并显示出不同的区域特点。据统计，全国有大于 1 km^2 的天然湖泊 2 711 个，总面积约 90 864 km^2，约占国土总面积的 0.8%，湖泊储量为 7 510 亿 m^3。外流区湖泊以淡水湖为主，湖泊面积 3.7 万 km^2，储水量 2 145 亿 m^3，其中淡水储量约 1 805 亿 m^3。内陆河区湖泊面积约 4.11 万 km^2，储水量 4 943 亿 m^3，其中淡水储量约 455 亿 m^3。

根据自然条件差异和资源利用、生态治理的区域特点，我国湖泊划分为五个自然区域：青藏高原湖区、东部平原湖区、蒙新高原湖区、东北平原及山区湖区、云贵高原湖区。其中西藏自治区最多，有大于 1 km^2 的湖泊 700 多个。

（4）河流

我国河流众多，水量充沛，水系多样，流域面积在 100 km^2 以上的河流有 50 000 多条，大小河流总长达 42 万 km，其中流域面积在 1 000 km^2 以上的河流约 1 500 条。河川年径流总量达 27 115 亿 m^3，是世界河川径流总量的 6.8%，居世界第 3 位。但按人口平均，每人每年拥有水量不到 3 000 m^3，仅为世界平均水平的 1/4，是世界人均占有量最低的国家之一。

因受地形、气候影响，我国河流在地域上的分布很不均匀，总的来说是东南多、西北少，其数量由东南向西北递减。绝大多数河流分布在东部气候湿润多雨的季风区；西北内陆气候干旱少雨，河流较少，并有大面积的无流区。如珠江流域平均每人每年占有水量高达 4 487 m^3，比全国平均值高 66%。黄河、淮河、海滦河和辽河这 4 条河流流域的耕地占全国的 41.8%，人口占全国的 34.4%，而多年平均径流量仅占全国年径流总量的 5.7%。这 4 条河流流域平均每亩耕地占有径流量仅 242 m^3，平均每人仅有径流量 452 m^3，分别为全国平均值的 14%和 17%，其中以海滦河流域最差。

（5）地下水

地下水具有水量丰富、相对稳定的特点，若能保障提取速度小于补给速度，或是采取适当的增补措施，它是可以恢复的资源。所以在地表水缺乏或干旱的季节里，地下水是农业灌溉、工业生产、生活饮用水的极为重要的水源。但地下水的分布，不仅有地区差异，还有季节变化，所以必须全面了解地下水的区域分布特点和变化规律。即使是局部地区的地下水开采，也应在全面地了解区域水文地质条件的前提下，充分论证，合理规划，方可保证地下水资源的高效益、可持续的利用与保护。

地下水的形成和分布，受地质、气候、水文等自然因素的控制。我国地下水资源的分布存在明显的地区差异，自西向东的昆仑山—秦岭—淮河一线，既是我国自然地理景观的重要分界线，也是我国区域水文地质条件和地下水区域分布差异的分界线。此线以南地下水资源丰富，此线以北地下水资源相对缺乏。

二、人类活动对水环境的影响

随着人口的急剧增长和经济的迅猛发展，人类对水资源的需求也大幅度增长。人类在利用水资源的过程中，也影响着水环境，不当的人类活动对水环境造成了破坏与污染。

污染源排放的控制与治理是水体保护的关键，其防治直接关系到水体、水质的保护以及水资源的可持续利用，对于改善环境质量与生存环境、促进社会的可持续发展具有十分重要的意义。

1. 生活污水对水环境的影响

水污染点源是指以点状形式排放造成水体污染的发生源。一般生活污染源产生的城市生活污水，经城市污水处理厂或经管渠送到水体排放口向水体排放。这种点源含污染物多，成分复杂，其变化规律依据生活污水的排放规律，分为季节性和随机性。

由于我国生活区、商业区、办公区混杂，餐饮洗浴业遍布，生活污水排泄与城市排渍共用下水管道系统，居民楼、宾馆等生活污水预处理以小片为单位，没有统筹规划，经过预处理或未经处理直接由城市下水管道进入江河，因此我国城市生活污水具有源多、面广、量大、杂、散、乱等特点。

2. 农业活动对水环境的影响

农业用水量大，在农业活动中，用水的严重浪费，不当灌溉，过度施肥、施药，过度放牧等不但加剧了水资源的供需矛盾，而且对水环境造成了严重的影响。以面积形式分布和排放污染物而造成水体污染的发生源称作非点源，水污染非点源在我国也称为水污染面源。坡面径流带来的污染物和农田灌溉水是水体污染的重要面源。

不当灌溉是造成土壤荒漠化、水土流失的主要原因之一。由于不当灌溉，巴基斯坦印度河流域曾发生植被破坏，水土流失，土地荒芜。从印度河到灌溉区要经过一段很长的水路，水渠开通后沿途漏水严重，估计有大约 321 亿 m^3 的河水损失在途中，农场内部水渠及储水池中的漏水损失则更加严重，估计高达 6 651 亿 m^3，最后由于不当灌溉，又有大约 1 931 亿 m^3 的水流入地下。这些来自印度河的水大量渗入地下后，地下水的水位不断上升。这些靠近地表面的地下水沿着土壤中的毛细管上升到地表面蒸发掉。由于地下水的含盐量通常高于地表水，地下水蒸发后将盐分留在了地表的土壤中，使得土地盐碱度逐年提高，最终导致土地荒漠化。

在农业活动中过度施用的化肥和农药随水流进入河道、湖泊及海域中，导致水体的污染与富营养化。有机合成农药如多氯联苯（PCB），具有很强的毒性，使用后呈乳浊状附着于固体上，沉入淤泥中，因其具有化学性质十分稳定、难生物降解等特点，会长时间滞留在水环境中。

过度放牧破坏了植被，是造成土壤沙化的又一个主要原因。黄河源头由于过度放牧，在 20 世纪 70 年代有 70%的草地以每年 2.6%的速度迅速沙漠化。沙漠化导致了气候恶化，连年干旱。

3. 工业活动对水环境的影响

工业用水主要有冷却用水、动力用水、生产技术用水、产品（以水为主要原料的产品，如酒、酱油、醋等）用水。工业废水具有毒性大、数量大、色泽深、大多发散出浓烈的臭味、可生化处理性低等特点。

工业废水的超标排放，导致了水体自净能力减弱，对自然生态环境造成极大的破坏，严重污染我们赖以生存的环境。

我国工业废水未经处理，超标排放的现象屡禁不止。淮河是我国的七大水系之一，竟成了中原地区最大的排水渠。近年来，淮河流域不断发生重大的污染事故。每次重大污染，造成沿河鱼类大量死亡，死鱼带长达数千米。

工业事故泄漏出来的有毒化学物质流入河道和湖泊中，将会造成严重甚至是灾难性的污染问题。1986 年，一家名叫桑多兹的制药公司设于瑞士巴塞尔的工厂发生了有记载以来最大的化学品污染事件。一座仓库大火造成大量的化学品瞬间爆炸，燃烧后的残渣涌进了莱茵河中，导致下游 1 000 km 的生物遭受到毁灭性的打击，饮用水全部被污染。另外一起恶性污染事件发生在 2000 年，罗马尼亚巴尔摩尔一家冶金厂大量氰化物泄漏，这些剧毒物质流入多瑙河后，严重污染了 250 万居民赖以生存的饮用水，并且导致大量的鱼类死亡。此外，还有苏联的切尔诺贝利核电站事故也给水体带来了严重的核污染。

由于陆源性污染得不到有效控制，大量工业废水和生活污水通过河流、企业直接排污口和市政污水排污口等渠道排放入海。20 世纪 60 年代以来，随着沿海地区社会经济迅速发展，大规模海洋开发活动日渐频繁。近岸海域，由于密集的人口和工业，大量的废水和固体废物倾入海水，加上海岸曲折造成水流交换不畅，使得海水的温度、pH、含盐量、透明度等性状发生改变，水质恶化，生物资源减少，生态平衡破坏，生物多样性降低，祸及海鸟和人类。主要表现有石油污染、赤潮、有毒物质积累、塑料污染和核污染等几个方面。

海洋污染造成海水浊度增大，严重影响了海洋植物的光合作用，从而影响海域的生产力，对鱼类也造成危害。重金属和有毒有机化合物等有毒物质在海域中累积，并通过海洋生物的富集作用，对海洋动物和以此为食的其他动物造成毒害。海水富营养化引起的赤潮造成海水缺氧，导致了海洋生物死亡。海洋污染还会破坏海滨旅游资源。因此，海洋污染已经引起国际社会越来越多的重视。

酸雨是 20 世纪 50 年代以后随着工业发展而出现的环境问题，工业污染是其罪魁祸首。现在全世界有三大酸雨区：欧洲、北美和中国长江以南地区。酸雨的破坏性极大。“千湖之国”的瑞典，已酸化的湖泊达到 13 000 多个；加拿大也有 10 000 多个湖泊由于酸雨的危害成为死湖，生物绝迹。酸雨还会腐蚀建筑物、雕塑。酸雨的危害也是跨国界的，常常引起国与国之间的酸雨纠纷。酸雨污染已经成为我国非常严重的一个环境问题。长江以南的四川、贵州、广东、广西、江西、江苏、浙江已经成为世界三大酸雨区之一，占国土面积的 40%。我国著名的雾都重庆出现酸雾，农作物减产，建筑物和金属设施受到极大的危害。

4．生态、环境的破坏

人类对生态环境的破坏是造成沙漠化等水环境灾害的主要原因之一。以热带雨林为例，热带雨林带给人类的恩惠是多方面的。热带雨林区平均年降雨量为 2 500 mm，雨水被树木吸收后再慢慢地蒸腾出来，调节着地球表面的大气循环。

南美的亚马孙河流域、东南亚的马来西亚、非洲的刚果河流域是世界上最大的热带雨林区。20 世纪 70 年代以来，由于不当的森林砍伐，热带雨林的面积以每年 1 130 万 hm^2 的速度迅速减小。美国环境保护局的统计结果表明，若照此速度发展下去，东南亚的热带雨林将在 2047 年后消失，亚马孙河流域和非洲的热带雨林也将在 2075 年被砍伐殆尽。

5．地下水的过度开采

地下水的过度开采会引起地面沉降。地面沉降是近年来我国和世界上许多城市出现的重大地质灾害之一。不合理开采地下水诱发地面沉降、海水入侵等环境地质问题。我国北方部分地区因不合理开采地下水，地下水位持续下降，形成区域地下水位降落漏斗。据初步统计，全国有 40 多座城市由于不合理开采地下水而引发了地面沉降，形成地域地下水降落漏斗 100 多个，面积达 15 万 km^2。华北平原深层地下水已经形成了跨冀、京、津、鲁的区域地下水降落漏斗，有近 7 万 km^2 面积的地下水位低于海平面。在河北平原、西安、大同、苏州、无锡、常州等地区，过量开采地下水还导致了地裂缝，对城市基础设施构成严重的威胁。区域地下水位下降使得平原或盆地湿地萎缩或消失、地表植被破坏，生态环境退化。

三、我国水环境现状

我国水环境面临着三大问题，分别是：①主要污染物排放量远远超过水环境容量。②江河湖泊普遍遭受污染。③生态用水缺乏，水环境恶化加剧，一些北方河流的生态功能受到严重破坏。辽河、淮河、黄河地表水资源利用率已经远远超过国际上公认的 40%的河流开发利用率上限，海河水资源开发利用率接近 90%。

1．水资源的浪费

我国 600 多座城市中有一半左右不同程度地存在缺水问题，有数千万人需解决饮用水问题。但是与此同时，水资源浪费问题仍相当突出。我国城市用水的重复利用率较发达国家低许多，一些重要产品的单位耗水量比国外先进水平高几倍、甚至几十倍。每千克粮食的耗水量是发达国家的 2～3 倍。

城市居民生活用水方面，不讲节约、铺张浪费的现象也十分严重。据统计，仅北京市一年“跑、冒、滴、漏”的水就多达 36 万 t。

地下水资源也存在着紧缺和水资源浪费现象。近 20 年来，随着全国用水量的急剧增长，地下水开采量以每年 25 亿 m^3 的速度增加。目前，北方已有相当一部分地区地下水处于超采状态，其中，河北省整体超采，北京、天津、呼和浩特、沈阳、哈尔滨、济南、太原、郑州等一些大中城市地下水均超采或者严重超采。

农村成井质量普遍低，布局不合理，造成区域地下水资源开采不平衡，上下含水层、咸淡含水层混合，资源利用率下降。

2. 水体污染

水污染降低了水体的使用功能，加剧了我国水资源的短缺局面，对可持续发展战略的实施带来了负面影响。90%的城市水域污染严重，南方城市总缺水量的 60%～70%是由于水污染造成的。

（1）地下水污染状况

由于工业和生活污水排放量增加，以及受农业大量施用农药、化肥的影响，我国地下水污染问题日益突出。对我国 118 个大中城市的地下水调查显示，有 115 个城市地下水受到污染，其中重度污染约占 40%。地下水污染严重地区主要分布在城镇周围、排污河道两侧、地表污染水体分布区及引污农灌区，呈现出由点向面、由城市向农村扩展的趋势。

（2）七大水系污染

据水利部门对全国约 700 条大中河流近 10 万 km 河长检测结果表明，我国现有河流近 1/2 的河段受到污染，1/10 的河流长期污染严重，水体已经失去了使用价值。水资源占全国总量 12%的珠江流域不少河道发黑、发臭，广州市区河段水质已为劣Ⅴ类标准。为此，广州市被迫花费巨资改向几十千米以外的西江和东江取水。

3. 海洋污染

（1）石油污染

海洋的石油污染是指石油及其炼制品在开采、炼制、储运和使用过程中进入海洋环境而造成的污染，是目前一种世界性的严重的海洋污染。石油污染来源为：①经河流或直接向海洋注入的各种含油废水；②海上油船漏油、排放和油船事故，以及由海底油田开采溢漏及井喷等；③逸入大气中的石油烃的沉降及海底自然溢油等。

海洋石油污染对环境、生物和人类社会造成极大的危害。石油在海面上形成的油膜，将影响海气系统物质和能量的交换。长期覆盖在极地冰面的油膜，加速了冰层融化，对全球海平面变化和长期气候变化造成潜在影响。海洋石油污染对生物的危害性也很大。油膜减弱了太阳射透海水的能量，影响海洋植物的光合作用；油膜还将阻止空气中的氧气向海水中溶解；与此同时，石油自身的分解也将消耗水中的溶解氧，造成海洋中 O_2 减少，CO_2 相对增多，使海洋中大量藻类和微生物死亡，厌氧生物大量繁衍，海洋的食物链遭到破坏，导致整个海洋生态系统的失衡；油膜黏附海兽的皮毛和海鸟羽毛，使它们失去游泳或飞行的能力。此外，海洋石油污染对水产业的影响巨大。油污会改变某些经济鱼类的洄游路线，并且导致鱼、贝等海产品不能食用，难以销售。

（2）核废料污染

海洋的另外一个无形杀手是核废料污染。投入海底的放射性废物将严重影响人类的健康，而这种污染造成的后果往往是在这代及此后几代人身上表现出来。

自第二次世界大战以来，向海洋中倾倒的放射性废物的放射性强度共约 46 PBq。1946—1982 年，主要是英国和美国用这种方法处理废物。在大西洋 26 个核废物储存场地中，77.5%是英国人倾倒的，9.8%是瑞士人倾倒的，6.5%是美国人倾倒的，4.7%是比利时人倾倒的。少量的废物来自法国、荷兰、德国、意大利和瑞典。大多数废物是以包装好的形式成吨地倾入海中。

随着科学技术的进步、人们对核废料认识的提高，核废料的处置在发达国家日益引起关注。20 世纪 80 年代初，《伦敦倾倒公约》缔约国通过暂停向海洋倾倒一切放射性废物后，许多国家不再向海洋倾倒放射性废物。

核废物管理目标以优化方式进行处理和处置，使当代和后代人的健康与环境免受不可接受的危害，不给后代带来不适当的负担，使核工业和核科学技术可持续地发展。

（3）水体的富营养化

水体富营养化会导致湖泊和沿海地区频繁发生水华与赤潮，其后果是造成水环境极度缺氧，形成鱼类和水中生物的死亡区域。

赤潮已经成为一种当今的世界性海洋公害，美国、中国、日本、加拿大、法国、瑞典、印度、韩国和中国香港等30多个国家和地区赤潮发生都很频繁。作为海洋大国，我国成为赤潮多发国家之一，多年来，赤潮几乎覆盖我国的整个沿海地区。

我国湖泊的富营养化形势也十分严峻。太湖、巢湖、滇池（三湖）均呈现富营养化湖泊态势。按照国际上总氮（0.2 mg/L）和总磷（0.02 mg/L）浓度作为湖泊富营养化的评价指标，几大湖泊总氮浓度高出5～20倍，总磷浓度高出10～50倍，按照水体富营养化程度的评价标准，多数湖泊仍处于中富营养至富营养化状态。

第三节 水环境变化与水安全

一、水污染变化特点和趋势

1. 我国河流污染特点及趋势

我国的七大水系均受到不同程度的污染，Ⅰ～Ⅲ类水河长占总评价河长的54.8%，Ⅳ～Ⅴ类水河长占21.1%，劣Ⅴ类水河长占24.1%。在七大水系中，长江、珠江水质状况较好；松花江、黄河、淮河水质状况较差；辽河、海河的劣Ⅴ类水河长比例均在50%以上，水质状况最差。

长江流域涉及19个省（自治区、直辖市），由金沙江、岷沱江、嘉陵江、乌江、汉江、洞庭湖、鄱阳湖、太湖等水系组成，约占全国总面积的1/5。区内包括青藏高原、云贵高原、四川盆地、江南丘陵、江淮丘陵及长江中下游平原。长江沿岸是产业密集带和工业经济走廊，完成了全国40%的经济产值。

长江区的长江干流、嘉陵江水系、乌江水系和汉江水系的省界水体水质相对较好。金沙江支流水系、上游支流水系、洞庭湖水系以及下游支流水系的省界水体污染较重。2008年，在长江流域104个省界监测断面中，水质为Ⅰ～Ⅲ类的断面占评价断面总数的50.9%，Ⅳ～Ⅴ类断面占27.9%，劣Ⅴ类断面占21.2%。另外，长江区太湖水系的省界断面水质较差，水质为Ⅰ～Ⅲ类的断面占评价断面总数的36.1%，Ⅳ～Ⅴ类断面占33.4%，劣Ⅴ类断面占30.5%。省界断面水质汛期劣于非汛期，主要超标项目是总磷、高锰酸盐指数、氨氮、总氮和大肠菌群数等。

黄河流域横贯我国东西，由黄河干流渭河、汾河等河系组成，大部分区域位于我国的西北部。黄河区幅员辽阔，从西到东横跨青藏高原、内蒙古高原、黄土高原和黄淮海平原。区内地势西高东低，西部河源地区平均海拔在 4 000 m 以上，由一系列的高山组成，常年积雪，冰川地貌发育；中部地区海拔在 1 000～2 000 m，为黄土地貌，水土流失严重；东部主要由黄河冲积平原组成，河道高悬于地面之上，洪水威胁较大。

黄河水资源表现为如下特点和趋势：流域水质污染依然严重，支流水质劣于干流，2009 年黄河流域劣于Ⅲ类水河长所占比例为 55.9%，其中劣于Ⅴ类水河长占 31.7%，全流域水质污染依然严重。干流年均劣于Ⅲ类水河长占 29.4%，无劣Ⅴ类水；支流年均劣于Ⅲ类水河长占 65.2%，其中劣于Ⅴ类水河长占 42.8%，支流水质污染远重于干流；汛期水质略优于非汛期，流域水质污染仍以点源为主。重要城市水源地及省界水体水质均较差，水质污染形势十分严峻，水功能区水质达标率较低。

珠江流域地处我国南疆和西北边陲，包括珠江、韩江、粤东、粤西、桂南沿海及海南诸岛河，是我国水资源最丰富的地区之一。共分南北盘江、红柳江、郁江、西江、北江、东江、珠江三角洲、韩江及粤东诸河、粤西桂南沿海诸河、海南岛及海南各岛诸河 10 个水资源二级区。区内有云贵高原、两广丘陵和珠江三角洲，地形为西北高、东南低。海南岛则为中间高、四周低。该区地处热带、亚热带，气候四季温和，雨量充沛。

在全国七大流域中，珠江的水环境相对较好，但是局部污染比较严重，其中以珠江三角洲水系、广州珠江河段和广西沿海诸河主要河段的水环境污染现象最为严重。

松花江流域位于我国的最北端，由额尔古纳河、黑龙江、嫩江、第二松花江、松花江、乌苏里江、绥芬河和图们江等河系组成。松花江区总面积 92.2 万 km^2，西部、北部、东部为大小兴安岭、长白山，腹地为松嫩平原，东北部为三江平原。气候四季变化明显，具有明显的大陆性季风气候。

松花江流域是我国重要的粮食、石油和老工业基地，对我国能源、粮食和生态安全供给具有重要意义，水资源情况直接影响到黑龙江的水供给。近几十年来，松花江流域水质污染已经比较严重，2008 年第三季度，松花江哈尔滨段主要 14 条支流中，有 9 条水质不能满足功能水质要求。污染特征呈有机型，污染严重区集中在城市河段，主要污染指标为高锰酸盐指数、氨氮、总磷、石油类和生化需氧量等。

淮河流域位于我国东部，介于长江、黄河两大流域之间，由淮河流域和山东半岛诸河组成，总面积 32.9 万 km^2。淮河流域西起桐柏山和伏牛山，东临黄海和东海。属于暖温带半湿润季风气候区，为我国南北气候过渡带，冷暖和旱涝的转变十分突出。降雨主要集中在 6—9 月份，时空分布很不均匀。

2008 年，在 43 条跨省（区）河流上的 47 个省界监测断面中，水质为Ⅰ～Ⅲ类的断面占评价断面总数的 31.9%，Ⅳ～Ⅴ类断面占 36.2%，劣Ⅴ类断面占 31.9%。劣Ⅴ类断面主要分布在颍河、涡河、泉河、黑茨河、惠济河、大沙河、包河的河南省—安徽省交界处等。该区省界断面水质汛期优于非汛期，主要超标项目是氨氮、高锰酸盐指数、化学需氧量、总磷、砷和挥发酚等。

海河流域东临渤海，西倚太行，南界黄河，北接内蒙古高原，由滦河及冀东诸河、海河北系、海河南系和徒骇—马颊河等河系组成，面积 31.8 万 km^2。共分滦河及冀东沿海诸河、海河北系、海河南系、徒骇—马颊河 4 个水资源二级区。区域的北部、西南部为燕山、太行山山区高原，东部、东南部为平原，总地势由西部、北部和西南部三面向渤海湾倾斜，山区平原几近直交，丘陵过渡带狭窄。属半干旱、半湿润的温带大陆性季风气候。

海河流域是我国水资源严重危机地区之一，水污染情况已经十分严重，被喻为“无河不干，有水则污”。洪涝灾害、干旱缺水、水污染和水土流失是海河流域最突出的水问题，按照水环境演变的趋势，缺水、水污染、地下水漏斗扩大、河湖干涸、河口淤积等问题会越来越严重，如果不采取对策，不仅会影响人民生活和经济社会发展，同时会使生态环境随着时间的推移而进一步恶化。

辽河流域位于我国东北地区南部，由西辽河、辽河、鸭绿江中国境内部分以及东北沿黄海、渤海诸河等河系组成。区域东西两侧主要为丘陵、山地，东北部为鸭绿江源头区，森林覆盖率达 70%以上，有的部分属原始森林；中南部为平原，属温带季风气候。辽西区降水量自西北向东南递增。在我国，辽河中下游地区的缺水程度仅次于华北地区，有限的水资源地区分布不平衡，年际变化也很大。

辽河流域是我国重要的工业基地，以沈阳、抚顺、鞍山等城市为中心的辽宁省中部城市群是流域主体。但由于城市连片，人口稠密，工业以需水量大、消耗能量多和排污种类齐全（如冶金、煤炭、电力和机械）的行业为主，给环境带来巨大的冲击与沉重的压力，造成辽河水体的严重污染，成为全国江河的污染之最。

2. 地下水污染特点和趋势

地下水是我国重要的水资源供给源，自20世纪90年代末以来，全国地下水资源开采量均超过1 000亿m^3。目前全国地下水供水达到1 040亿m^3以上，占总供水量的18.4%。我国各地区主要地下水水质及污染情况为：东北地区重工业和油田开发区地下水污染严重。东北地区的地下水污染，不同地区有不同特点。松嫩平原的主要污染物为亚硝酸盐氮、氨氮、石油类等；辽河平原硝酸盐氮、氨氮、挥发酚、石油类污染普遍。华北地区地下水污染普遍呈加重趋势。华北地区人类经济活动频繁，从城市到乡村地下水污染比较普遍，主要污染组分有硝酸盐氮、氰化物、铁、锰、石油类等。此外，该区地下水总硬度和矿化度严重超标，大部分城市和地区的总硬度超标。西南地区地下水受人类活动影响相对较小、污染较轻。西北地区地下水污染总体较轻。内陆盆地地区的主要污染组分为硝酸盐氮；黄河中游、黄土高原地区的主要污染物有硝酸盐氮、亚硝酸盐氮、铬、铅等，以点状、线状分布于城市和工矿企业周边地区。西南地区的主要污染指标有亚硝酸盐氮、氨氮、铁、锰、挥发酚等，污染组分呈点状分布于城镇、乡村居民点，污染程度较低，范围较小。中南地区主要污染指标有亚硝酸盐氮、氨氮、汞、砷等，污染程度低。东南地区主要污染指标有硝酸盐氮、氨氮、汞、铬、锰等，地下水总体污染轻微，但城市及工矿区局部地域污染较重，特别是长江三角洲、珠江三角洲经济发达的地区，浅层地下水污染普遍。我国大中城市地下水存在不同程度的污染，其中，近一半的城区地下水污染呈加重趋势。

二、水环境变化引发的水安全危机及消极影响

1. 对工业生产的制约

随着世界工业的发展，工业用水量直线上升，特别是发展中国家，一方面生产力水平较低，工业耗水量相当严重；另一方面，工业生产往往伴随对水环境的破坏。因此，伴随水污染造成的水环境破坏，使得许多地方在有限的水资源中，一方面，难以满足工业无休止增长的需求，并对地区工业发展产生了影响，造成许多开发项目得不到实施，工厂减产或者停产；另一方面，水污染问题反过来影响工业的发展，水质不合格导致工厂不能生产合格的产品，工厂不得不花费巨资净化供水，在污染投资上支出高额费用，企业不堪重负，污染事故频发，影响了

供水水质，也制约了工业的发展。

2. 对农业生产与农产品食用安全的不利影响

农业是发展的基础，全球70亿人口依靠农业满足最基本的生存需要。农业灌溉每年耗水量是世界总用水量的70%，水污染造成水环境破坏，使大面积地区的农业灌溉用水得不到保证，耕地退化、农作物减产甚至绝收。随着工业的发展及城市化程度的不断提高，很多地区大量未经处理的污水被直接或间接用于农田灌溉，导致粮食减产、绝收，以及引发农产品使用安全等严重问题。污水灌溉农田后使土壤发生碱化、酸化和盐化，土壤土质结构遭到破坏，污水中的重金属元素、有机物、致癌物等不仅会残留累积在土壤中，还会被作物吸收累积在可食用部位，对食物链造成严重威胁。

3. 危害人类健康

水是人类生存的最基本需求，人类居住地区的水环境好与坏在很大程度上决定了人的健康程度。凡是进入水中的污染物绝大部分对人体有急性或慢性、直接或间接的致毒作用，有的还能积累在组织内部，改变细胞结构，导致人体组织癌变、畸变和突变。水体污染对人体健康的影响主要分为生理的、物理的和化学的危害，表现为流行性传染病暴发、慢性中毒等，并产生远期危害，如致畸、致癌等。

4. 对动植物栖息地的影响

水是生物生存和繁衍的首要因素，对水资源的掠夺式开采以及工业废水的污染，不仅严重抑制水资源潜力和生态功能的发挥，也造成生境的恶化和栖息地的严重破坏。工业废水的排放和农药的流失，直接导致水生生物大量死亡和重金属等有害物质在水生生物体的富集；生活污水的排放和化肥的流失，导致水体富营养化，使得浮游生物物种单一，从而引发藻类暴发性的增殖，使整个生境恶化。水资源不足导致土地退化、沙漠化，湿地的丧失和退化，而水污染引起的水体物理化学参数变化，加剧了缺水对自然动植物栖息地的破坏作用，这些因素综合起来共同影响水生生物的生存和繁殖。

5. 对生物多样性的影响

由于过度或者不适当地开发水资源，已经造成了众多的生态环境问题，工业化高速发展过程中的点源水污染加剧了资源破坏和生态失衡。有毒废物倾倒在陆地环境中只能产生局部的影响，然而如果排放到水体中，即使浓度很低，也会通过生物富集作用对水生生物产生致命影响。一些以水生生物为食物的物种摄取高浓度的有机化合物，在食物链中所处的等级越高，体内聚积的污染物浓度越高。水生态环境的逐步恶化，河流、湖泊等淡水系统退化现象严重，许多淡水动植物都面临着数量迅速减少甚至灭绝的命运。

生活及工农业生产中含有大量氮、磷的废水、污水排入水体后，藻类成为水体中的优势种群，大量繁殖后使水体呈现蓝色或绿色的现象被称为水华，海水中出现该现象则称为赤潮。微生物在爆炸性繁殖过程中消耗掉水中大量的溶解氧，导致鱼类和其他生物因缺氧死亡，同时还释放出大量有害气体。有些藻类能产生毒素，毒素在贝类和鱼体内累积，威胁水生生物和人类的生命安全；一些藻类即使无毒，也会对鱼鳃造成堵塞或机械损伤，还可能由于死亡时大量耗氧而使海洋生物窒息死亡。

三、未来水环境变化与水安全形势

影响我国水安全问题的主要因素有：水资源匮乏，水质污染严重，水生态环境遭到破坏，水土流失严重，水资源严重浪费，多头治水的管理体制，水资源时空分布不均匀，跨流域调水引发的权益再分配问题。我国已经进入水安全危机的初级阶段，局部地区和城市已经迈入水安全危机的中级阶段。我国缺水的北方、西北干旱地区和一些高原地区，已面临水安全危机。从环境资源承载力角度看，凡是超过人均资源承载力标准的居民都属于“环境难民”，那么我国西北地区就有大批的“淡水难民”，正在受到水安全的威胁。现在，我国的水资源无论数量还是质量都呈下降趋势，而人口和用水需求仍在增长。我国水安全问题已经敲响了警钟。

第四节 海洋污染

一、海洋环境的特征

海洋是一个稳定的生态系统，海水对污染物具有稀释、扩散、氧化、还原和降解等综合功能。海洋又是一个物理过程、化学过程、地质过程和生物过程同时发生的动态综合体系。海洋环境的各种过程和各组成要素之间存在着自然的动态平衡，各环节之间有一定的调节作用和缓冲能力，但这种调节作用和缓冲能力是有一定限度的，当外来冲击超过临界值时，旧的平衡被打破，新的平衡又不能在短时间内建立起来，海洋环境将会受到破坏。因此，了解海洋环境的特征对海洋环境的保护具有重要意义。

1. 海洋动力学特征

海水在不断进行着非常复杂的运动，其中主要动力因素是海流即洋流，还有海水混合和河流入海口的潮流。

（1）海流

海流包括发生在表层水中的环流体系和发生在海底的环流体系，其中表层环流体系规模宏大，直接受到大气环流和气候等因素的制约。洋流在北半球基本上围绕亚热带高压中心相对应处形成顺时针方向的环流，在南半球则围绕亚热带高压中心相对应处形成逆时针方向环流，在中纬低压区和极地高压区，海流基本呈带状。在各大洋里，存在着大范围的有规律的环流，各小区域内的局部海流，以及被大陆径流冲淡的沿岸水构成的沿岸流系等。环流规模很大，不仅存在着海水的水平运动和水平混合作用，同时也存在着垂直运动和垂直混合作用，其中还有伴随气旋环流的辐散作用和伴随反气旋环流的辐散作用，但水平运动的强度要远大于垂直运动的强度。

（2）混合

混合是海水中物质迁移和交换的基础。当水体中物质分布不均、存在浓度梯度时，物质间依靠浓度差进行扩散和混合，但在海水中这种分子混合速度很慢，对海水的混合作用很小，对污染物的扩散和再分配影响不大。当海水中存在足够的速度和密度梯度时，水块之间产生涡流混合和对流混合，水块中的全部物质随之交换位置。水块混合的作用远大于分子混合，是海水混合的主体。

（3）潮流

潮水入河时，在河流的某些断面可能存在两种相反方向的水流，即表层向海洋方向流动，底层则逆河而上。但在落潮时，河水和海水一起顺流而下，所以落潮流的速度相对较大。在海洋中，海水向海底发放固体沉积物，而在沉积物到达海底之前，由于受到海水动力体系的支配，要经过一段短期或长期的悬浮过程。

2．海洋沉积物的化学特征

海洋沉积物在海底的堆积和共生是物理、化学和生物化学的综合作用结果。在水体运动过程中，沉积物在水力因素的作用下发生分级和搬迁，一般在海水流速大的地方海底沉积着粗颗粒物质；反之沉积着细颗粒物质。在潮流混合比较激烈的近岸和海底坡面上，沉积颗粒物常被水流掀起，加之海水的黏滞作用，沉淀的颗粒物质再次悬浮或被海流带走。特别是在近岸海区，波浪使吸附在固体悬浮物表面的污染物质重新溶入水体，造成二次污染。固体悬浮物因其物理化学性质不同，对重金属等污染物的富集能力也不同，其化学组分相同时，颗粒越细，富集能力越强，其 E_h、pH 和有机物的含量不同，对重金属等污染物的吸附能力也不同。

二、海洋环境污染及危害

1．我国海洋污染状况

我国环保部颁布的《2014 年中国环境状况公报》表明，我国大部分海域环境质量基本保持在良好状态，但近岸海域局部污染仍然较重。全国近岸海水质量以一类和二类为主，其中，一类海水占 28.6%，同比上升 4.0 个百分点，二类海水占 38.2%，同比下降 3.6 个百分点。劣四类海水占 18.6%，同比持平。劣四类海水比例在四大海区中以东海为最高，占 47.4%；南海次之，占 6.8%；渤海和黄海分别占 6.1%和 1.9%。东海污染状况严重，渤海污染有所改善，黄海和南海近岸水质较好。影响我国近岸水域水质的主要污染因子是无机氮和活性磷酸盐，部分海域石油类超标。

2．海洋污染的危害

（1）赤潮的危害

海水被无机氮和活性磷酸盐污染，容易造成水体富营养化、赤潮发生。赤潮的危害主要表现在五个方面：

①赤潮生物的积聚繁殖能改变海水的物理化学性质，引起海洋生态的异常变化，造成海洋食物链局部中断，威胁海洋生物的存活。

②赤潮生物大量繁殖，覆盖海面或附着在鱼、贝类的腮上，使它们的呼吸器官难以正常发挥作用，造成呼吸困难甚至死亡。

③赤潮生物在生长繁殖的代谢过程和死亡细胞被微生物分解的过程中大量消耗海水中的溶解氧，使海水严重缺氧，鱼、贝类等海洋动物因缺氧而窒息死亡。

④赤潮生物有 300 种左右，其中有约 70 种能产生毒素，引起鱼、贝类中毒死亡。

⑤人通过摄食中毒的鱼、贝类而产生中毒。目前已知的赤潮毒素有麻痹贝毒、神经性贝毒和泻痢性贝毒三大类。

（2）石油污染

随着全球经济迅猛发展和能源需求的日趋剧增，海上石油运输事故、海洋石油开采、港湾船舶和陆上含油废水的排放已达到空前的程度，成为海洋石油污染的最主要来源。石油污染所造成的危害主要表现为：

①影响光合作用

1 L 石油在海面上的扩散面积可达到 100～2 000 m^2，石油污染造成的大面积油膜覆盖，抑制海洋生物（浮游植物）的光合作用，破坏食物链，导致整个海洋生物群落的衰退。

②消耗海水中的溶解氧

油膜覆盖海面后，将水与空气隔绝，严重影响海区的海空物质交换，使水体缺氧。此外，石油在海水中的氧化分解也需要消耗水中的溶解氧。因此，海洋石油污染极易造成水体缺氧甚至变臭，导致水生生物的窒息死亡。

③毒性作用

石油中含有多种有毒稠环芳烃和有毒重金属，分解产物中也含有多种有毒物质。低沸点饱和烃类对海洋动物有麻醉作用，甚至导致海洋动物的死亡，高沸点的饱和烃类能扰乱海洋生物的营养状况或信息联系。芳香烃毒性最大，尤其高沸点芳香烃不仅毒性大，而且是长效性毒物。

④破坏滨海环境

溢油的漂移扩散影响海岸景观，会使海滩和海滨旅游区荒废。

（3）合成有机化合物

人工合成的有机磷、有机氯等农药一般都属于非水溶性物质，在水中的溶解度很低，但海洋生物对这类物质具有很高的富集能力。有毒农药通过食物链或鱼鳃、生物膜和细胞壁潜入体内，并蓄积于脂肪含量较高的部位，如皮质、鱼卵、内脏和脑中，产生不同的毒害或抑制效应，如抑制海藻的光合作用，使鱼、贝类的繁殖力衰退等。这些有毒物质的富集系数可达几千到几万倍。通常营养层次越高，富集程度也越高。海水中微量的金属元素由于海洋生物的作用而富集积累在生物体内，如绿牡蛎中铜的浓度为海水中铜浓度的1万～10万倍。

三、海洋污染的控制

1. 赤潮的预防对策

赤潮危害很大，也很难治理。目前尚无在大面积水体应用的比较理想的治理方法，因此对赤潮必须坚持“以防为主”的对策。

（1）控制富营养化物质入海

富营养化是赤潮发生的物质基础，控制海域的富营养化水平，能有效防止赤潮发生或者大大减少赤潮发生的频率。加强对内陆水体、河流的污染治理，尤其要加强大江大河流域的污染治理，这是减少富营养化物质入海的最有效措施。

（2）改善富营养化水体和底质

对富营养化海区可利用各种不同生物的吸收、摄食、固定、分解等功能，加速各种营养物质的利用与循环来达到生物净化的目的。利用海洋植物吸收剩余的营养盐类，利用浮游动物和底栖生物摄取各种碎屑有机物，利用细菌分解可溶性有机物等。

（3）加强赤潮的预测预报

根据水质富营养化、水温、盐度、气象条件和生物特征，可以大致对赤潮可能发生的时间进行预报，以期减少赤潮带来的经济损失，并及时采取相应的防治措施。

2. 海洋油污染的处理与修复

（1）化学药剂处理

利用化学药剂清理海上石油污染，是一种常用的方法。主要的化学药剂有凝油剂和分散剂。凝油剂能使溢油胶凝呈黏稠状甚至坚硬的油块，或者本身具有高效吸留浮油性能，使吸留的浮油迅速形成凝结物。分散剂能够使油膜快速分解，形成稳定的油包水乳化物。由于海浪的作用，海面上的油膜很容易被打碎成细小的油滴而扩散或被海水稀释而使浓度降低，变得容易被微生物降解。这种快速稀释作用对海洋生物和海岸环境保护都很有利。

（2）海洋油污染的生物修复

在石油污染的海面投加氮、磷营养盐，是清除海上石油污染最简单有效的方法之一。海洋出现油污染以后，由于碳源充足，海洋环境中广泛分布的石油降解细菌会大量繁殖，但海水中的氮、磷营养物质也将随之消耗殆尽，氮、磷营养物质的不足将成为石油降解的限制因素。因此，通过人工投加氮、磷营养物质，可以促进石油降解菌的繁殖，从而实现清除海上油污染的目的。

四、海洋环境保护的法律规定

自 20 世纪 70 年代以来，我国政府一直十分重视海洋环境的保护，制定了一系列的保护海洋环境的法律、法规和规章。我国防治海洋环境污染的法律体系已经基本形成，它包括我国的国内法和我国参加的国际公约。主要有《海洋环境保护法》《中华人民共和国防治陆源污染物污染损害海洋环境管理条例》《中华人民共和国防治海岸工程建设项目污染损害海洋环境管理条例》《中华人民共和国海洋石油勘探开发环境保护管理条例》《中华人民共和国海洋倾废管理条例》《海水水质标准》（GB 3097—1997）、《船舶污染物排放标准》（GB 3552—83）、《联合国海洋法公约》《国际干预公海油污染事故公约》等。

参考文献

[1] 全国人大常委会. 中华人民共和国水污染防治法[Z]. 2008.

[2] 中华人民共和国水利部. 中国水资源公报 2014[M]. 北京：中国水利水电出版社，2015.

[3] 中华人民共和国环境保护部. 2014 年中国环境状况公报[Z]. 2014.

[4] 陈震. 水环境科学[M]. 北京：科学出版社，2006.

[5] 马红芳. 环境工程概论[M]. 北京：清华大学出版社，2013.

第八章　大气与大气污染

大气是与人类活动关系最密切的环境介质。广义上的大气是指地球表面全部大气的总和，狭义上的大气是指环境空气，人类与动植物及下垫面所暴露于其中的空气环境。受人类活动及大气运动特点的影响，大气污染现象主要发生于对流层以下，因此，大气污染的研究内容也主要集中于这一区域。

大气环境质量与人体健康息息相关，空气质量恶化会导致呼吸道疾病、心脑血管疾病、皮肤疾病及各类癌症。此外，大气环境质量还具有显著的社会和经济效益。

大气污染控制技术研究的内容主要包括大气污染物的种类、来源；污染物的减排技术；污染物的末端控制技术；污染物排入大气后的扩散迁移规律及大气污染控制的行政与经济手段。本章将系统介绍上述内容。

第一节　大气圈

一、大气组成及垂直结构

在地球引力作用下，地球表面被厚度在 1 000 m 以上的大气层覆盖。大气层从地球形成伊始，经过漫长的演变过程，形成了稳定的组成成分。大气的组成包括 3 部分，分别为干洁空气、水蒸气、杂质。干洁空气是氮气、氧气、二氧化碳和稀有气体的混合物。水蒸气的含量随着大气层高度、海陆位置、季节时间等要素的变化而变化，其变化范围可达 0.01%～4%，平均含量在 0.03%。大气中的各种杂质主要是自然过程和人类活动排放到大气中的各类悬浮颗粒物和气溶胶类物质构成的。自然来源主要包括火山活动释放的火山灰、海浪溅出的盐类颗粒、花粉、微生物等。人为来源主要包括工业生产、交通运输等产生并释放入大气的物质。

在人类经常活动的范围内，地球上任何地方干洁空气的物理性质是基本相同的。干洁空气无色、无味，平均相对分子质量为 28.966，标准状况下（273.15 K，101 325 Pa）密度为 1.293 kg/m^3。自然条件下，干洁空气始终处于气态，可将其作为理想气体。

大气层厚度没有明确的界限，通常将其上限定为 1 200～1 400 km。在 1 400 km 以外，气体十分稀薄，随时处于逸散状态，通常认为是宇宙空间。大气圈在垂直方向上的温度、大气压力、大气密度存在规律性的变化或分布。基于此，可将大气圈分为五层，即对流层、平流层、中间层、暖层和散逸层。

1. 对流层

对流层是大气圈中距离地面最近的一层。对流层的厚度随纬度的变化而变化，在低纬度地区，由于太阳直射角较大、热量交换大，因此对流强烈。随纬度增加，对流强度逐渐减弱，对流层厚度随之减小。赤道处对流层厚度为 16～17 km，中纬度地区为 10～12 km，极地地区为 8～9 km。对流层集中了大气质量的 75%和几乎全部水蒸气，主要的云、雨、雪、雾等大气现象均发生于这一层中。由于其所处的位置和特点，对流层与人类活动的关系最为密切。

对流层大气的主要特点包括：①大气温度随高度的升高而降低，垂直高度每升高 100 m，气温约下降 0.6℃，这是由于对流层中大气的热量主要依靠地面的长波辐射，因此越靠近地面，温度越高；②气温的垂直变化及下垫面受热不均匀导致对流层空气具有强烈的对流运动；③温度和湿度的水平分布因下垫面的不同而不同，海洋上空的空气湿润，内陆上空空气相对干燥。同纬度地区，内陆上空空气温度变化较海洋上空剧烈。

对流层的下部 1～2 km 处，气流运动过程中受地面阻滞和摩擦的影响很大，称为大气边界层（或摩擦层）。距离地面 50～100 m 处的一层又称为近地层。在近地层以上，气流受到来自地面的摩擦阻力逐渐减小，大气边界层以上的气流所受的摩擦阻力几乎可以忽略不计，被称为自由大气。

2. 平流层

从对流层顶到距离下垫面 50～55 km 高度的一层称为平流层。从对流层顶到

35～40 km 的一层，气温几乎保持一致，为−55℃，这一部分被称为同温层。同温层以上至平流层顶，气温随高度的增高而增高，也称为逆温层。这是由于平流层中的热量主要来自于太阳的短波辐射。平流层集中了大气中绝大部分臭氧分子，并在 20～25 km 高度上达到最大值，形成臭氧层。臭氧层能够强烈吸收太阳光中波长分布在 200～300 nm 处的紫外线，是人类和动植物的一把天然保护伞。

此外，平流层中大气的对流运动和垂直混合均十分微弱，几乎没有降水天气。因此，污染物一旦进入平流层，很难依靠大气运动扩散稀释，导致污染物的作用时间长、危害范围大。例如，氟利昂一旦进入平流层，能够对臭氧分子起到催化分解作用，使臭氧层被破坏。

3．中间层

从平流层顶到距离下垫面 85 km 高度的一层称为中间层。这一层中没有能够吸收太阳短波辐射的气体，因此气温随高度的升高而迅速降低，其顶部气温达到−83℃以下。这一温度垂直分布导致大气的对流运动强烈，垂直混合明显。

4．暖层

从中间层顶到距离下垫面 800 km 高度为暖层。其特点是，在强烈的太阳紫外线和宇宙射线的作用下，再度出现逆温现象，暖层中的气体分子处于高度电离状态，存在大量的离子和电子，故又称为电离层。电离层能够反射无线电波，对无线通信起到重要作用。

5．散逸层

暖层以上的大气统称为散逸层。它是大气最外层，气温很高，空气极为稀薄，空气粒子具有较高的运动速度，能够摆脱地心引力而散逸到外太空。

二、主要气象要素

表示大气状态的物理量和物理现象，称为气象要素，主要包括气温、气压、湿度、风向、风速等。

1．气温

气象站发布的大气温度数值即为气温。测试方法：将温度计置于距离地面

1.5 m 高处的百叶箱中。温度常用的单位一般包括摄氏度（℃）、华氏度（℉）和开尔文温度（K）。

2．气压

气压是指大气的压强。它是由大气在单位面积上产生的压力来决定的，而大气的压力来自大气自身所受到的重力。常用的单位有帕斯卡（Pa）、巴（bar）、毫米汞柱（mmHg）和米水柱（mH_2O）。国际上规定：温度 0℃、纬度 45℃的海平面上的气压为一个标准大气压，即 101 325 Pa。

3．湿度

表示空气中含水汽多少的物理量。

4．风向与风速

风是指大气的水平运动。风向是指风吹来的方向。风速是指空气运动的速度。气象站通常将风速分为 13 个等级（0～12 级）。

第二节　大气运动与大气环流

一、大气的水平运动——风

大气的水平运动形成风，风是由多种力共同作用的结果。形成风最直接的力是水平气压梯度力。在水平方向上，气压分布不均匀，会产生由高气压指向低气压的作用力，即水平气压梯度力。水平气压梯度力驱动了大气的水平运动，产生风。气流运动起来后，会受到地转偏向力的作用。地转偏向力是由地球自转产生的，该力的方向始终与气流运动方向垂直，即地转偏向力不会对气流做功，因此仅会改变风向，不会改变风速。此外，地转偏向力在北半球指向运动方向的右方，在南半球指向运动方向的左方。地转偏向力随纬度的增大而增大，两级地区最大，赤道地区为零。

在近地面处形成的风除受到上述两个力的作用外，还会受到地面的摩擦力。摩擦力的大小与下垫面的粗糙程度有关。摩擦力是阻碍风运动的力，因此，在相同情况下，近地面的风速通常低于自由大气层中的风速。

二、大气环流

大气环流是大气大范围运动的状态。某一大范围的地区（如欧亚地区、半球、全球），某一大气层次（如对流层、平流层、中间层、整个大气圈）在一个长时期（如月、季、年、多年）的大气运动的平均状态或某一个时段（如一周、梅雨期间）的大气运动的变化过程都可以称为大气环流。

大气环流形成的原因主要包括：

（1）太阳辐射。这是地球上大气运动能量的来源，由于地球的自转和公转以及黄道面与赤道面的交角，地球表面接受的太阳辐射能量是不均匀的。热带地区多，而极地地区少。热量分布不均匀导致了水平与垂直方向的气压差异，从而形成大气的热力环流。

（2）地转偏向力。

（3）地球表面海陆分布不均匀。海水与陆地的比热容存在差异，因此在接受相同太阳辐射的情况下，温度变化存在差异。海面与陆面的温度差导致了与之接触的大气温度差异，并最终形成大气环流。

（4）大气内部南北之间热量、动量的相互交换。

以上多种因素构成了地球大气环流的平均状态和复杂多变的形态。

三、三圈环流

从北半球来看，赤道地区上升的暖空气，在气压梯度力作用下，由赤道上空向北流向北极上空（南风），受地转偏向力影响，由南风逐渐右偏成西南风，到30°N附近上空时偏转成了西风，来自赤道上空的气流不能再继续北流，而是变成自西向东运动。由于赤道上空的空气源源不断地流过来，在30°N附近上空堆积，产生下沉气流，致使近地面气压升高，形成副热带高气压带。近地面，在气压梯度力作用下，大气由副热带高气压带向南北流出。向南的一支流向赤道低压，在地转偏向力影响下，由北风逐渐右偏成东北风，称为东北信风。东北信风与南半球的东南信风在赤道附近辐合上升，在赤道与副热带地区之间便形成了低纬环流圈。

近地面，从副热带高气压向北流的一支气流，在地转偏向力的作用下逐渐右偏成西南风即盛行西风。从极地高气压带向南流的气流（北风）在地转偏向力影响下逐渐向右偏形成东北风，即极地东风。较暖的盛行西风与寒冷的极地东风在60°N 附近相遇，形成锋面（极锋）。暖而轻的气流爬升到冷而重的气流之上，形成了副极地上升气流。上升气流到高空，又分别流向南北，向南的一支气流在副热带地区下沉，于是在副热带地区与副极地地区之间构成中纬度环流圈；向北的一支气流在北极地区下沉，在副极地地区与极地之间构成了高纬度环流圈。由于副极地上升气流到高空便向南北流出，近地面的气压降低，成了副极地低气压带。

同理，南半球同样存在着低纬、中纬、高纬三个环流圈。因此，在近地面，共形成了 7 个气压带、6 个风带。值得注意的是，随着太阳直射点在南北回归线之间的周期性运动，风带和气压带也呈现出季节性的周期移动。同一地区，在不同的风带或气压带的控制下会形成不同的气候特点。例如，亚平宁半岛上的意大利属于地中海气候，夏季处于副热带高压的控制下，炎热干燥；冬季处在西风带控制下，从大西洋上吹来的湿润的西风给当地带来丰富的降水。

第三节　大气稳定度

一、大气的垂直运动

大气的垂直运动是指大气的升降运动。大气的垂直运动通常伴随能量的交换。假设某一空气块在做垂直运动时与周围空气没有热量交换，则将这种状态变化称为绝热过程。当某一干空气块做绝热上升运动时，因周围空气的气压减小而膨胀，这时气块对外做功，自身的内能减小，温度降低；反之，当气块做绝热下降运动时，会因周围的气压增大而使自身的体积被压缩，这时外界对气块做功，气块的内能增大，温度升高。

二、大气稳定度

大气的稳定度是指在垂直方向上大气的稳定程度，即是否容易发生垂直运动，产生对流。大气的稳定程度对污染物的扩散具有重要的影响。大气越不稳定，垂直方向的运动越剧烈，越有利于污染物的扩散与稀释。

三、逆温

由于逆温状态下，温度随高度的升高而升高，大气难以形成上升运动。因此，具有逆温层的大气层是强稳定的大气层。逆温一般按照成因的不同可分为以下几类：

（1）辐射逆温：经常发生在晴朗无云的夜空，由于地面有效辐射很强，近地面层气温迅速下降，而高处大气层降温较少，从而出现上暖下冷的逆温现象。这种逆温黎明前最强，日出后自上而下消失。

（2）平流逆温：暖空气水平移动到冷的地面或气层上，由于暖空气的下层受到冷地面或气层的影响而迅速降温，上层受影响较少，降温较慢，从而形成逆温，主要出现在中纬度沿海地区。

（3）地形逆温：这种逆温现象主要由地形造成，在盆地和谷地中较常见。由于山坡散热快，冷空气循山坡下沉到谷底，谷底原来的较暖空气被冷空气抬挤上升，从而出现气温的倒置现象。

（4）下沉逆温：在高压控制区，高空存在着大规模的下沉气流，由于气流下沉的绝热增温作用，下沉运动的终止高度出现逆温。这种逆温多见于副热带反气旋区。它的特点是范围大，不接地而出现在某一高度上。这种逆温有时像盖子一样阻止了向上的湍流扩散，如果延续时间较长，对污染物的扩散会造成很不利的影响。

（5）湍流逆温：由于低层空气的湍流混合而形成。逆温离地面的高度依赖于湍流混合层的厚度，通常在 1 500 m 以下，其厚度一般为数十米。

（6）锋面逆温：对流层中的冷气团与暖气团相遇时，暖气团因其密度小就会爬升到冷气团上面去，形成一个倾斜的过渡区，称为锋面。在锋面上，如果冷暖气团的温差很大时，即可出现锋面逆温。

第四节　大气污染

一、大气污染物的种类

大气污染物的种类很多，按其存在的状态可概括为两大类：气溶胶状态污染物和气体污染物。

1. 气溶胶状态污染物

气体介质和悬浮物在其中的分散粒子所组成的系统称为气溶胶。按照气溶胶的来源和物理性质，可将其分为以下几种：

（1）粉尘

粉尘是指悬浮于气体介质中的小固体颗粒，受重力作用能发生沉降，但在一定时间内能保持悬浮状态。它通常是由于固体物质的破碎、研磨、分级和输送等机械过程，或土壤、岩石的风化等自然过程形成的。颗粒形状不规则，尺寸范围分布在 1～200 μm。

（2）烟

烟一般是指冶炼金属过程中形成的固体颗粒物的气溶胶。它是由熔融物质挥发后生成的气态物质的冷凝物，在生产过程中总是伴随氧化之类的化学反应。颗粒尺寸一般分布在 0.01～1 μm。

（3）飞灰

飞灰是指随燃料燃烧产生的烟气排出的分散的较细的粒子。

（4）黑烟

黑烟是指由燃料燃烧产生的能见气溶胶，不包括水蒸气。黑烟的粒度范围为 0.05～1 μm。

（5）霾或灰霾

霾天气是大气中悬浮的大量微小尘粒使空气混浊，能见度减低到 10 km 以下的天气现象，易出现在逆温、静风、相对湿度较大等气象条件下。自然原因造成的霾每年出现的次数只有几天，而且强度不大。但近年来，由于人类活动尤其是化石燃料的燃烧向大气中排放了大量的气溶胶污染物，一些大城市霾的出现频率显著增加，甚至每年可达 100～200 天。灰霾的强度也不断增加，能见度低至几百米甚至数十米。2015 年 11 月，冬季供暖开始 1 周后的沈阳出现了高强度的雾霾天气，持续数日。

（6）雾

雾是气体中液滴悬浮体的总称，在气象中指造成能见度小于 1 km 的小水滴悬浮体。在工程中，雾一般泛指小液滴，它可能是液体蒸汽的凝结、液体的雾化及化学反应等过程形成的，如水雾、酸雾、碱雾和油雾等。

在我国的环境空气质量标准中，还根据粉尘颗粒的大小，将其分为总悬浮颗粒物和可吸入颗粒物。总悬浮颗粒物（TSP）：指能悬浮在空气中，空气动力学当量直径小于 100 μm 的颗粒物。可吸入颗粒物（PM_{10}）：指能悬浮在空气中，空气动力学当量直径小于 10 μm 的颗粒物。随着人们认知水平的提高，发现颗粒物对人体健康的危害随着它们粒径的减小而增大。因此，2012 年 2 月，国家发布的新修订的《环境空气质量标准》中增加了对空气动力学当量直径小于 2.5 μm 的颗粒物（$PM_{2.5}$）的监测。

2．气态污染物

气态污染物是以气体分子状态存在的污染物。气态污染物的种类很多，总体上分为五大类：以二氧化硫（SO_2）为主的含硫化合物，以一氧化氮（NO）和二氧化氮（NO_2）为主的含氮化合物，碳的氧化物，有机化合物及卤素化合物等。

（1）硫氧化物

硫氧化物中主要有 SO_2 和 SO_3。SO_2 是目前大气污染物中数量较大、影响范围较广的一种气态污染物。它主要来自于燃煤和含硫矿物的冶炼过程。

（2）氮氧化物

处在元素周期表中第二周期第五主族的 N 元素具有多种化合价态，因此，氮被氧化后形成的化合物有 N_2O、NO、N_2O_3、NO_2、N_2O_4 和 N_2O_5，它们统称为氮氧化物。其中，对大气污染起到主要作用的是 NO 和 NO_2。NO 无色、无味、有毒，进入大气后可以与 O_2 反应生成 NO_2。NO_2 是红棕色气体，有刺激性气味，毒性是 NO 的 5 倍。当 NO_2 参与大气中的光化学反应，形成光化学烟雾后，毒性显著增强。大气中氮氧化物的来源主要有两部分：一部分是自然界的固氮菌、雷电放电过程使空气中的 N_2 与 O_2 化合；另一部分来自燃料的燃烧。

（3）碳氧化物

CO 是一种无色、无味、不易溶于水的窒息性气体，主要来自燃料的燃烧和机动车排气。通常情况下，在大气的扩散稀释作用和氧化作用下，CO 一般不会造成危害，但在冬季采暖季节或交通拥挤的十字路口，当气象条件不利于排气扩散时，CO 浓度有可能达到危害人体健康的水平。

根据大气污染物在大气环境中的转化规律，又可将污染物分为一次污染物和二次污染物。一次污染物是指直接由污染源排放进入大气环境中的原始污染物，如 SO_2、NO_x、碳氧化物等。二次污染物是指由一次污染与大气中已有的组分或几种一次污染物之间经过一系列的化学反应生成的新污染物，如硫酸烟雾、光化学烟雾等。

二、大气污染物的来源

大气污染物的来源可分为自然污染源和人为污染源两部分。自然污染源是指自然过程向环境释放污染物的地点或地区，如火山喷发、森林火灾、地震扬尘等现象。人为污染源是指人类活动和生产活动形成的污染源。按照污染源的空间分布可分为点源和面源，按照人们社会活动功能不同，可将污染源分为燃料燃烧、工业生产和交通运输，按照污染源的运动特性，又可分为固定源和移动源。我国的大气污染物主要来源于燃料燃烧，约占大气污染物总量的 70%，而在我国的能源结构中，煤炭又占据了相当高的比例（近 70%）。

三、大气污染物的危害

大气污染物对人体健康、植物和农作物生长、建筑物和器物及大气能见度和气候均有重要影响。

1. 对人体健康的影响

大气污染对人体健康的影响主要表现为引起呼吸道疾病。突然暴露在高浓度污染物下，人体会出现急性中毒甚至死亡。在低浓度长期暴露的情况下，会引起支气管炎、支气管哮喘、肺气肿和肺癌等。

2. 对植物和农作物的危害

大气污染物对植物的危害主要发生在植物的叶片部位。常见的危害植物的气体包括 SO_2、O_3、过氧乙酰硝酸酯（PAN）、氟化氢（HF）、乙烯（C_2H_2）、氯化氢（HCl）、氯（Cl_2）、硫化氢（H_2S）和氨（NH_3）等。

3. 对建筑物和器物的危害

大气污染物对金属制品、大理石建筑、纸制品和橡胶制品等均有一定程度的损害。例如，硫酸型和硝酸型酸雨对铁路、道桥及石灰石和大理石材质的建筑物腐蚀严重。臭氧这类具有强氧化性的物质对橡胶腐蚀严重，能加速其老化，改变其理化性质。

4．对大气能见度的影响

由气溶胶类污染物造成的大气污染通常会引起能见度的降低。这主要是由于大气中的微粒对光的散射和吸收作用。还有某些散射是空气分子引起的，即瑞利散射过程。入射光波长与微粒粒径越接近，散射作用越强烈。太阳光谱中的可见光波长范围为 400～800 nm，其中最大强度为 520 nm 的红色光。因此，粒径处于 100～1 000 nm 的微粒对能见度的影响最大。

第五节　大气污染防治技术

一、除尘技术简介

1．重力沉降

重力沉降的基本原理是利用含尘气体中的颗粒物在重力的作用下从气流中得到分离。重力沉降装置设备的核心部件是重力沉降室。颗粒物随气流进入沉降室后，在竖直方向受到方向向下的重力和方向向上的流体阻力。流体阻力大小随颗粒物竖直向下运动速度的增大而增大，当阻力增大至与重力等大时，颗粒物竖直向下运动的速度达到最大值，称为末端速度。在颗粒物进入沉降室后，假设水平方向速度大小不变，那么颗粒物的末端速度越大，沉降室的水平长度越长，颗粒物在沉降室内沉降下来的概率越大。若沉降室的水平长度一定，则颗粒物的沉降效率仅取决于其末端速度。根据上述分析，颗粒的末端速度与其重力大小有关，若颗粒物的密度一定，则颗粒物的体积越大，即颗粒粒径越大，沉降效率越高。

重力沉降室是一种简单的除尘装置，它结构简单，造价低，便于维护，运行稳定，能耗低。但其缺点是对粒径较小的颗粒物去除效果不理想，一般只能去除粒径在 50 μm 以上的颗粒。因此，重力沉降室一般作为高效除尘装置的预处理环节。

2．旋风除尘

旋风除尘的基本原理是在风机作用下，利用旋风除尘器的几何外形使含尘气流做圆周运动。由于气流中气体与颗粒物之间的密度差异，导致了气体与颗粒物之间的质量差异，颗粒物的质量显著大于气体的质量。在气流做圆周运动的过程中，颗粒物由于质量较大，需要有较大的方向指向圆心的合外力作为向心力，以维持其做圆周运动。然而，在旋风除尘器中并不存在这样的合外力，颗粒物因无法得到维持圆周运动所需的合外力而逐渐向背离圆心方向运动，即“被甩出去”。一旦“被甩出去”的颗粒物碰到除尘器的圆柱形外壁后，便立刻失去了风机提供给其的初始速度，在重力的作用下沿器壁下落，最终被收集在下方的集尘斗内。净化后的气体经排气管排出器外。

旋风除尘器结构简单，占地面积小，投资少，操作维修方便，压力损失中等，动力消耗不大，可用各种材料制造，适用于高温、高压及有腐蚀性的气体，并可直接回收干颗粒物。旋风除尘器在工业上的应用已有超过百年的历史，它适用于捕集粒径在 5～15 μm 以上的颗粒物，除尘效率可达到 80%。其缺点是对粒径小于 5 μm 的颗粒的捕集效率不高，一般用作预除尘使用。

3. 静电除尘

静电除尘的原理是利用静电力实现颗粒与气流的分离。静电除尘的工作过程主要包括：使颗粒物带电，即粉尘荷电、荷电粒子的迁移、沉积和集尘极表面清灰三个过程。

（1）粒子荷电

粒子荷电是电除尘的第一步。以放电极为负极，集尘极为正极，在放电极与集尘极之间施加一直流高电压，使放电极附近发生电晕放电，气体电离，生成大量的自由电子和正离子。产生的正离子立即被放电极吸引过去而失去电荷。自由电子在电场力作用下向集尘极方向运动，并充满两极间的大部分空间。在含尘气流通过电场空间时，自由电子通过与粉尘碰撞，使之荷电。

（2）荷电粒子的迁移

荷电粉尘在库仑力作用下向集尘极运动，经过一段时间后到达集尘极表面，放出所带电荷并沉积其上。

（3）被捕集粉尘的清灰

粉尘在集尘极上沉积后，其厚度为几毫米至几厘米。当集尘极表面的粉尘沉积到一定厚度时会影响随后的粒子荷电效果，为保证放电效果，防止粉尘重新进入气流，需要用机械振打等方法将其清除掉，使之落入下部灰斗中。放电极也会附着少量粉尘，也需定期清灰。

电除尘器的作用力仅作用在气流中的颗粒物上，而不是气流整体。因此，与其他除尘设备相比，电除尘器能耗小，除尘效率高于99%。电除尘器的缺点是投资高，对制造、安装和运行的管理要求高。

4. 袋式除尘

袋式除尘器是使含尘气流通过纤维织物（滤料）将粉尘分离捕集的装置。它的基本原理是含尘气流进入滤袋内，气流通过滤布的空隙时，粉尘被捕集于滤料上，透过滤料的清洁气体由排出口排出。沉积于滤布上的粉尘，在机械振动的作用下从滤布表面脱落下来，落入灰斗中。袋式除尘器具有以下特点：

（1）除尘效率高，一般可达99%以上，特别是对细粉尘也有较高的捕集效率。

（2）适应性强，能处理不同类型的颗粒污染物，包括电除尘器不易处理的高电阻粉尘。

（3）操作稳定，入口气体含尘浓度变化较大时，对除尘效率影响不大。

（4）结构简单，使用灵活，便于回收粉尘。

5. 电袋除尘

电袋除尘技术是将电除尘器与袋式除尘器相结合而形成的一种新型高效除尘装置，除尘效率可达 99.9%以上。这种组合保留了电除尘与袋式除尘各自原有的优点。电除尘器作为捕集烟气粉尘的前级设备，发挥了除尘效率高、能处理高温大烟气量含尘气体，且占地面积小、阻力小等优点，通过电场先将烟气中的大部分粉尘颗粒捕集，由电除尘器出来的高电阻、细颗粒且难以捕集的烟尘进入袋式除尘器。

二、脱硫技术简介

1. 高浓度二氧化硫尾气回收与净化

在冶炼厂、硫酸厂和造纸厂等工业尾气中，SO_2的浓度通常为2%～40%。由于SO_2的浓度较高，对尾气进行回收，并形成产品是经济可行的。通常的方法是利用催化剂[五氧化二钒（V_2O_5）]将SO_2催化转化为SO_3，SO_3极易溶于水，因此可以用水吸收生成的SO_3，并生成硫酸。通过这种简单的制酸工艺（一级工艺），可回收约98%的SO_2，剩下2%的SO_2直接排空。

随着排放标准的不断提高，为了进一步回收SO_2，在一级工艺的基础上发展了二级制酸工艺。其原理是：经过一级工艺排出的含较低浓度的SO_2再经过一级催化床层，使SO_2继续转化为SO_3，产生的SO_3再用水吸收生产硫酸。经过二级制酸工艺后，SO_2的回收率可达99.7%。

实践表明，这种回收SO_2制酸工艺只有当尾气中的SO_2摩尔分数高于4%时，同时附近有酸的市场需求时，制酸厂才有效益。另外，将摩尔分数大于4%的SO_2尾气用于制酸时，工艺过程的热量可以自给，当尾气中SO_2的摩尔分数小于4%时，需要额外的燃料供热，增加了运行费用及工艺复杂程度。

2. 低浓度二氧化硫烟气脱硫

（1）石灰石/石灰法湿法烟气脱硫是采用石灰石或者石灰浆液脱除烟气中SO_2的方法。该方法开发较早，工艺成熟，吸收剂廉价易得，应用广泛。石灰石或石灰浆先与烟气中的SO_2反应生成亚硫酸钙，然后亚硫酸钙再被氧化为硫酸钙。反应原理如下：

$$CaCO_3+SO_2 \rightarrow CaSO_3+CO_2 \tag{8-1}$$

$$Ca(OH)_2+SO_2 \rightarrow CaSO_3+CO_2+H_2O \tag{8-2}$$

$$2CaSO_3+O_2+2H_2O \rightarrow 2CaSO_4 \cdot 2H_2O \tag{8-3}$$

（2）喷雾干燥法

喷雾干燥法是20世纪80年代迅速发展起来的一种半干法脱硫工艺。该工艺的主要流程包括吸收剂的制备、吸收和干燥、固体废物捕集及固体废物处置四个过程。吸收剂通常由石灰、石灰石的乳液构成。制备好的吸收剂经过安装于喷雾干燥塔顶部的高速旋转喷嘴被喷射成直径小于100 μm的雾滴。120～160℃的锅炉烟气从干燥塔顶部进入后与吸收剂雾滴作用。一方面，吸收剂雾滴与烟气中的SO_2发生化学反应；另一方面，烟气与石灰乳雾滴进行热交换，迅速将大部分水蒸气蒸发，形成含水较少，含亚硫酸钙、硫酸钙和飞灰的固体废弃物。固体废弃物在喷雾干燥塔中沉积下来，由底部排出。

（3）海水烟气脱硫技术

海水脱硫技术是近几年发展起来的新兴烟气脱硫技术。海水脱硫的原理是利用海水的弱碱性吸收SO_2。海水脱硫既可以使用纯海水，也可以在海水中添加一定量石灰以调节吸收液的碱度。海水脱硫由于无脱硫剂成本、工艺设备简单、无脱硫产物的后处理过程，投资和运行费用较低。但由于海水的碱度有限，因而仅适用于低硫烟气的脱硫。此外，脱硫后的海水重新排回海洋存在潜在的二次污染。

（4）湿式氨法烟气脱硫技术

湿式氨法烟气脱硫技术采用一定浓度的氨水作为吸收剂，最终的脱硫产物是硫酸铵，可用作农用化肥。氨法脱硫虽然效率高达 90%～99%，但成本较高。氨法脱硫的基本化学原理如下：

$$2NH_3+SO_2+H_2O \rightarrow (NH_4)_2SO_3 \quad (8\text{-}4)$$

$$2(NH_4)_2SO_3+O_2 \rightarrow 2(NH_4)_2SO_4 \quad (8\text{-}5)$$

三、脱硝技术简介

燃烧过程中形成的 NO_x 分为三类，一类是由燃料中固定氮生成的 NO_x，称为燃料型 NO_x；第二类是由大气中的氮生成，是由氮原子与氧原子的化学反应产生的，这种 NO_x 只有在高温下才能形成，通常称作热力型 NO_x；第三类是在低温火焰中由于含碳自由基与氮气发生反应产生的，被称为瞬时 NO_x。

1．低氮氧化物燃烧技术

低氮氧化物燃烧技术是一种从源头上控制 NO_x 的手段，即通过控制燃烧条件，从源头上减少各类 NO_x 的产生。控制燃烧过程中 NO_x 的形成技术主要包括：

（1）低氧燃烧技术

NO_x 排放量随着炉内空气质量的增加而增加，为了降低 NO_x 的排放量，锅炉应在炉内空气质量较低的工况下运行。通常情况，该方法可以降低 15%～20%的 NO_x 排放。

（2）降低助燃空气预热温度

在工业操作中，为了提高燃料的效率，一般利用尾气的废热将进入燃烧器的空气预热，这样可以减少进入燃烧器的空气吸收燃料释放出的热量。虽然这样有助于节约能源和提高火焰温度，但也导致了 NO_x 排放量的增加。降低助燃空气预热温度可降低火焰区的温度峰值，从而减少热力型 NO_x 的生成量。

（3）烟气循环燃烧

烟气循环燃烧法将燃烧产生的部分烟气冷却后，再循环送回燃烧区，起到了降低氧浓度和燃烧区温度的作用，以达到减少 NO 生成量的目的。在使用过程中烟气循环率在 25%～40%的范围内最为适宜。

2．氮氧化物末端控制技术

除了改进燃烧技术外，有时还需对烟气中的NO_x进行必要的末端处理，从而使尾气达标排放，这一过程被称为烟气脱硝。目前的脱硝技术主要包括以下方法：

（1）选择性催化还原法（SCR）脱硝

SCR 的主要原理是以氨气作为还原剂，在催化剂的作用下将NO_x还原为无害化的氮气。催化反应的原理如下：

$$4NH_3+4NO+O_2 \rightarrow 4N_2+6H_2O \quad (8\text{-}6)$$

$$8NH_3+6NO_2 \rightarrow 7N_2+12H_2O \quad (8\text{-}7)$$

目前常用的催化剂包括贵金属和金属氧化物两大类。贵金属如铂、钯的最佳操作温度在 175～290℃。金属氧化物催化剂如五氧化二钒的最佳操作温度在260～450℃。工业实践表明，SCR 系统对NO_x的转化率为 60%～90%。目前科学研究领域的热点问题是如何制备出在低温下（100℃以下）具有较高的选择性（将NO_x还原为氮气）和较高稳定性（催化剂使用寿命长，不易老化和中毒）的 SCR 催化剂。

（2）选择性非催化还原法（SNCR）脱硝

在 SNCR 脱硝工艺中，是将尿素或氨基化合物注入烟气，作为还原剂将NO_x还原为氮气。因为需要较高的反应温度（930～1 090℃），还原剂通常注进炉膛或者紧靠炉膛出口的烟道。SNCR 的主要反应原理如下：

$$4NH_3+6NO \rightarrow 5N_2+6H_2O \quad (8\text{-}8)$$

$$2CO(NH_2)_2+4NO+O_2 \rightarrow 4N_2+2CO_2+4H_2O \quad (8\text{-}9)$$

商业化的 SNCR 系统的还原剂应用率一般只有 20%～60%，这导致 SNCR 的还原剂使用量比 SCR 多得多（一般为 SCR 的 3～4 倍）。但 SNCR 的优势是易于安装，一个典型的电厂 SNCR 系统可在 8 周内完成安装。

第六节　大气质量标准与法律法规

一、环境空气质量控制标准

环境空气质量控制标准是执行《环境保护法》和《大气污染防治法》、实施环境空气质量管理及防治大气污染的依据和手段。环境空气质量控制标准按其用途可分为环境空气质量标准、大气污染物排放标准、大气污染控制技术标准及大气污染警报标准等。

1. 环境空气质量标准

环境空气质量标准是以保护生态环境和人群健康的基本要求为目标，而对各种污染物在环境空气中的允许浓度所做的限制规定。目前各国判断空气质量时，多以世界卫生组织 1963 年提出的空气质量四级水平作为标准。我国于 1982 制定并于 1996 年修订的《环境空气质量标准》（GB 3905—1996），规定了 SO_2、TSP、PM_{10}、NO_2、CO、O_3、铅、苯并[*a*]芘和氟化物共 9 种污染物的浓度限值。

2012 年 2 月 29 日，国务院常务会议同意发布新修订的《环境空气质量标准》，部署加强大气污染综合防治重点工作。为使环境空气质量评价结果更加符合实际状况，更加接近人民群众切身感受，新标准增加了细颗粒物（$PM_{2.5}$）和臭氧（O_3）8 h 浓度限值监测指标。会议要求 2012 年在京津冀、长三角、珠三角等重点区域以及直辖市和省会城市开展细颗粒物与臭氧等项目监测，2013 年在 113 个环境保护重点城市和国家环境保护模范城市开展监测，2015 年覆盖所有地级以上城市。会议指出，党中央、国务院高度重视大气污染防治工作。“十一五”以来，全国大气环境质量基本稳定，部分城市空气质量有所好转，大气中二氧化硫和可吸入颗粒物等持续下降。但同时要看到，当前我国污染物排放总量依然较大，区域性大气污染问题仍很突出，大气环境形势严峻。要以更大的决心、更高的标准、更有力的措施，切实加强大气污染综合防治，推动空气质量持续改善。一要加快淘汰电力、钢铁、建材、有色、石化、化工等行业的落后产能。在大气污染联防联控重点区域积极推进使用清洁能源。对城区重污染企业实施搬迁和节能环保技术改造，优化工业布局。二要提高环境准入门槛。在重点区域实施更加严格的大气污染物排放特别限值，禁止新建、扩建除热电联产以外的燃煤电厂、钢铁厂、水泥厂。严把新建项目准入关，严格环境执法监管。充分发挥市场机制作用，大力发展环保产业。三要深化污染减排。推进电力行业和钢铁、石化等非电行业二氧化硫减排治理。加快燃煤机组脱硝设施建设，加强水泥行业氮氧化物治理。四要突出抓好机动车污染防治。提高车用燃油品质与机动车排放标准。到 2015 年，基本淘汰 2005 年以前注册运营的“黄标车”。五要加强协同防控。在京津冀、长三角、珠三角等重点区域，实施大气污染联防联控。建立极端气象条件下大气污染预警体系。

2. 大气污染物排放标准

大气污染物排放标准是为了控制污染物的排放量，使空气质量达到环境质量标准，对排入大气中的污染物数量或浓度所规定的限制标准。

3. 大气污染控制技术标准

大气污染控制技术标准是根据污染物排放标准引申出来的辅助标准，如燃料、原料使用标准，净化装置选用标准，排气筒高度标准及卫生防护距离标准等。它们都是为了保证达到污染物排放标准而从某一方面做出的具体技术规定，目的是使生产、设计、管理人员容易掌握和执行。

4. 大气污染警报标准

大气污染警报标准是为了保护环境空气质量不至恶化或根据大气污染发展趋势，预防发生污染事故而规定的污染物含量的极限值。达到这一极限值时就发出警报，以便采取必要的措施。

二、大气污染防治法

我国《大气污染防治法》最早于1987年制定，1995年、2000年经历过两次修订。2015年8月29日，十二届全国人大常委会第十六次会议表决通过了修订后的《中华人民共和国大气污染防治法》。经过8个月的3次审议，这部被称为"雾霾法"的修订案终获通过。该法由修订前的七章66条扩展为八章129条，不仅实现了与新修订的《环境保护法》的衔接，也将"大气十条"中的有效政策转化为法律制度，分别对大气污染防治标准和限期达标规划、大气污染防治的监督管理、大气污染防治措施、重点区域大气污染联合防治、重污染天气应对等内容作了规定。新版大气污染防治法具有以下特点：

（1）立法目的。以生态文明建设、保障公众健康，改善大气环境质量及促进经济社会可持续发展为目标，强化了地方政府责任，加强了对地方政府的监督。同时以标本兼治的理念，不仅制订了严格的治理措施，还坚持源头治理、规划先行。从推动经济发展方式转变，优化产业结构，调整能源结构的角度从根本上解决大气污染的问题。如推广清洁能源的生产和使用，优化煤炭使用方式，推广煤炭清洁高效利用，逐步降低煤炭在一次能源消费中的比重，减少煤炭生产、使用、转化过程中的大气污染物排放等。

（2）污染物总量控制和限期达标制度。大气污染的防治，以改善空气质量为目标，实行污染物总量控制制度，推行重点污染物排放权交易，加强对燃煤、工业、机动车、船舶、农业等大气污染的综合防治，将挥发性有机物、生活性排放等物质和行为纳入监管范围，鼓励清洁能源的开发和优先并网。实行限期达标制度，限期达标规划向社会公开，政府每年向本级人大报告限期达标规划执行情况，也向社会公开。

（3）对大气进行动态监管。该法规定“国家鼓励和支持大气污染防治科学技术研究，开展对大气污染来源及其变化趋势的分析”，对变化趋势的分析体现了对大气环境的动态监管，由于我国目前正处于转型期，经济下行压力大，产业结构、能源结构、污染物排放等具有不确定性，环境管理措施变化必须具有合理的预期，才能适应社会的需求。

（4）制定系列环境标准。包括大气环境质量标准，大气污染物排放标准，燃煤、燃油、石油焦、生物质燃料、涂料等含挥发性有机物产品、烟花爆竹及锅炉等产品的质量标准。规定“制定燃油质量标准，应当符合国家大气污染物控制要求，并与国家机动车船、非道路移动机械大气污染物排放标准相互衔接，同步实施”，这项规定的针对性很强，主要是为了解决机动车污染问题，预示着石油炼制企业必须按照燃油质量标准生产燃油，同时也为环保部门和质监部门介入石油炼制和供应提供了法律依据，打破了“三桶油”在油品质量控制方面的强势局面，维护了社会公共利益。

（5）重点区域大气污染联防联控机制。由环保部门划定重点防治区域，确定牵头地方政府，定期召开联席会议，统一规划、统一标准、统一监测、统一防治、信息共享和联合执法，对颗粒物、二氧化硫、氮氧化物、挥发性有机物、氨等大气污染物和温室气体实施协同控制。重点区域内的新建、改建及扩建用煤项目，实行煤炭的等量或者减量替代。不仅在总则中提及联防联控，还专门设立“重点区域大气污染联合防治”一章予以规制。

（6）重污染天气的应对。对于重污染天气的治理措施，也专设一章即第六章，要求建立重污染天气监测预警机制，地方政府制订应急预案，根据预警等级启动应急预案，实施停产、限产、限行、禁燃、停止建筑施工、停止露天燃烧、停止学校户外活动等应急措施，并鼓励燃油机动车驾驶人在不影响道路通行且需停车

3 分钟以上的情况下熄灭发动机。

（7）目标责任制、约谈制和考核评价制度。为实现改善空气质量目标，三种制度齐下，督促地方政府为当地的空气质量负责，并要求将考核结果向社会公开。同时，还提高了对大气污染违法行为的处罚力度，如违法或超标排放的，处以最高 100 万元的罚款，并实施按日计罚制度。对监测数据造假的，不仅要没收违法所得，并处 10 万元以上 50 万元以下罚款，还有可能取消检验资格。

参考文献

[1] 郝吉明. 大气污染控制工程[M]. 北京：高等教育出版社，2009.

[2] 蒋展鹏. 环境工程学[M]. 北京：高等教育出版社，2013.

[3] 中华人民共和国大气污染防治法. 2015.

[4] GB 3095—1996 环境空气质量标准[S]. 北京：中国标准出版社，1996.

[5] GB 16297—1996 大气污染物综合排放标准[S]. 北京：中国环境科学出版社，2002.

第九章　固体废物与危险废物污染

第一节　概　述

固体废物污染已成为当今世界各国所面临的一个共同的重大环境问题，特别是危险废物，由于其对环境造成严重污染，1983年联合国环境规划署将其与酸雨、气候变暖和臭氧层破坏并列为“全球性四大环境问题”。由于长期缺乏科学的管理体系和配套的处理技术，大量固体废物未经处理直接排入环境，造成严重的环境污染。

一、固体废物的概念及特点

1．固体废物的概念

固体废物一般的定义是：无直接用途的、可以永久丢弃的、可移动的物质。《中华人民共和国固体废物污染环境防治法》（1995年颁布，2004年修订）对固体废物进行了明确的定义：固体废物是指在生产、生活和其他活动中产生的丧失原有利用价值或者虽未丧失利用价值但被抛弃或者放弃的固态、半固态和置于容器中的气态的物品、物质以及法律、行政法规规定纳入固体废物管理的物品、物质。其中，工业固体废物，是指在工业生产活动中产生的固体废物。生活垃圾，是指在日常生活中或者为日常生活提供服务的活动中产生的固体废物以及依法律、行政法规规定视为生活垃圾的固体废物。

2. 固体废物的特点

固体废物是在错误时间放在错误地点的资源。从时间方面讲，它仅仅是在目前的科学技术和经济条件下无法加以利用，但随着时间的推移、科学技术的发展，以及人们要求的变化，今天的废物可能成为明天的资源。从空间角度看，废物仅仅相对于某一过程或某一方面没有使用价值，而并非在一切过程或一切方面都没有使用价值。一种过程的废物，往往可以成为另一种过程的原料。因此，固体废物可以回收利用，具有一定的资源性。

同时，固体废物的危害具有潜在性、长期性。固体废物对环境的污染不同于废水、废气和噪声。固体废物呆滞性大、扩散性小，它对环境的影响主要是通过水、气和土壤进行的。其中污染成分的迁移转化，如浸出液在土壤中的迁移，是一个比较缓慢的过程，其危害可能在数年以至数十年后才能发现。如塑料在环境中降解的时间长达几百年，与废水、废气相比对环境的危害更为持久。

二、固体废物的来源、数量和分类

1. 固体废物的来源

人类在资源开发和产品制造过程中，不可避免地要产生废弃物，而且任何产品经过使用和消费后也会变成废弃物。固体废物的来源大体上可以分为两类：一类是生产过程中所产生的废物，称之为生产废弃物；另一类是在产品进入市场，在流动过程中或使用过程中产生的固体废物，称之为生活废物。

2. 固体废物的分类

固体废物来源广泛，种类繁多，性质各异，组成复杂，因此固体废物分类是实施管理的重要基础。一般固体废物按其来源分类，主要有以下几种：

（1）矿业固体废物：来自于矿山开采与选矿加工过程，主要为覆盖土、矿尾料、废石、矿渣、灰分等。其性质因矿物成分不同而有较大差异，量大类多。

（2）工业固体废物：轻工业、重工业生产和加工、精制等过程中产生的固态和半固态废物。近年来，还有大量使用后报废的工业产品和部件等废物也归入此类。工业固体废物常常具有毒性，破坏整个生态系统并对人体健康产生危害，因此越来越引起人们的重视，其中很多废物需划入危险废物类进行妥善处理。

（3）农业固体废物：来自于农林牧渔业生产、加工和养殖过程中所产生的固态和半固态废物。它时常作为养殖业和农业肥料回收利用或能源回收等，在新修订的《中华人民共和国固体废物环境污染防治法》中对种植、养殖业产生的固体废物提出了污染预防、合理利用的要求，对农村生活垃圾提出了清扫、处置的要求。

（4）生活垃圾：指在城市日常生活中或者为城市日常生活提供服务的活动中产生的固体废物，以及被法律、行政法规视为生活垃圾的固体废物。城市生活垃圾也称城市固体废物，是由城市居民家庭、城市商业、餐饮业、旅馆业、旅游业、服务业以及市政环卫系统、城市交通运输、文教机关团体、行政事业、企业等单位所排出的固体废物。

（5）环境工程废物：主要是在处理废水、废气过程中产生的污泥、粉尘等。随着人们对环境治理的重视和大量环保设备投入运营，这类废物产生量越来越大，需要专门处理处置。

3. 固体废物的数量

2014 年，244 个大中城市一般工业固体废物产生量达 19.2 亿 t，其中，综合利用量 12.0 亿 t，处置量 4.8 亿 t，贮存量 2.6 亿 t，倾倒丢弃量 13.5 万 t。一般工业固体废物综合利用量占利用处置总量的 61.9%，处置和贮存分别占比 24.7%和 13.4%，综合利用仍然是处理一般工业固体废物的主要途径，部分城市对历史堆存的固体废物进行了有效的利用和处置。一般工业固体废物产生量排在前三位的省（区）是山西、内蒙古、辽宁。

工业危险废物产生量达 2 436.7 万 t，其中，综合利用量 1 431.0 万 t，处置量 889.5 万 t，贮存量 138.0 万 t。工业危险废物综合利用量占利用处置总量的 58.2%，处置、贮存分别占比 36.2%和 5.6%，有效的利用和处置是处理工业危险废物的主要途径，部分城市对历史堆存的危险废物进行了有效的利用和处置。工业危险废物产生量排在前三位的省是山东、湖南、江苏。

医疗废物产生量 62.2 万 t，处置量 60.7 万 t，大部分城市的医疗废物处置率都达到了 100%。医疗废物产生量排在前三位的省是广东、浙江、河南。

2014 年，全国设市城市生活垃圾清运量为 1.79 亿 t，城市生活垃圾无害化处理量为 1.62 亿 t，无害化处理率达 90.3%。无害化处理能力为 52.9 万 t/d，同比增加 3.7 万 t/d，无害化处理率上升 1 个百分点。其中，卫生填埋处理量为 1.05 亿 t，占 65%；焚烧处理量为 0.53 亿 t，占 33%；其他处理方式占 2%。2014 年，全国生活垃圾焚烧处理设施无害化处理能力为 18.5 万 t/d。

2015 年，全国设市城市生活垃圾清运量为 1.92 亿 t，城市生活垃圾无害化处理量 1.80 亿 t。其中，卫生填埋处理量为 1.15 亿 t，占 63.9%；焚烧处理量为 0.61 亿 t，占 33.9%；其他处理方式占 2.2%。无害化处理率达 93.7%。全国生活垃圾焚烧设施无害化处理能力为 21.6 万 t/d，占总处理能力的 32.3%。

三、固体废物的管理

1. 我国固体废物管理的原则

固体废物管理是一项系统工程，需要对固体废物开展由产生源头到最终管理的全过程的统筹规划，优化固体废物综合利用网路，从固体废物产生、收集、输送到转化处理，各个技术环节进行全过程优化。进行固体废物处理设施的区域优化，实现经济、社会、环境效益的最大化。由于这一原则包括了从固体废物的产生到最终处理的全过程，故也称为“从摇篮到坟墓”的管理原则。

实施这一原则，是基于固体废物从其产生到最终处置的全过程中的各个环节都有产生污染危害的可能性，如固体废物焚烧过程中产生空气污染，因此有必要对整个过程中的各环节都实施控制监督。因此，解决固体废物污染控制问题的基本对策是，避免产生（Clean）、综合利用（Cycle）、妥善处置（Control）的“3C”原则。另外，随着循环经济、生态工业园及清洁生产理论和实践的发展，有人提出了“3R”原则，即通过对固体废物实施减量化（Reduce）、再利用（Reuse）、再循环（Recycle）策略达到节约资源、降低环境污染及资源永续利用的目的。

2. 我国固体废物管理的体系和制度

我国全面开展环境立法的工作始于 20 世纪 70 年代末期。在 1978 年的宪法中，首次提出了“国家保护环境和自然资源，防止污染和其他公害”的规定。1979 年颁布了《中华人民共和国环境保护法（试行）》，1989 年通过了《中华人民共和国环境保护法》，这是环境保护的基本法，对我国的环境保护工作起着重要的指导作用。1995 年我国颁布了《中华人民共和国固体废物污染环境防治法》，该法于 2004 年经第十届全国人民代表大会第十三次会议予以修订通过。修订的《中华人民共和国固体废物污染环境防治法》共分为六章，内容涉及总则、固体废物污染环境防治的监督管理、固体废物污染环境的防治、一般规定、工业固体废物污染环境的防治、生活垃圾污染环境的防治、危险废物污染环境防治的特别规定、法律责任及附则等，这些规定从 2005 年 4 月 1 日正式成为我国固体废物污染环境防治及管理的法律依据。

（1）固体废物的管理体系

防治固体废物环境污染是环境保护的一项重要内容。但由于固体废物污染的滞后性和复杂性，人们对固体废物污染防治的重视程度尚不如废水和废气那么深刻，长期以来尚未形成一个完整的、有效的固体废物管理体系。

我国目前固体废物管理体系是：以环境保护主管部门为主，结合有关的工业部门以及城市建设主管部门，共同对固体废物实行全过程管理。为实现固体废物的“减量化、资源化、无害化”，各主管部门在所辖的职权范围内，建立相应的管理体系和管理制度。图 9.1 是我国城市生活垃圾管理体系图。

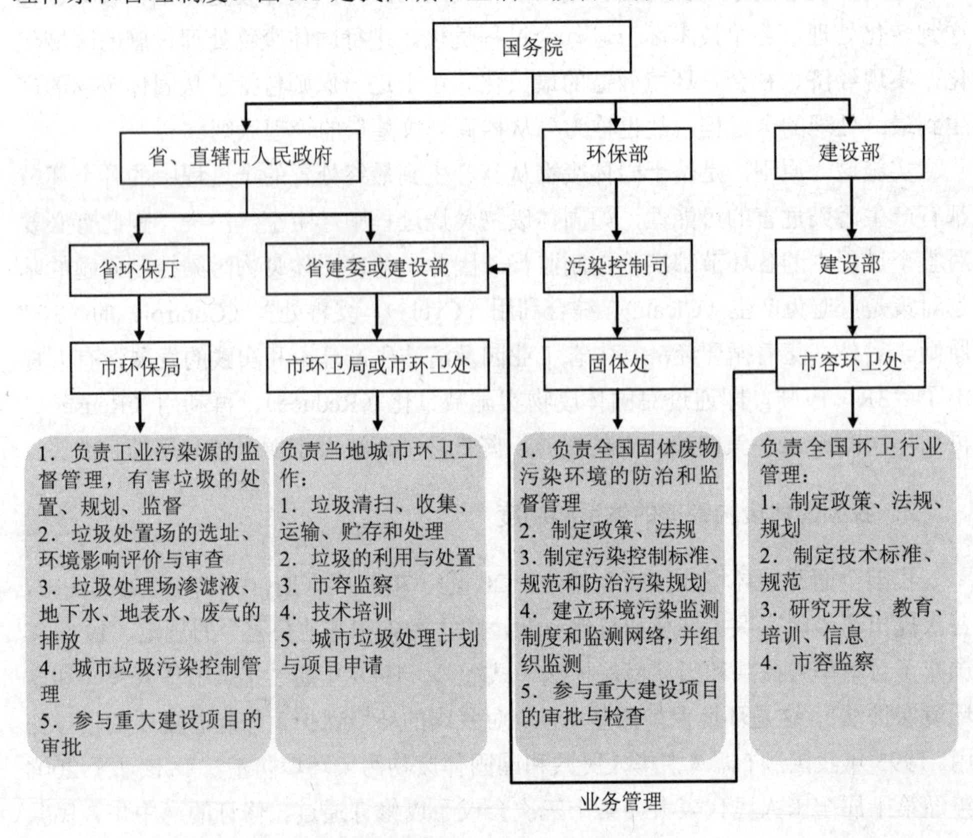

图 9.1　我国城市垃圾管理机构及职责

（2）固体废物的管理制度

根据固体废物的特点以及我国国情，2005 年施行的修订后的《中华人民共和国固体废物污染环境防治法》对我国固体废物的管理规定了一系列有效的管理制度。

①工业固体废物申报登记制度：《中华人民共和国固体废物污染环境防治法》要求产生工业固体废物的单位必须按照国务院环境保护主管部门的规定，向所在地县级以上地方人民政府环境保护主管部门提供工业废物的产生量、流向、贮存、处置等相关资料。申报登记制度是国家带有强制性的规定。

②固体废物污染环境影响评价制度及其防治设施的“三同时”制度：“三同时”制度是指一切新建、改建和扩建的基本建设项目（包括小型建设项目）、技术改造项目、自然开发项目以及可能对环境造成损害的其他工程项目，其中防治污染和其他公害的设施和其他环境保护设施，必须与主体工程同时设计、同时施工、同时投产。

环境影响评价制度和“三同时”制度是我国环境保护的基本制度，《中华人民共和国固体废物污染环境防治法》重申了这一制度。

③排污收费制度：固体废物的排放与废水、废气的排放有着本质的不同。废水、废气进入环境后可以在环境中经物理、化学、生物等途径进行稀释、降解，并且有着明确的环境容量。而固体废物进入环境后，不易被环境所接受，其降解往往是个难以控制的复杂而长期的过程。因此，从严格意义上讲，固体废物是严禁不经任何处理与处置排入环境当中的。固体废物排污费的缴纳，则是对那些在按规定或标准建成贮存设施、场所前产生的工业固体废物而言的。

④限期治理制度：为了解决重点污染源污染环境问题，对没有建设工业固体废物贮存或处理处置设施、场所或已建设施、场所不符合环境保护规定的企业和责任者，实施限期治理、限期建成或改造。限期内不达标的，可采取经济手段甚至停产的手段进行制裁。

⑤进口废物审批制度：《中华人民共和国固体废物污染环境防治法》明确规定：“禁止中华人民共和国境外的固体废物进境倾倒、堆放、处置”“禁止经中华人民共和国过境转移危险废物”“禁止进口不能用作原料或者不能以无害化方式利用的固体废物；对可以用做原料的固体废物实行限制进口和自动许可进口分类管理”。为贯彻这些规定，国家环境保护局、对外经济贸易合作部、国家工商行政管理局、海关总署和国家进出口商品检验局于 1996 年联合颁布《废物进口环境保

护管理暂行规定》以及《国家限制进口的可用作原料的废物目录》，规定了废物进口的三级审批制度、风险评价制度和加工利用单位定点制度，以及废物进口的装运前检验制度等。

3．国外固体废物管理

国外发达国家的城市固体废物管理经多年探索，逐渐形成了固体废物信息流、物流和资金流复合管理的方法，确立了固体废物的全过程管理原则和“三化”原则，建立了废物最小量化管理技术，废物转移跟踪管理技术，废物交换管理技术，废物贮存、处理、处置设施许可证制度等管理与处置技术体系，确立了城市固体废物统计方法、固体废物管理经济全面核算方法、固体废物收费办法等固体废物管理的基础规范性文件，形成了完整的管理控制体系。近年来，发达国家对固体废物的管理多半是基于减量化、无害化、资源化原则，在此原则的基础上，部分国家已经制定了相应的垃圾管理政策法规以及经济政策，积累了较多行之有效的管理、处置固体废物的先进经验和处理方法，在充分利用资源、无害化和减量化等方面部取得了显著成果。

1975 年，欧盟首次颁布废物处理规定，并确立了分层次的废物处理体系，即对废物进行预防、回收、再利用、处理处置等。1991 年，欧盟颁布了处理有害废物的规定，随后又制定了一系列的法律法规，确立了废物产生者承担废物处理责任的原则。1994 年，欧盟出台了《包装和包装废弃物指令》及其修正案，对物品包装及包装废弃物设定了具体目标，即 2008 年之前，包装的回收和焚烧处理率应占重量的 60%，再生利用率达到 55%。在废物管理立法方面，欧盟的法律主要包括四种类型：一是框架性法律，如 1975 年颁布的关于废物的指令和 1991 年颁布的关于有害废物的指令；二是针对特定类型废物制定的法律，目前主要涉及废油污泥的农用、含危险废物的电池和蓄电池、包装及包装废物、多氯联苯（PCBs）和多氯三联苯（PCTs）的处理、废弃车辆和在电子和电器设备上限制使用某些有害物质等；三是制定废物管理作业的法律，目前主要涉及废物填埋、废物焚烧、船舶产生的废物及货物残余物的港口接收装置等；四是关于报告及调查方面的法律，主要涉及废物管理法律、实施过程中有关的统计报告等事项。

第二节　固体废物对环境的污染和处理处置

一、固体废物对环境的污染

固体废物污染途径是多方面的，其具体途径取决于固体废物本身的物理、化学和生物性质，而且与固体废物处置所在场地的地质、水文条件有关。具体主要有以下几种途径：①通过填埋或堆放渗漏到地下，污染土壤和地下水源；②通过雨水冲刷流入江河湖泊，造成地表水污染；③通过废物堆放或焚烧使臭气与烟雾进入大气，造成大气污染；④有些有害毒物施用在农田上会通过生物链的传递和富集进入食品，从而进入人体，对人们的健康造成威胁。固体废物污染途径如图9.2所示。

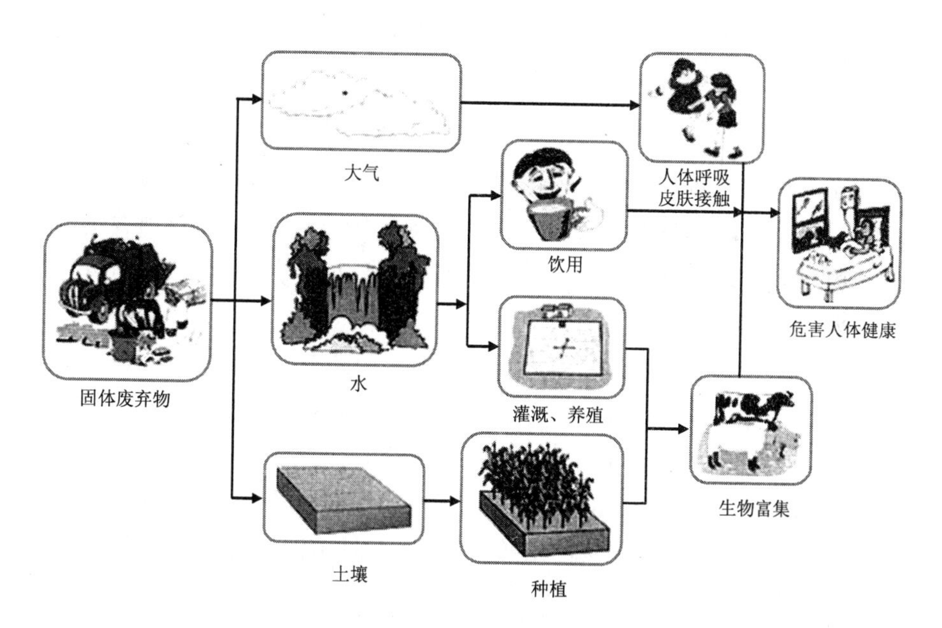

图 9.2　固体废物污染途径

1. 对土壤的污染

废物堆置与填埋，占用大量的土地资源。并且长期露天堆放，其有害成分在地表径流和雨水的淋溶、渗透作用下通过土壤孔隙向四周和纵深的土壤迁移。在迁移过程中，有害成分要经受土壤的吸附和其他作用。通常，由于土壤的吸附能力和吸附容量很大，随着渗滤水的迁移，使有害成分在土壤固相中呈现不同程度的积累，导致土壤成分和结构的改变，植物又是生长在土壤中，间接又对植物产生了污染，有些土地甚至无法耕种。

土壤是许多细菌、真菌等微生物聚居的场所，这些微生物形成了一个生态系统，在大自然的物质循环中担负着碳循环和氮循环的一部分重要任务。如果直接利用来自医院、肉类联合厂、生物制品厂的废渣作为肥料施入农田，其中的病菌、寄生虫等，就会使土壤受到污染。

工业固体废物，特别是有害固体废物，经过风化、雨淋，产生高温、毒水或其他反应，能杀伤土壤中的微生物和动物，降低土壤微生物的活性，并能改变土壤的成分和结构，致使土壤被污染。

2. 对水体的污染

在世界范围内，有不少国家直接将固体废物倾倒于河流、湖泊或海洋。在这个过程中，固体废物随天然降水或地表径流进入河流、湖泊，污染地表水，并产生渗滤液渗透到土壤和地下水中，使地下水遭到污染；废渣直接排入河流、湖泊或海洋，会造成更大的污染。

城市垃圾不但含有病原微生物，在堆放过程中还会产生大量的有机污染物，并会将垃圾中的重金属溶解出来，是有机物、重金属和病原微生物三位一体的污染源。因此，生活垃圾未经无害化处理就任意堆放会造成许多城市地下水污染，例如，1983 年，贵阳市夏季哈马井和望城坡垃圾堆放场所在地区，同时发生痢疾流行，其原因是地下水被垃圾场渗出液污染，大肠杆菌值超过饮用水标准 770 倍，含菌量超标 2 600 倍。

3. 对大气的污染

固体废物一般通过下列途径使大气受到污染：①在适宜的温度和湿度下，某些有机物被微生物分解，释放出有害气体。②细粒、粉末受到风吹日晒可以加重大气的粉尘污染，如粉煤灰堆遇到四级以上风力，可被剥离 1～1.5 cm，灰尘飞扬可高达 20～50 m。③有些含硫量过高的煤矸石堆会发生自燃，产生大量的二氧化硫（目前我国曾发生自燃的煤矸石堆达 160 余处）；采用不规范焚烧法处理固体废物也会使大气受到污染。

因此，固体废物在收集、运输、贮存、处理和处置过程中，若采用方法不当，都有可能污染大气。例如：焚烧炉运行时会排出颗粒物、酸性气体、未燃尽的废物、重金属与微量有机化合物等；石油化工厂油渣露天堆置，则会有一定数量的多环芳烃生成且挥发进入大气中；填埋在地下的有机废物分解会产生二氧化碳、甲烷（填埋场气体）等气体进入大气中，如果任其聚集会发生危险，如引发火灾，甚至发生爆炸。

4．传播疾病

城市堆放的生活垃圾，极易发酵腐化，产生恶臭，招引蚊蝇、老鼠等滋生繁衍，容易引起疾病传染；在城市下水道的污泥中，还含有几百种病菌和病毒。长期堆放的工业固体废物中的有毒物质潜伏期较长，会造成长期威胁。

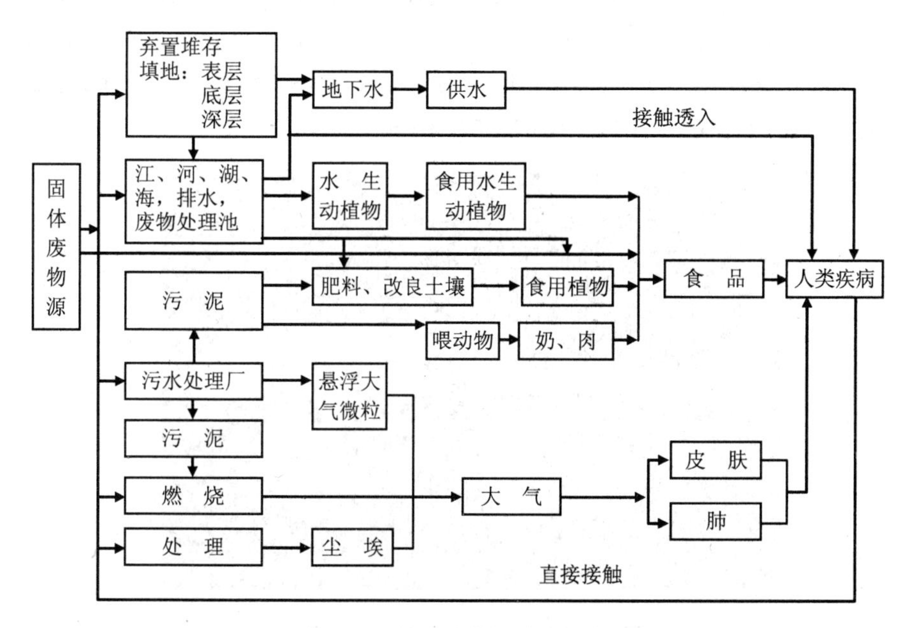

图 9.3 固体废物传播疾病的途径

二、固体废物的处理处置策略

1. 固体废物的收集运输

目前，世界上许多国家大力推行固体废物的分类收集，以提高处理效果和经济效益。分类收集是采用不同容器、不同颜色的或特定的收集器和收集袋等对固体废物进行回收。例如，废纸集中包扎后送往造纸厂，剩菜剩饭集中用桶送往饲养场，其他垃圾用包装袋集中送往垃圾填埋场。固体废物的运输过程中，必须注意密封，不使固体废物散落。如处理不当、包装不严密，容易散发、散失、散逸，给环境带来污染，影响市容清洁卫生。有些发达国家采用管道运输，既清洁卫生，又避免交通拥挤，但其投资成本较高。

日本的固体废物分为两大类，一类是生活垃圾；另一类是生产活动产生的废物和工业废物。工业废物又可分为 19 种。从 1989 年以来，日本城市生活垃圾每年约产生 5 000 万 t，其中 78.1%为直接焚烧，约 20%填埋。1999 年城市生活垃圾资源化率已达到 13.1%。

日本城市生活垃圾通过社区垃圾站、垃圾分类箱和指定站点等方式收集（图 9.4）。从 1991 年开始，用过的家电等“粗大垃圾”回收按件收费。从 2001 年 4 月起，根据《家用电器再利用法》，用过的家电不能直接收集处理，而要交给零售商或指定商店，用户要承担运输费用和回收利用发生的费用。

图 9.4 日本的城市生活垃圾收集

我国为进一步贯彻实施《固体废物污染环境防治法》和《城市环境卫生管理条例》等法律法规，2000 年建设部特选了 8 个条件相对成熟的城市，作为开展生活垃圾分类收集的试点，这 8 个城市分别为北京、上海、广州、深圳、杭州、南京、厦门、桂林。

陕西省西安市与瑞典于默奥市政府合作，于 2016 年启动生活垃圾分类项目。首次引入“互联网+垃圾分类”新模式，倡导社区居民从源头垃圾分类做起。项目鼓励社区居民将生活垃圾粗分成 3 类，如废纸、金属、塑料、玻璃、泡沫是可回收的垃圾；废电池、废墨盒、过期药物等是有害垃圾；剩菜剩饭和污染纸张等为厨余及其他垃圾。试点社区居民可加入微信公众平台并注册成会员，在社区领取垃圾分类二维码。按照有害垃圾、可回收垃圾、其他垃圾进行分类打包后，在垃圾袋上贴二维码，就近投入垃圾箱。垃圾回收人员将根据二维码信息对这些垃圾进行称重登记，并为投放者积分。积分达到一定量就可以兑换一些洗衣粉、清洁剂、牙具等生活用品。

2. 固体废物的处理技术

固体废物被收集集中后，为了减少对环境的污染与危害，就要运用各种技术对其进行处理（图 9.5）。

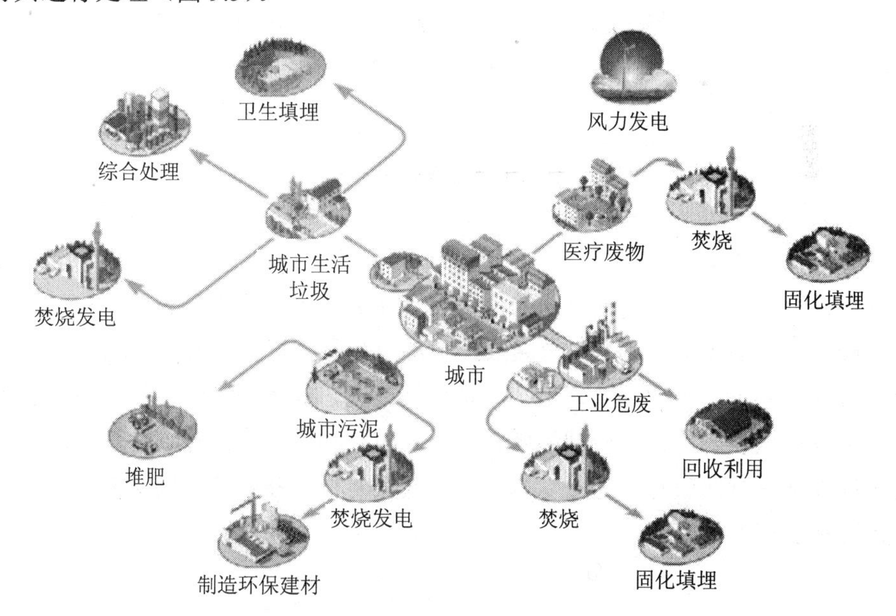

图 9.5 城市固体废物处理

（1）固体废物压实技术

压实又称压缩，指用机械方法增加固体废物聚集程度，增大容重和减少固体废物表观体积，提高运输与管理效率的一种操作技术。如垃圾经过多次压缩后，体积可以达到压缩前的1/2甚至更小。压实过程采用专门的压实设备，如压实器、压实机、压土机及其他专门设计的压实机具。实际应用中应根据固体废物的性质、压实程度及后续处理工艺进行压实器的选择。图 9.6 就是典型城市垃圾压缩处理工艺流程。

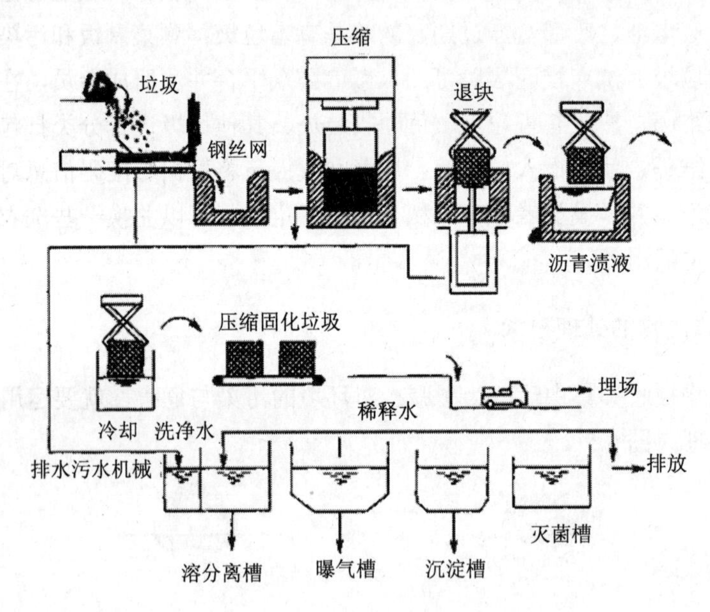

图 9.6 城市垃圾压缩处理工艺流程

（2）固体废物破碎

利用外力克服固体废物质点间的内聚力而使大块固体废物分裂成小块的过程称为破碎；使小块固体废物颗粒分裂成细粉的过程称为磨碎。破碎是所有固体废物处理方法中必不可少的预处理工艺，是后续处理与处置必须经过的阶段。破碎方法主要有机械能破碎、非机械能破碎、湿式破碎和半湿式破碎。常见的固体废物的破碎设备有颚式破碎机（图 9.7）、冲击式破碎机、锤式破碎机（图 9.8）、剪切式破碎机和球磨机等。

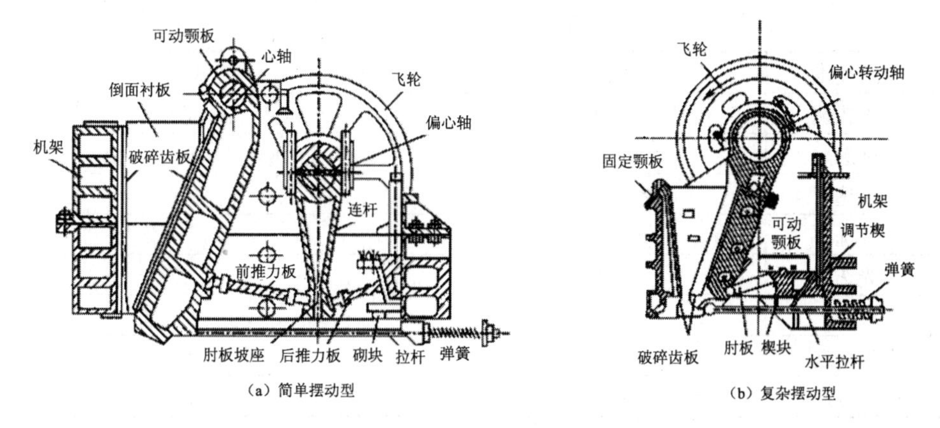

（a）简单摆动型　　（b）复杂摆动型

图 9.7　颚式破碎机结构示意

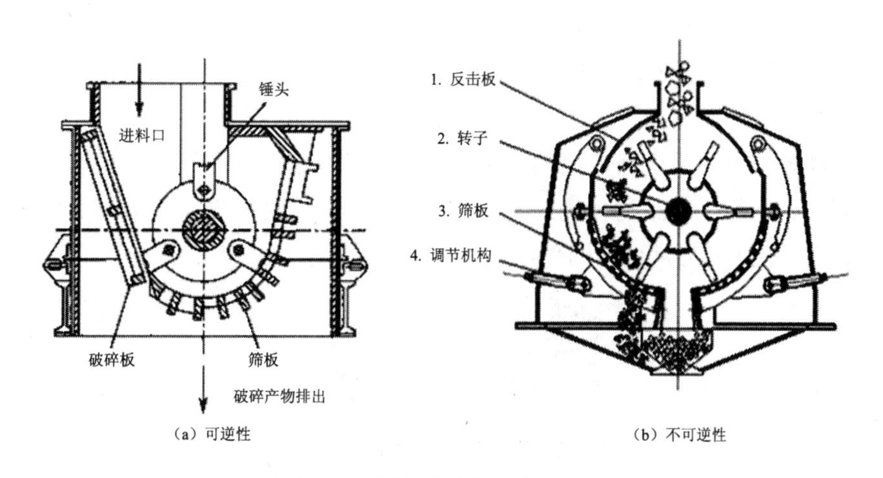

（a）可逆性　　（b）不可逆性

图 9.8　锤式破碎机结构示意

（3）固体废物分选技术

固体废物分选就是将固体废物中各种有用资源或不利于后续处理工艺要求的废物组分采用人工或机械的方法分门别类地分离出来的过程。分选是固体废物资源化的基础。废物分选是根据废物组成中各种物质的性质差异，即糙度、密度、磁性、电性、光电性、摩擦性及表面湿润性的差异而进行的。

根据物料组成物质的性质差异，机械分选方法可分为筛选（分）、重力分选、光电分选、磁力分选、电力分选和摩擦与弹跳分选等。机械分选大多要在废物分选前进行预处理，一般至少需经过破碎处理。表 9.1 列出了主要的固体废物分选技术。

表 9.1 固体废物分选技术

分选技术	分选的物料	预处理要求
手工拣选	废纸、钢铁、木材等	不需要
筛选	玻璃、骨料	可不预处理或先破碎或分选
风选	废报纸、皱纹纸	不需要
浮选	无机有用组分	破碎、浆化
光选	玻璃	破碎、风选
磁选	金属	破碎、风选
介质分选	铝及其他非铁金属	破碎、风选
静电分选	玻璃、粉煤灰	破碎、风选、筛选

（4）固体废物焚烧技术

焚烧是一种高温热处理技术，即在充足的氧化剂条件下将固体废物完全氧化的过程。在焚烧过程中，废物中的有害有毒物质在 800～1 200℃的高温下被氧化、热解而被彻底地破坏，从而达到废物减量化、无害化、资源化的目的，同时回收、利用废物焚烧过程中所释放出的能量。处理固体废物的焚烧厂可分为城市生活垃圾焚烧厂、一般工业废物焚烧厂和危险废物焚烧厂，其中城市生活垃圾焚烧厂的数量最多。图 9.9 为常用的固体废物焚烧炉。

图 9.9 固体废物焚烧炉

（5）固体废物的脱水技术

某些固体废物，如在处理城市污水和工业废水过程中产生的沉淀物和漂浮物，它们的重要特征是含水率较高，且含有大量的有机物和丰富的氮、磷等营养物质，任意排入水体，将会大量消耗水体中的氧，导致水体水质恶化严重，影响水生生物的生存，或使渔业产量下降。此外，这些固体废物中还有多种有毒物质、重金属和致病菌、寄生虫卵等有害物质，处理不当会传播疾病、污染土壤和作物，并通过生物链转嫁人类，成为“二次污染源”。因此，为使此类废物中的水和悬浮物分离，减少水分，降低容积，便于使这些固体废物得以恰当的处理和利用，就必须进行干燥脱水。

固体废物的脱水方法很多，主要有浓缩脱水、机械脱水和干燥。如图 9.10 所示为典型机械脱水方式。不同的脱水方法，其脱水装置、脱水效果都有所不同。

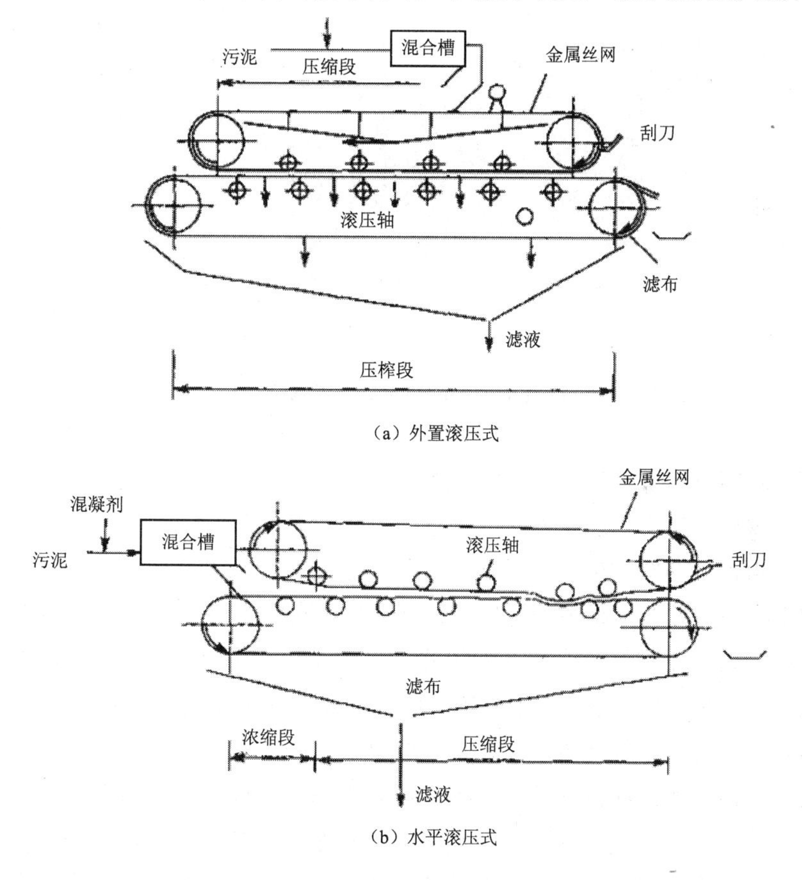

图 9.10　滚压带式压滤机结构示意

（6）固体废物热解技术

热解是指有机物在无氧或缺氧条件下加热，分解生成气态、液态和固态可燃物质的化学分解过程。热解法和焚烧法的区别在于：焚烧是需氧氧化反应过程，热解则是无氧或缺氧反应过程；焚烧产物主要是 CO_2 和 H_2O；热解产物则包括可燃气态低分子物质（如氢气、甲烷、一氧化碳）、液态产物（如甲醇、丙酮、乙酸、乙醛等有机物及焦油、溶剂油等）以及焦炭或炭黑等固态残渣，焚烧是一个放热过程，热解则是吸热过程；焚烧产生的热能量大时可用于发电，热能量小时可作热源或产生蒸汽，适于就近利用，而热解产生的贮存性能源产物诸如可燃气、油等可以贮存或远距离输送。

常用热解设备包括固定床热解炉、移动床热解炉、流化床热解炉和旋转窑等。

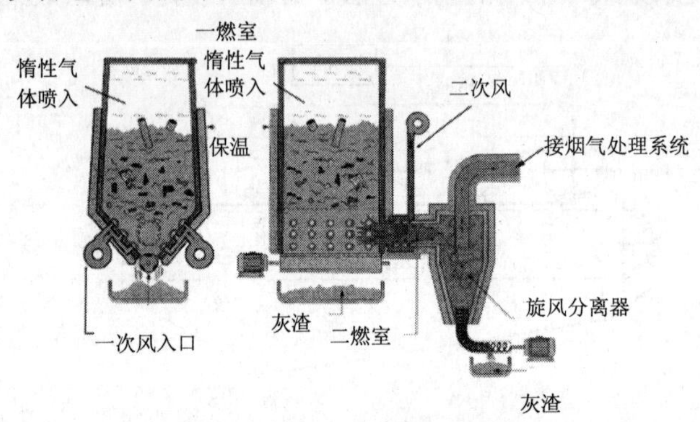

图 9.11　固体废物热解装置

（7）固体废物生物处理技术

固体废物的生物处理技术是对固体废物进行稳定化、无害化处理的重要方式，也是实现固体废物资源化、能源化的系统技术之一。人类通过各种手段，借助微生物的生物能，对固体废物进行生物处理，实现固体废物（主要是有机固体废物）的稳定化、无害化与资源化的技术统称为固体废物的生物处理技术。固体废物经过生物处理，在容积、形态、组成等方面均会发生重大变化，以便于运输、贮存、利用和处置。与化学处理方法相比，生物处理在经济上一般比较便宜，应用也相当普遍。生物处理方法包括好氧处理、厌氧处理、兼性厌氧处理等（图 9.12）。

好氧堆肥是在有氧条件下，好氧微生物对废物中的有机物进行分解转化的过程，最终的产物主要是 CO_2、H_2O、热量和腐殖质。在堆肥化过程中，有机废物中的可溶性有机物质可透过微生物的细胞壁和细胞膜被微生物直接吸收，而不溶的胶体有机物质，先被吸附在微生物体外，依靠微生物分泌的胞外酶分解为可溶性物质，再渗入细胞。微生物通过自身的生命代谢活动，进行分解代谢（氧化还原过程）和合成代谢（生物合成过程），并把一部分被吸收的有机物氧化成简单的无机物，并放出生物生长、活动所需要的能量，把另一部分有机物转化合成新的细胞物质，使微生物生长繁殖，产生更多的生物体。堆肥中的腐殖质能改善土壤的物理、化学、生物性质，使土壤环境保持适于农作物生长的良好状态。

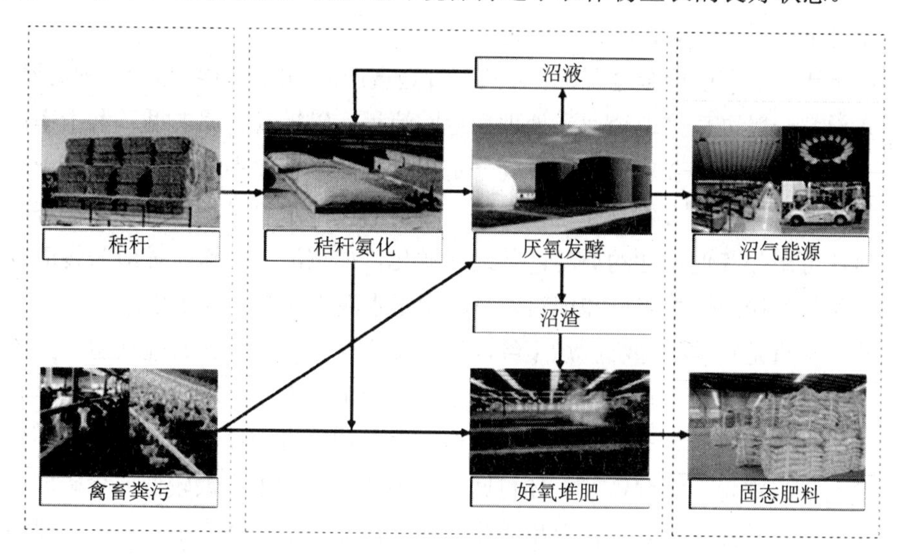

图 9.12 固体废物生物处理工艺

厌氧堆肥是依赖专性和兼性厌氧细菌的作用降解有机物的过程，其特点是工艺简单。通过堆肥自然发酵分解有机物，不必由外界提供能量，因此运转费用低，且可对产生的甲烷加以利用。其缺点是厌氧堆肥周期长，一般需 3～6 个月，而且易产生恶臭、占地面积大。

3. 固体废物的资源化利用

固体废物虽然不再具有原来的使用价值，但经过回收、处理等途径，可以作为其他产品的原料，成为新的可用资源。目前，固体废物资源化利用已成为包括我国在内的世界上很多国家控制固体废物污染、缓解自然资源紧张的重要手段。

在固体废物中量最大的为采选矿过程中产生的矿业固体废物及工业生产过程中产生的部门固体废物。另外，生活垃圾中量较大的为城市生活垃圾及污水处理厂的污泥。固体废物的来源不同，其资源化与综合利用方式也各不相同。

（1）工业固体废物的综合利用

工业固体废物是指工业生产、加工过程中产生的废渣、粉尘、碎屑、污泥等废物。按行业分主要包括：冶金废渣（如钢渣、高炉渣、赤泥）、化工废物（如磷石膏、硫铁矿渣、铬渣）、石化废物（如酸碱渣、废催化剂、废溶剂），以及轻工业排出的下脚料、污泥、渣糟等废物。

冶金渣是在有色冶金过程中，伴随某种金属产品同时产生的废渣，种类繁多、性质各异，一般可直接或经适当处理后返回流程，以提高金属的循环利用率；当其中一种或几种有价金属含量富集到一定程度时，可采取不同的工艺流程予以提取。若有色冶炼渣中有价金属含量很低，目前的技术水平进行提取极不经济时，此种渣还可用作其他行业的原料，使之资源化，如铜渣、铅渣、锌渣与锡渣，一般作为原料的调配掺加组分和填料，分别用于水泥工业和混凝土生产。

硫铁矿渣是硫铁矿在沸腾炉中经高温焙烧产生的废物。作为硫酸生产大国，我国每年排放的数千万吨硫铁矿渣，约占化工废渣总量的1/3。硫铁矿渣中含有大量铁及少量铝、铜等金属，有的还含有金、银、铂等贵金属，用硫铁矿渣不仅可制取铁精矿、铁粉、海绵铁等，还可回收其他金属。对于含铁较低或含硫较高的硫铁矿渣难以直接用来炼铁，可用于生产化工产品，如作净水剂、颜料、磁性铁的原料。因此，无论从治理环境还是从缓解铁资源贫乏来看，硫铁矿渣的综合利用研究在我国具有重要的意义。

随着高浓度磷复肥、磷酸和洗涤剂工业的迅速发展，磷石膏废渣急剧增加（每生产1 t磷酸约排放5 t磷石膏）。目前，世界磷石膏年排放量达2.8亿t，我国已超过2 000万t。磷石膏的无控排放势必增加企业开支、造成环境污染，而设置堆放场，不仅占地多、投资大、堆渣费用高，而且对堆场的地质条件要求高。因此，磷石膏的综合利用已迫在眉睫。目前，我国磷石膏的综合利用率仅为27.7%，但随着工业技术的发展和人们环保意识的增强，过去被视为工业废物的磷石膏正在建材业、工业和农业上得到越来越广泛的应用。如利用磷石膏作水泥缓凝剂，生产硫酸联产水泥的工艺日臻成熟；生产石膏建筑材料、硫酸钾、硫酸铵和碳酸钙的技术已进入工业化阶段；磷石膏还可用于制硫脲、氯化钙和复合肥、活性硅酸钙及作建筑胶材料、加固软土地基等。

（2）矿业固体废物的综合利用

我国拥有数量众多的各类矿山，如黑色金属矿山、有色金属矿山、黄金矿山等。在采矿、选矿、冶炼和矿物加工过程中，会产生数量庞大的固体状或泥状废物，主要包括选矿尾矿、采矿废石、赤泥、冶炼渣、粉煤灰、炉渣、浸出渣、浮渣、电炉渣、尘泥等。

据统计，我国矿业废物的堆存量已达 200 余亿 t，占我国工业固体废物堆积量的 85%以上，并以 2 亿～3 亿 t 的速度逐年增长。目前年排放尾矿约 5 亿 t、采矿废石 4 亿 t、煤矸石 1.5 亿 t、赤泥 500 万 t、冶炼渣 450 万 t。大多数废物可作为二次资源加以利用。如综合回收其中的有价物质；作为一种复合的矿物材料，用于制取建筑材料、土壤改良剂、微量元素肥料；作为工程填料回填矿井采空区或塌陷区等。

（3）建筑垃圾的再生利用

建筑垃圾大多为固体废物，一般在建设过程中或旧建筑物维修、拆除过程中产生，主要由土、渣土、散落的砂浆和混凝土、钻凿产生的砖石和混凝土碎块、打桩截下的钢筋混凝土桩头、金属、竹木材、装饰装修产生的废料、各种包装材料和其他废弃物等组成。

其实，建筑垃圾中的许多废弃物经分拣、剔除或粉碎后，大多是可以作为再生资源重新利用的，如废钢筋、废铁丝、废电线和各种废钢配件等金属，经分拣、集中、重新回炉后，可以再加工制造成各种规格的钢材，废竹木材则可以用于制造人造木材；砖、石、混凝土等废料经破碎后，可以代替砂，用于砌筑砂浆、抹灰砂浆、打混凝土垫层等，还可以用于制作砌块、铺道砖、花格砖等建材制品。因此，我们在建筑垃圾的处理上，必须坚持综合利用优先的原则。

（4）废塑料资源化技术

废塑料的资源化应用主要包括物质再生和能量再生两大类。物质再生包括物理再生和化学再生。物理再生不改变塑料的组分，主要通过熔融和挤压注塑生成塑料再生制品，产品的质量往往低于原有产品；化学再生则是在热、化学药剂和催化剂的作用下分解生成化学原料或燃料，或通过溶解、改性等方法分别生成再生粒子和化工原料。能量再生是在物质再生不可行时，将塑料直接用做燃料或制作成垃圾衍生燃料（RDF）在工业锅炉、水泥炉窑或焚烧炉中燃烧。但由于含氯塑料不完全燃烧可能生成二噁英，造成大气污染，这类方法一般较少提倡使用。

（5）电子垃圾的处理利用

电子废物俗称电子垃圾。随着工业化和科技的发展，人们的消费结构发生了巨大变化。导致电子废物数量激增。电子废物不是简单的垃圾，仅仅从材料角度讲，这些废物只是暂时失去了使用价值，其基本性质和特征并没有发生改变。如果得到规范、专业的拆解处置，电子废物完全可以成为“二次资源”，并减少对人类的危害。以个人计算机为例，其中约含铜 7%、铝 14%、铁 20%、锌 2%、塑料 23%，对环境无害的高价值物质约占 66%；但也含有 6%对环境有害的物质（如铅、汞、镉等），玻璃等物质约占 28%。

我国是全球家电和电子电器产品生产和消费大国，现有的大量电子电器产品已经进入更新、淘汰的高峰期。据环保部统计，我国电子废物年产量约为 111 万 t，随着技术革新和市场膨胀加速，我国电子电器产业年增长速度连续 10 年平均超过 20%。最近的一项研究表明，欧洲仅有约 25%的中型家用电器和 40%的大型家电被回收利用，而小型家电的回收率几乎为零。27 个欧盟成员国中，电子废物的产生量在 2005 年为 1 030 万 t（约占全世界的 1/4），而且正以每年 2.5%～2.7%的速度在增长，欧盟委员会预测到 2020 年，全年将产生 1 230 万 t 电子废物。随着欧洲环保法令的日益严格，欧盟各成员国纷纷把电子废物向亚洲输送，目前世界上 80%的电子垃圾被运往亚洲，而我国就接纳了这 80%中的 90%。

电子废物一般拆分成电路板、电缆电线、显像管等几类，并根据各自的组成特点分别进行处理，处理流程类似。电子废物最常用的回收技术主要有机械处理、湿法冶金、火法冶金或几种技术联合的方法。机械处理技术包括拆卸、破碎、分选等，不需要考虑产品干燥和污泥处置等问题，符合当前的市场要求，而且还可以在设计阶段将可回收再利用的性能融入产品当中，因此，具有一定的优越性。

（6）农林固体废物的综合利用

农林固体废物是指农林作物收获和加工过程中所产生的秸秆、糠皮、山茅草、灌木枝、枯树叶、木屑、刨花以及食品加工业排出的残渣等。我国是一个农业大国，随着农业的发展，农业固体废物的数量也在不断增加。农林废弃物的利用是指根据其物质组成、结构构造或物理特性的某种特点，通过一定的加工而得到充分利用。根据利用目的不同，其途径主要有：①利用其含热量或可燃性进行能源利用；②利用其营养成分制作肥料和饲料，以及加工生产淀粉、糖、酒、醋、酱油和其他食品等生化制品；③提取有机化合物和无机化合物，生产化工原料和化学制品；④利用其物理特性，生产质轻、绝热、吸声的植物纤维增强材料；⑤利用其特殊的结构构造，生产吸附脱色材料、保温材料、吸声材料、催化剂载体等。

4．固体废物的最终处置

固体废物的最终处置是为了使固体废物最大限度地与生物圈隔离，解决固体废物的最终归宿问题而采取的措施，它对于防止固体废物的污染起着十分关键的作用。固体废物处置的总目标是确保固体废物中的有毒有害物质，无论是现在和将来都不会对人类及环境造成不可接受的危害。

固体废物处置方法分为陆地处置（或地质处置）和海洋处置两大类。海洋处置分为深海投弃和海上焚烧，目前海洋处置已被国际公约禁止；陆地处置分为土地耕作、永久贮存、土地填埋、深井灌注和深地层处理。目前固体废物处置主要以土地填埋为主。

土地填埋处置是从传统的堆放和填埋处置发展起来的，是把废物放置或贮存在土层中的一种最终处置技术。土地填埋处置不是单纯的堆、填、埋，而是一种综合性土地处置技术。在填埋操作处置方式上，它已从堆、填、覆盖向包容、屏障隔离的工程贮存方向发展。图 9.13 为土地填埋场的布置。土地填埋场处置，首先要进行科学的选址，在设计规划的基础上对场地进行防护（如防渗、气体的收集等）处理，然后按照严格的操作程序进行填埋操作和封场，要制订全面的管理制度，定期对场地进行维护和监测，最后还要对填埋场进一步开发利用做出全面评价。一般固体废物的填埋场基本结构具有三道防护屏障系统（图 9.14）。

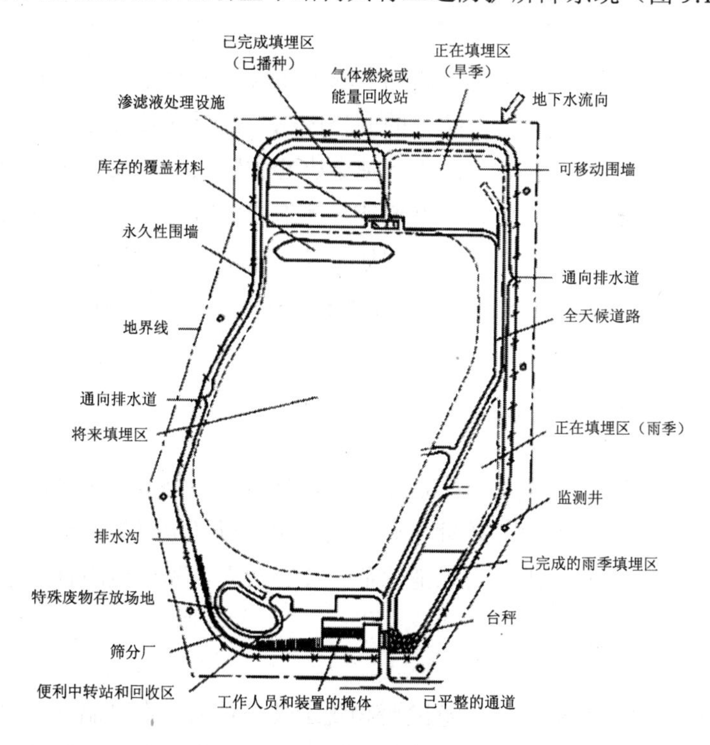

图 9.13 填埋场的典型布置

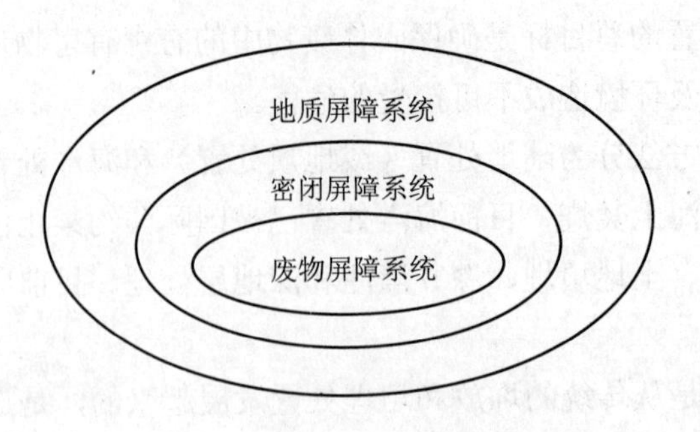

图 9.14 填埋场的多重屏障系统示意

第三节 危险废物污染

一、危险废物的定义与危害

危险废物是指列入《国家危险废物名录》或者根据国家规定的危险废物鉴别标准和鉴别方法认定的具有危险特性的固体废物。由于其具有毒性、腐蚀性、反应性、易燃性、浸出性等特性，进入环境会引起生物或人类死亡率增加、无法治愈的疾病发病率增高，或者对人体健康或环境造成危害。在一些报纸、杂志、图书、论文、文件中常见到“有毒有害废物”“有害废物”等术语，实际上就是危险废物。《中华人民共和国固体废物污染环境防治法》实施后，不再称有害废物，而一律称危险废物。

二、危险废物的处理与处置

危险废物的处理、处置，是指通过物理、化学、生物等各种方法，使危险废物性质发生变化，适于运输、贮存、资源化利用，以及最终处置的过程。此过程也称为广义上的稳定化处理，用以消除危险废物对人员和环境的直接危害。

1. 危险废物的焚烧处理

危险废物的焚烧处理是指将危险废物置于焚烧炉内，在高温和有足够氧气含量的条件下进行氧化反应，分解或降解危险废物的过程。危险废物焚烧系统与城市生活垃圾和一般工业废物的焚烧系统没有本质的差别，在原理上是一样的，均是由进料系统、焚烧炉、废热回收系统、发电系统、供水系统、废水处理系统、废气处理系统和灰渣收集及处理系统等组成（图 9.15），不同之处在于某些系统的选择和设计上。

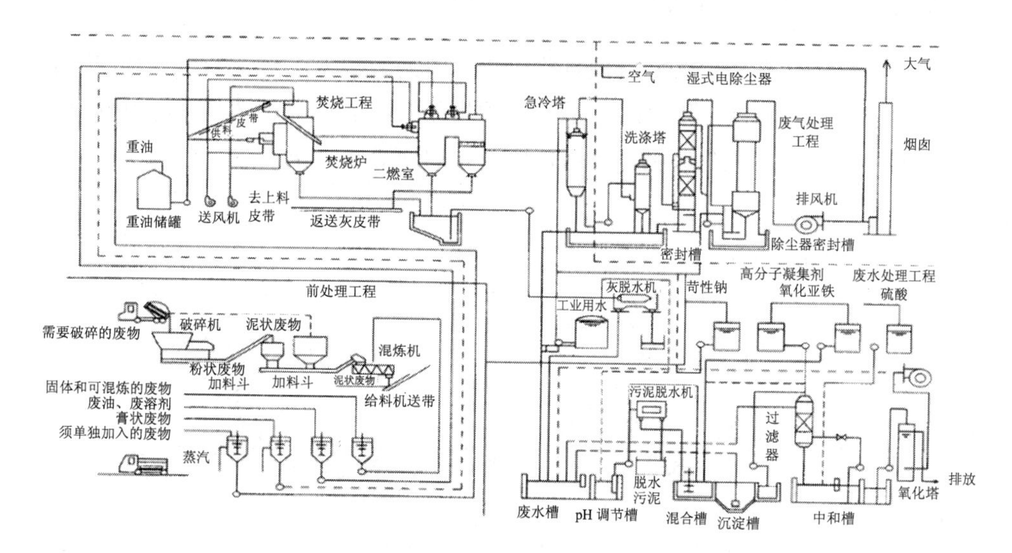

图 9.15 工业危险废物焚烧处理工艺流程

2. 危险废物的固化处理技术

固化处理是用物理化学方法将危险废物掺合并包容在密实的惰性基材中，使之呈现化学稳定性或密封性的无害化处理方法。固化所用的情性材料称为固化剂，危险废物经过固化处理所形成的固化产物称为固化体。

固化技术是从处理放射性废物发展起来的，欧洲、日本已应用多年，近年来，美国也很重视该技术的研究开发。我国在放射性废物的固化处理方面已做了大量的工作，并已进入工业化应用阶段。今天，固化技术已广泛用于处理电镀污泥、铬渣、砷渣、汞渣、含重金属的粉尘、焚烧灰及飞灰等固体废物。固化处理机理十分复杂，仍待进一步深入研究，其主要是将危险废物包容在惰性基体中，使其转变为不可流动的固体或形成紧密固体；有些固化技术则是将危险废物通过化学作用引入某种晶体的品格中；有些固化过程则是二者兼而有之。

根据固化基材及固化过程，目前常用的固化处理方法主要包括：水泥固化、石灰固化、沥青固化、塑料固化、玻璃固化、自胶结固化和水玻璃固化等。目前尚无一种适用于处理所有固体废物的最佳固化方法，比较成熟的固化方法往往只适于处理一种或某几种废物。

3. 危险固体废物的填埋处置

危险废物进行填埋处置是实现危险废物安全处置的方法。安全填埋是危险废物的陆地最终处置方式（图 9.16），适用于填埋处置不能回收利用其有用组分或不能回收利用其能量的危险废物，包括焚烧过程的残渣和飞灰等。

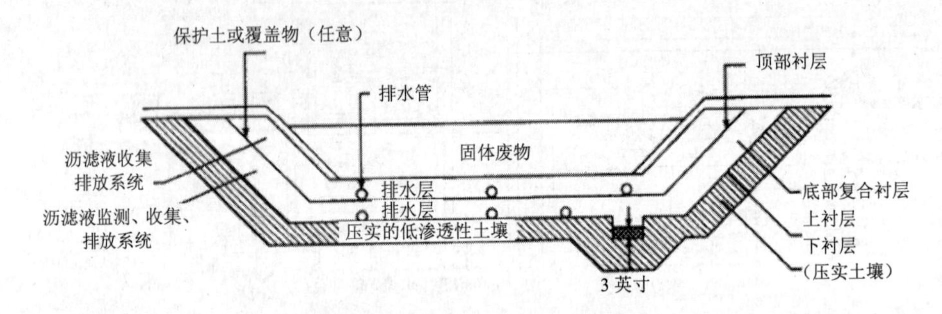

图 9.16 危险废物安全填埋场

三、危险废物越境转移

废物转移一般是指发达国家向发展中国家输入或发达国家借助第三国向发展中国家转移固体废物的过程。西方发达国家在环境法规日益严格，公民环境意识日益高涨，废物处置场所难以满足的情况下，开始向发展中国家越境转移废物，包括危险废物。危险废物越境转移数量的迅速增加，对人类的生存、发展以及整个人类社会的进步和繁荣这一根本利益构成威胁。为了有效地应对危险废物越境转移问题对人类社会的挑战，国际社会近年来着力于发展危险废物越境转移领域的国际法，签订了一系列的公约、议定书和法律文件。发达国家也纷纷制定关于危险废物越境转移的政策法律。一方面对国际公约做出回应，维护本国的环境主权；另一方面应对国内日益膨胀的危险废物越境转移的需要。面对日益严峻的危险废物越境转移形势，发展中国家一方面强烈要求国际社会通过国际性或区域性的公约全面禁止危险废物越境转移，另一方面，积极完善国内的废物立法以适应此种形势。

国际社会1987年发布的《关于危险废物环境无害管理开罗准则的原则》确立了危险废物越境转移法律制度的基本准则。1989年签署的《控制危险废物越境转移及其处置巴塞尔公约》（以下简称《巴塞尔公约》）则为危险废物越境转移法律制度提供了一个框架。我国于1990年3月22日加入《巴塞尔公约》，旨在遏止越境转移危险废料，特别是向发展中国家出口和转移危险废料。1999年，《危险废物越境转移及其处置所造成损害的责任和赔偿问题议定书》及十二次缔约方大会文件等也都对危险废物越境转移的国际法律制度做出了规定。从区域来看，1991年《禁止向非洲进口危险废物并在非洲内管理和控制危险废物越境转移的巴马科公约》和1996年《防止危险废物越境转移及处置污染地中海伊兹密尔议定书》的签署标志着危险废物越境转移法律制度的进一步完善。欧盟和经济合作与发展组织作为区域性国际组织，都非常重视对危险废物越境转移管理的区域立法。它们都制定了很多条例、指令和区域性国际条约进行规范。

就各国国内而言，西方发达国家很早就开始对废物进行管理。美国不仅在联邦层次有规范危险废物越境转移的联邦法律，各州也有关于危险废物越境转移管理的州法律。日本、韩国、印度、阿根廷以及欧盟各成员国也开展了危险废物越境转移的立法、执法和司法实践活动。总之，随着上述国际公约、协定、议定书与国内法律的签署和生效，不仅危险废物越境转移的立法和执法已经摆上了国际社会和各国政府的重要议事日程，而且危险废物越境转移国际法律制度已经形成并日趋完善。

作为《巴塞尔公约》的缔约国，我国积极履行应承担的国际义务。根据我国的国情和目前越境转移危险废物的现状，我国制定并修订了《中华人民共和国固体废物污染环境防治法》，修改了《中华人民共和国刑法》的相应条款，颁布了一大批行政法规和部门规章，调整了危险废物名录，有力地遏制了危险废物的越境转移，维护了我国的环境主权。

参考文献

[1] 崔兆杰，等. 固体废物的循环经济——管理与规划的方法和实践[M]. 北京：科学出版社，2005.

[2] 韩宝平. 固体废物处理与利用[M]. 北京：煤炭工业出版社，2002.

[3] 宁平. 固体废物处理与处置[M]. 北京：高等教育出版社，2007.

[4] 孙秀云，等. 固体废物处置及资源化[M]. 南京：南京大学出版社，2007.
[5] 蒋建国. 固体废物处置与资源化[M]. 北京：化学工业出版社，2008.
[6] 中华人民共和国固体废物污染环境防治法. 2005.
[7] 刘恩志. 固体废物处理与利用[M]. 大连：大连理工大学出版社，2006.
[8] 赵由才. 实用环境工程手册：固体废物污染控制与资源化[M]. 北京：化学工业出版社，2002.
[9] 李金惠. 危险废物处理技术[M]. 北京：中国环境科学出版社，2006.
[10] 韩宝平. 固体废物处理与利用[M]. 武汉：华中科技大学出版社，2010.
[11] 环境保护部国际合作司. 控制危险废物越境转移及其处置：巴塞尔公约二十年[M]. 北京：化学工业出版社，2012.
[12] 杨国清. 固体废物处理工程[M]. 北京：科学出版社，2000.
[13] 聂永丰. 三废处理工程技术手册：固体废物卷[M]. 北京：化学工业出版社，2000.

第十章　土壤污染

第一节　概　述

一、土壤功能

土壤是位于地球陆地、具有一定肥力、能够生长植物的疏松表层，也就是我们通常所指的泥土。土壤由固体（颗粒状矿物质、有机物质和微生物等）、液体和气体三相物质组成，是由地表岩石经过长期的风化成土作用转化而来的。通常地球表面形成 1 cm 厚的土壤需要 300 年或更长的时间（王果，2009）。在环境科学领域，我们将覆盖于地球表面和浅水域底部的土壤所构成的连续体或覆盖层称为土壤圈，它位于大气圈、水圈、岩石圈和生物圈的交接处（图 10.1），既是这些圈层的支撑者，又是它们长期共同作用的产物，是最活跃、最富生命力的圈层（赵其国，1997）。由此可见，土壤是一种十分珍贵的自然资源，在稳定和保护生态环境安全与健康等方面起着极为重要的作用。

概括起来，土壤至少具有以下六个方面的功能：①作物生产功能。包括农业、林业生产，粮食作物和经济作物生产等。土壤能够为这些作物生长提供物理支撑、水分、养分和空气条件。②动植物栖息地和基因库功能。作为动植物栖息地和基因库，对维持生物多样性、保护稀有动植物有重要意义。③环境交互媒介功能。土壤在水分、养分（N、P 等）和碳循环过程中起着十分重要的调蓄作用（存储、转化、再分配、供给等），并且可以对重金属进行缓冲过滤，对有机污染物进行转化分解，从而减弱或消除污染物质对动植物、地表和地下水体等的影响。④人居环境功能。作为人类生活和居住的环境，有提供建筑、休闲娱乐场所，维护人类健康发展的功能。⑤自然文化历史档案功能。土壤中埋藏着对研究自然变化和人

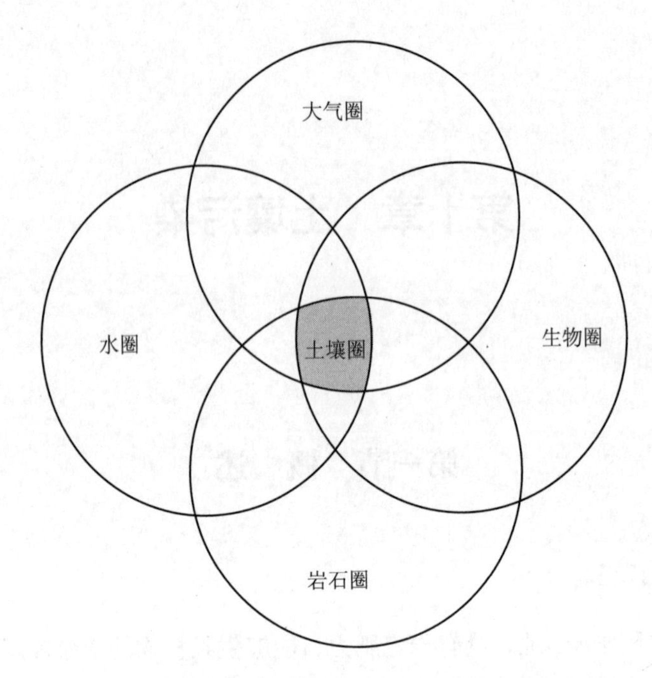

图 10.1 地表环境的圈层及其相互联系（张乃明，2012）

类发展十分重要的古生物化石和考古文物资源。⑥原材料供给功能。具有供给水、黏土、沙石，进行矿物提取的功能，但此功能不具有可持续性（徐建明等，2010；梁思源和吴克宁，2013）。因此，加强对有限的土壤资源的保护和合理利用是维系人类和自然生态系统生存与发展的前提与基础。

二、土壤污染概念与特点

自刀耕火种时代，人类就开始对土壤施加影响。早期人类活动对土壤环境的干扰较弱，但工业革命以来，人类干预和改造大自然的能力与规模突飞猛进，土壤资源过度开发使用以及向土壤排放的大量有毒、有害废物产生了严重的土壤生态破坏与土壤环境污染问题。其中，土壤生态破坏主要包括水土流失、土壤荒漠化等，本章重点介绍土壤环境污染。

土壤污染是指由于自然或人为因素，使对人类和其他生物有害的污染物质，包括重金属、农药、病原菌、放射性元素等，进入土壤中，其数量超过土壤的净化能力，从而在土壤中逐渐积累，引起土壤组成、结构和功能的变化，抑制植物的正常生长发育，并在植物中不断积累，降低作物产量和品质，进而危害人体健康与生态环境安全的现象（环境保护部自然生态保护司，2012；张乃明，2012）。土壤污染主要由人为因素引起。

土壤具有较强的缓冲性能与净化功能，污染物质进入土壤后发生一系列复杂的迁移转化，如黏土矿物吸附作用、土壤有机物的分配作用、土壤微生物的降解作用等，使得土壤污染呈现出与大气污染和水体污染显著不同的特点（环境保护部自然生态保护司，2012；张乃明，2012）：

（1）隐蔽性或潜伏性。大气和水体的污染比较直观，通过感官容易察觉。而土壤污染则不同，需要对土壤及其上生长的粮食、蔬菜、水果等产品进行检测才能揭示出来，而且从开始污染到产生严重后果需要一个相当长的时期和逐步积累的过程，如 20 世纪初在日本富山县神通川流域由土壤镉污染长期毒害作用而引起的骨痛病事件。

（2）累积性与地域性。在土壤环境中污染物质不像在大气和水体环境中那样易于扩散和稀释，导致污染物质在特定区域土壤中不断积累而达到很高的浓度，使土壤呈现很强的积累性与地域性。

（3）不可逆性和难治理性。大气和水体环境如果受到污染，在切断污染源后往往可以通过稀释和自净作用不断减轻污染并恢复到原来的状态。但土壤一旦受到污染，仅仅依靠切断污染源的方法往往难以恢复，特别是重金属对土壤的污染几乎是一个不可逆过程，而许多有机化学物质的污染也需要一个比较长的降解时间。例如，沈阳抚顺污灌区大面积的土壤受到石油、酚类和镉污染，造成水稻矮化、稻米异味等现象，经过十多年的艰苦治理，通过采用客土、深翻、清洗、选择不同作物品种等才逐步恢复土壤的部分生产能力。

（4）间接危害性。土壤存储的污染物质能够进入植物体并通过食物链传递而危害生态系统和人体健康，也会随下渗水渗滤而污染地下水，或进入地表径流而造成地表水体污染，还能够以气态形式或附着在土粒上随风扬起而进入大气。因此，富集污染物质的土壤往往是造成生态破坏和大气、水体污染的二次污染源。

三、土壤污染物及其来源

1. 土壤污染物的类型

根据污染物的性质，可将土壤污染物大致分为四类，即无机、有机、生物和放射性污染物。其中，无机污染物主要有汞、镉、铅、铬、铜、锌、镍等重金属以及砷、硒等类金属，氮、磷、硫、硼等营养物质和氟卤化物、酸、碱、盐等其他无机物质；有机污染物主要有农药、石油类、多环芳烃、化工污染物和环境激素等；生物污染物主要包括大量有害的细菌、放线菌、真菌、寄生虫卵及病毒等；放射性污染物主要是 ^{90}Sr、^{137}Cs、^{40}K、^{87}Ra、^{14}C 等（环境保护部自然生态保护司，2012；张颖和伍钧，2012）。

2. 土壤污染物的来源

土壤是一个开放体系，造成土壤污染的物质来源极为广泛，可分为自然污染源和人为污染源。前者包括天然矿产或富含污染物质的岩石、火山喷发、沙尘暴、泥石流、有害生物（鼠、蚊、蝇、霉素和病原体等）等，后者包括工业污染源、生活污染源、农业污染源和战争污染源等，是土壤污染物的主要来源（方淑荣，2011；环境保护部自然生态保护司，2012）。

（1）工业和生活污染源

工业生产和城乡居民生活会向环境排放大量的废水、废气和废渣，即“三废”，含有多种污染物，它们直接或间接输入土壤而引起工业区、居民区周围数千米、数十千米甚至更大范围的土壤污染。

废水主要通过向农田的直接排放，或者排向天然水体后，受污染水体再用于农田灌溉等而引起土壤污染。我国水资源短缺，为弥补水源的严重不足，农业区利用污水进行灌溉已成为普遍现象，尤其在我国北方地区，农田污灌面积不断增大（图 10.2）（方玉东，2011）。总体上，全国污灌面积 90%以上集中在北方水资源严重短缺的黄河、淮河、海河、辽河流域，大型污灌区主要集中在北方大中城市的近郊县，形成北京、天津武宝宁、辽宁沈抚和新疆石河子等典型大污灌区（黄春国和王鑫，2009）。

废气主要通过烟囱、排气管或无组织排放进入大气，之后污染物随大气循环向周围扩散迁移，并经重力作用，与其他物体碰撞或随降雨、降雪等降落地表而污染土壤。例如，工业生产中化石燃料的燃烧向环境排放大量的硫氧化物和氮氧化物，它们在大气中迁移转化，导致大范围酸沉降区的形成，使区内土壤酸化（王代长等，2002）。而且我国能源结构中，煤炭占主导地位。煤炭作为一种不太清洁的能源，燃烧过程中还会产生汞、镉、铅、锌等重金属，砷等类金属（高炜等，2013；郭胜利，2014），氟等其他无机污染物（邓双等，2014），多环芳烃（PAHs）、苯系物、脂环烃及直链烃等有机污染物等（范志威，2005），这些污染物的干湿沉

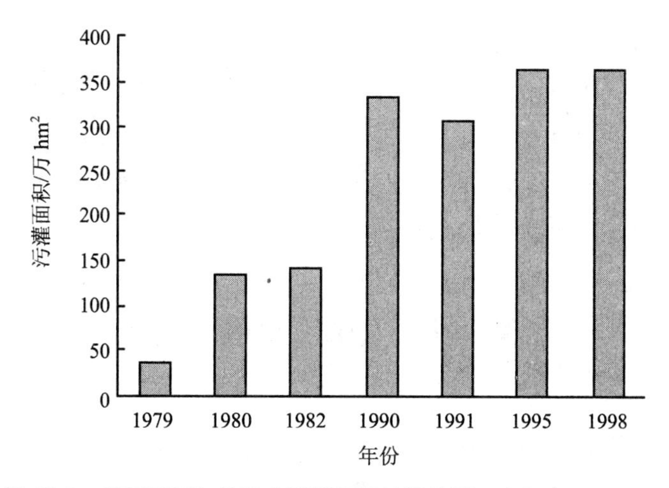

图 10.2 我国不同年份污水灌溉面积统计结果（方玉东，2011）

降也会带来相应的土壤污染问题。随着工业化、城市化的快速发展，交通污染源尾气排放所带来的土壤污染问题也越来越突出。与一般的工业污染源不同，机动车排放的污染物直接在接近地表的大气最低层迁移、转化（张乃琦，2014），使道路两侧局部区域土壤成为重金属等污染物富集带（任伟，2012）。

废水、废气中污染物质能够通过一定工程手段加以治理，从而减小对环境的影响，而废渣处理难度大、处理（处置）率低，其堆积占用大量土地资源，若防护不当，废渣中的有害物质会经风吹雨淋迁移至周围土壤。此外，人们还将土壤作为垃圾、污泥和矿渣等固体废弃物的处理场所，即将这些废弃物经一定无害化处理后施加至土壤，作为一种废弃物资源化利用的途径，但同时这些废弃物还会携带部分污染物质进入土壤而带来土壤污染问题（张乃明，2012）。

（2）农业污染源

在农业生产中，为了提高农产品的产量，防治杂草和病虫害，会过多地施用化肥、有机肥、农药、除草剂、生长调节剂等；为了缓解水资源短缺，使用污水灌溉；在农田管理中，为增温保墒而使用农用地膜等，这些都会带来土壤污染问题。另外，改革开放以来，我国集约化畜禽养殖场在城镇郊区和农村快速发展，由于这些养殖场设施简陋、管理不完善，也带来了较为严重的土壤污染问题。畜禽养殖场对土壤的污染源主要是粪便，一是通过污染水源流经土壤造成水源污染型土壤污染，二是空气中的恶臭气体降落到地面，造成大气污染型土壤污染（史海娃等，2008；环境保护部自然生态保护司，2012）。

（3）战争污染源

随着各种现代化武器的大规模使用，战争对战区土壤污染的程度也越来越严重，主要包括：武器包装物和残留物直接进入土壤，产生的大气污染物沉降等造成的土壤污染；遭受轰炸的化工厂、炼油厂等泄漏物对土壤的污染；贫铀弹、生化武器的使用对土壤造成的污染等（方淑荣，2011）。

第二节　土壤污染的危害

土壤受到污染后，本身的组成及物理、化学性质等会发生改变，如土壤板结、保水保肥能力下降、营养成分比例失调等，使作物产量降低、品质恶化，并且污染物质被作物吸收后，会通过食物链传递使危害进一步加剧，威胁人体和动植物健康；同时，土壤中污染物质也容易随风力、淋溶水和地表水迁移而污染大气和水体。

一、土壤污染导致严重的经济损失

我国约有 1/5 的耕地遭受重金属污染，使粮食减产约 1 000 万 t，并使 1 200 万 t 粮食污染物超标，两者的直接经济损失达 200 多亿元（晓云，2000）。而农药和有机物污染、放射性污染、病原菌污染等其他类型的土壤污染所导致的经济损失，目前尚缺乏系统的调查统计数据。

二、土壤污染导致农产品品质不断下降

我国大多数城市近郊土壤都受到了不同程度的污染，使许多地区粮食、蔬菜、水果等食物中镉、铬、砷、铅等重金属含量超标和接近临界值（晓云，2000）。据统计，全国约有 10%的稻米存在镉污染超标问题，以湖南、江西等省份最为严重（《家庭医药》编辑部，2011）；全国有 21 个地区，面积约 48 万亩的土壤遭受汞污染，最严重的贵州省清镇地区、铜仁汞矿区以及第二松花江流域，所产稻米含汞量可达 0.382 mg/kg，超过食品标准（0.02 mg/kg）18 倍（吴燕玉等，1986）；全国不少大中城市出现 80%以上蔬菜硝酸盐含量超标（苏艳等，2007）。土壤污染除影响食物的卫生品质外，还影响农作物的其他品质。有些地区污灌已经使得蔬菜的味道变差、易烂，甚至出现难闻的异味；农产品的储藏品质和加工品质也不能

满足深加工的要求（林强，2004）。

三、土壤污染危害人体和动植物健康与繁衍

土壤污染会使污染物在植（作）物体中积累，并通过食物链富集到人体和动物体中，危害人畜健康，引发癌症和其他疾病等。

20世纪五六十年代，日本战后经济快速腾飞。由于日本片面追求工业和经济的发展，加之当时对环境问题又缺乏应有的认识，在日本曾出现过一系列的由于环境问题所导致的污染公害事件，其中起源于日本富山县的痛痛病事件是典型的土壤镉污染引起的公害事件。20世纪初期，人们发现富山市神通川流域的水稻普遍生长不良。1931年又出现了一种怪病，患者大多是妇女，病症表现为腰、手、脚等关节疼痛。病症持续几年后，患者全身各部位会发生神经痛、骨痛现象，行动困难，甚至呼吸都会带来难以忍受的痛苦。到了患病后期，患者骨骼软化、萎缩，四肢弯曲，脊柱变形，骨质松脆，就连咳嗽都能引起骨折。患者不能进食，疼痛无比，常常大叫“痛死了！”“痛死了！”。有的人因无法忍受痛苦而自杀。这种病由此得名为“骨癌病”或“痛痛病”。后来研究证实，“痛痛病”实际上是由于镉污染引起的，其主要原因是该区炼锌厂排放的含镉废水使土壤遭受镉污染，进而使土壤产出的稻米镉超标，当地居民因长期食用被镉污染的大米而患病。到1979年为止，这一公害事件先后导致80多人死亡，直接受害者人数更多，赔偿的经济损失也超过20多亿日元（1989年的价格）。至今，还有人不断提出起诉和索赔的要求（蒋明君，2013）。

我国部分研究表明，癌症高发区土壤污染严重，许多常量成分出现异常，一些微量元素则明显缺少或严重超量（单礼堂等，2007）；辽宁沈抚污灌区土壤、农作物和地下水污染严重，污灌区肝肿大患病率显著高于非污灌区（刘冰和甄宏，2008）。

土壤污染还会威胁部分生物的繁衍生息。研究表明，DDT、三氯杀螨醇等农药在鸟类体内聚集，会导致鸟类蛋壳厚度变薄（刘长武，1989），而蛋壳薄的蛋容易在孵化前被打破而影响出生率，从而威胁鸟类的生存。

四、土壤污染导致其他环境问题

土壤受到污染后，污染物容易在风力和水力的作用下分别进入大气和水体中，导致大气污染、地表水污染、地下水污染和生态系统退化等其他次生生态环境问

题（林强，2004）。

第三节 土壤污染的防治

土壤污染具有隐蔽性（或潜伏性）、不可逆性和难治理性等特点，因此，土壤污染的防治需要立足于防重于治、防治结合、综合治理的基本方针，即首先要加强污染源的控制与管理，并充分利用土壤的自净能力，预防土壤污染的发生；同时，对已经污染的土壤，要采取合理措施，消除土壤中的污染物，或控制土壤中污染物的迁移转化，使其尽量不进入食物链，并减少次生污染的发生（张瑾和戴猷元，2008）。

一、建立、健全土壤污染相关法律法规

制定和完善与土壤污染相关的法律法规是防治土壤污染的前提与基础。早在20世纪70年代，国外就开始了土壤污染防治立法，许多国家和地区，如美国、英国、加拿大、德国、日本、韩国以及我国的台湾地区均通过立法有效解决了土壤污染问题（张百灵，2011）。然而，迄今我国还未颁布专门的土壤污染防治法。虽然现行法律体系中已有一些关于土壤污染防治方面的规定，但这些法律规定远远不能满足现代土壤污染防治的要求（王树义，2008）。当前我国学者正积极起草《土壤污染防治法》，预计该草案将于2017年提交全国人大常委会。

二、加强土壤污染的调查和监测工作

只有在查明土壤污染现状，了解污染成因以及存在的潜在风险的基础上才能有效防治土壤污染。现阶段我国土壤污染监测能力和水平还很有限，不能满足现有的需求，还需大力加强土壤环境质量监测工作，逐步建立全国土壤环境监测网络，掌握土壤环境质量现状，在此基础上，加强土壤污染监测监控能力，构建土壤监测网络，制定土壤环境污染预警制度（魏样等，2015）。

三、控制和消除土壤污染源

控制和消除土壤污染源是防止土壤污染的根本性措施，即在详细调查研究区土壤的各种污染源和污染途径的基础上，采取有效措施，切断土壤污染源或尽可

能避免污染物过量输入土壤环境。实践中，需以《农田灌溉水质标准》（GB 5084—2005）、《农用污泥中污染物控制标准》（GB 4284—84）等为依据，对输入土壤的水体、固废等进行管理；以《大气污染物综合排放标准》（GB 16297—1996）、大气固定源污染物排放标准[《锅炉大气污染物排放标准》（GB 13271—2014）、《石油化学工业污染物排放标准》（GB 31571—2015）、《无机化学工业污染物排放标准》（GB 31573—2015）等]和大气移动源污染物排放标准[《汽油运输大气污染物排放标准》（GB 20951—2007）、《轻型汽车污染物排放限值及测量方法（中国第五阶段）》（GB 18352.5—2013）、《城市车辆用柴油发动机排气污染物排放限值及测量方法（WHTC 工况法）》（HJ 689—2014）等]为依据，控制有害气体和粉尘的超标排放；大力发展清洁生产工艺，从源头上减少污染物的产生和排放；合理使用农药和化肥，积极发展高效、低毒、低残留的农药（张瑾和戴猷元，2008）。

四、提高土壤环境容量及自净能力

向土壤施加有机质、黏粒，调节土壤 pH 值改善胶体性质等，均可增加土壤对有害物质的吸附能力和吸附量，降低污染物在土壤中的有效性，从而增加土壤环境的自净能力，提高土壤环境容量。另外，分析、分离或培养新的微生物品种，或定向驯化微生物以适应特定有机污染物，也可提高土壤的净化能力。当输入土壤环境中的污染物的数量不大、输入速率不快时，或土壤遭受轻度污染时，采取相应措施提高土壤环境容量，对于防止土壤污染的发生或减轻土壤污染危害是有效的（张瑾和戴猷元，2008；杨艳等，2014）。

五、采取适宜的工程治理措施

治理土壤污染的工程技术手段包括电动修复、电热修复、客土法等物理修复法；淋洗法、改良剂法等化学修复法；微生物修复、植物修复技术等生物修复法。实践中需根据各种方法的优缺点和适用范围，土壤污染现状和预期达到的治理目标，结合经济因素，选择一种或几种方法联合对已污染的土壤进行治理。

六、加强宣传、监督和管理工作

各级部门需加大对土壤污染的监督和管理力度，同时加强宣传教育工作，提高公众保护土壤的意识，使公众参与土壤保护的条件更加便利，以此来促进土壤环境保护工作的深入开展（林强，2004）。

参考文献

[1] 单礼堂，李铁松，王文成. 中国癌症高发区的土壤环境[J]. 河南预防医学杂志，2007，18：151-152.

[2] 邓双，刘宇，张辰，等. 基于实测的燃煤电厂氟排放特征[J]. 环境科学研究，2014，27：225-231.

[3] 范志威. 煤燃烧过程中有机污染物的赋存及排放特性的研究[D]. 杭州：浙江大学，2005：86.

[4] 方淑荣. 环境科学概论[M]. 北京：清华大学出版社，2011.

[5] 方玉东. 我国农田污水灌溉现状、危害及防治对策研究[J]. 农业环境与发展，2011：1-6.

[6] 高炜，支国瑞，薛志钢，等. 1980—2007 年我国燃煤大气汞、铅、砷排放趋势分析[J]. 环境科学研究，2013，26：822-828.

[7] 郭胜利. 燃煤重金属迁移转化特征及其污染控制研究[D]. 重庆大学，2014：89.

[8] 环境保护部自然生态保护司. 土壤污染与人体健康[M]. 北京：中国环境科学出版社，2012.

[9] 黄春国，王鑫. 我国农田污灌发展现状及其对作物的影响研究进展[J]. 安徽农业科学，2009，37：10692-10693，10755.

[10] 家庭医药编辑部. “镉米”阴云——我国 10%大米被污染[J]. 家庭医药，2011：6-7.

[11] 蒋明君. 环境安全学导论[M]. 北京：世界知识出版社，2013.

[12] 梁思源，吴克宁. 土壤功能评价指标解译[J]. 土壤通报，2013，44：1035-1040.

[13] 林强. 我国的土壤污染现状及其防治对策[J]. 福建水土保持，2004，16：25-28.

[14] 刘冰，甄宏. 辽宁省重点灌区的污染特征与环境风险研究[J]. 气象与环境学报，2008，24：67-71.

[15] 刘长武. 农药三氯杀螨醇能使鸟卵壳变薄[J]. 农业环境与发展，1989：14，3.

[16] 任伟. 哈尔滨市交通干道两侧土壤重金属污染研究[D]. 哈尔滨：哈尔滨师范大学，2012：49.

[17] 史海娃，宋卫国，赵志辉. 我国农业土壤污染现状及其成因[J]. 上海农业学报，2008，24：122-126.

[18] 苏艳，刘宁，周国强. 我国蔬菜硝酸盐污染现状及防治研究[J]. 洛阳大学学报，2007，22：56-59.

[19] 王代长，蒋新，卞永荣，等. 酸沉降下加速土壤酸化的影响因素[J]. 土壤与环境，2002，11：152-157.

[20] 王果. 土壤学[M]. 北京：高等教育出版社，2009.

[21] 王树义. 关于制定《中华人民共和国土壤污染防治法》的几点思考[J]. 法学评论，2008：73-78.

[22] 魏样，韩霁昌，张扬，等. 我国土壤污染现状与防治对策[J]. 农业技术与装备，2015：11-15.

[23] 吴燕玉，陈涛，孔庆新. 我国农田土壤的重金属污染及其防治[J]. 土壤通报，1986：187-189.

[24] 晓云. 我国土壤重金属污染[J]. 金属世界，2000：10.

[25] 徐建明，张甘霖，谢正苗，等. 土壤质量指标与评价[M]. 北京：科学出版社，2010.

[26] 杨艳，武占省，杨波. 环境化学理论与技术研究[M]. 北京：中国水利水电出版社，2014.

[27] 张百灵. 中美土壤污染防治立法比较及对我国的启示[J]. 山东农业大学学报：社会科学版，2011：79-84，124.

[28] 张瑾，戴猷元. 环境化学导论[M]. 北京：化学工业出版社，2008.

[29] 张乃明. 环境土壤学[M]. 北京：中国农业大学出版社，2012.

[30] 张乃琦. 石黄高速公路机动车尾气对周边环境空气的影响研究[D]. 石家庄：河北科技大学，2014：46.

[31] 张颖，伍钧. 土壤污染与防治[M]. 北京：中国林业出版社，2012.

[32] 赵其国. 土壤圈在全球变化中的意义与研究内容[J]. 地学前缘，1997，4：153-162.

第十一章　噪声污染

噪声是声波的一种，具有声音的所有特性。从物理学的观点来看，噪声是指声波的频率和强弱变化毫无规律、杂乱无章的声音。从心理学上看，凡是人们不需要的声音，都称为噪声。

噪声按人类活动的方式分为交通噪声、工业噪声、建筑施工噪声、社会生活噪声。据统计，近年来向环境保护部门投诉的污染事件中，噪声事件所占的比例已升至第一位。因此，降低建筑物内部和周围环境的噪声，防止噪声的危害是环境保护的重要任务之一。

第一节　噪声污染概述

一、噪声的分类

噪声的种类很多，按照声源的不同，可以分为工业交通类噪声和生活类噪声两大类。前者主要有空气动力性噪声、机械性噪声和电磁性噪声；后者主要有电声性噪声、声乐性噪声和人类语言性噪声。

（1）空气动力性噪声：这类噪声是在高速气流、不稳定气流中由涡流或压力的突变引起的气体振动而产生的。如通风机、鼓风机、空压机、燃气轮机和锅炉排气放空等所产生的噪声都属于这一类。

（2）机械性噪声：这类噪声是在撞击、摩擦和交变的机械力作用下，部件发生振动而产生的。如织布机、球磨机、破碎机、电锯、气锤和打桩机等产生的噪声属于这一类。

（3）电磁性噪声：这类噪声是由于磁场脉动、磁场伸缩引起电气部件振动而产生的。如电动机、变压器等产生的噪声属于这一类。

（4）电声性噪声：此类噪声是由于电-声转换而产生的。电-声转换的核心器件是喇叭、扩音器等，如广播、电视、收音机、电话、电脑等产生的噪声属于这一类。

二、噪声污染的特点、计量与影响

1. 噪声的特点

噪声对周围环境造成不良影响，就会形成噪声污染，其特点是：

（1）噪声只会造成局部性污染，一般不会造成区域性和全球性污染；

（2）噪声污染无残余污染物，不会积累；

（3）噪声源停止后，污染即消失；

（4）噪声的声能是噪声源能量中很小的部分，一般认为再利用的价值不大，故声能的回收尚未被重视。

2. 噪声的计量

（1）噪声的物理量度

空气中传播的声波是一种疏密波，描述波动的物理量是波长（λ，单位：m），频率（f，单位：Hz）和声速（c，单位：m/s），它们之间的关系是：

$$c = \lambda f \tag{11-1}$$

声音音调的高低取决于声波的频率，频率高的声音称为高音，频率低的声音称为低音。人耳能听到的声音范围是 20～20 000 Hz，而对频率在 3 000～4 000 Hz 的声音最敏感。

音色是指声音的感觉特性。不同的发声体由于材料、结构不同，发出声音的音色也就不同，这样我们就可以通过音色的不同去分辨不同的发声体。音色是声音的特色，根据不同的音色，即使在同一音高和同一声音强度的情况下，也能区分出是不同乐器或人发出的。同样的响度和音调上不同的音色就好比同样饱和度和色相配上不同的明度的感觉一样。

（2）声强与声强级

声波是疏密波，声波传播时，是空气发生压缩或膨胀的变化，压缩时使压强增加，膨胀时使压强减小，这样就在原来的大气压的基础上产生了压强变化。此压强变化是由于声波引起的，称为声压。对于声压，人耳能听到的范围与频率一样，有一个十分宽广的可听域。为了能够较为明显地区分和反映声压的大小程度，采用声压级来表征声压，用以衡量声音的相对强弱。声压级的单位为分贝，用 dB 表示。

声音的声压级定义为该声音的声压与基准声压之比，取以 10 为底的对数，再乘以 20。其表达式是：

$$L_p=20\lg(p_e/p_0) \tag{11-2}$$

式中：p_e——有效声压，Pa；

p_0——基准声压，$p_0=2\times10^{-5}$ Pa。

分贝的标准：

10～20 dB，几乎感觉不到；

20～40 dB，相当于轻声说话；

40～60 dB，相当于室内谈话；

60～70 dB，有损神经；

70～90 dB，很吵，长期在这种环境下学习和生活，会使人的神经细胞逐渐受到破坏；

90～100 dB，会使听力受损；

100～120 dB，使人难以忍受，几分钟就可暂时致聋。

3．噪声的影响

噪声污染对人、动物、仪器、仪表以及建筑物均构成危害，其危害程度主要取决于噪声的频率、强度及暴露时间。噪声危害主要包括：

（1）噪声对听力的损伤

噪声对人体最直接的危害是听力损伤。人们在进入强噪声环境时，暴露一段时间，会感到双耳难受，甚至会出现头痛等感觉。离开噪声环境到安静的场所休息一段时间，听力就会逐渐恢复正常。这种现象叫作暂时性听阈偏移，又称听觉疲劳。但是，如果人们长期在强噪声环境下工作，听觉疲劳不能得到及时恢复，内耳器官会发生器质性病变，即形成永久性听阈偏移，又称噪声性耳聋。若人突然暴露于极其强烈的噪声环境中，听觉器官会发生急剧外伤，引起鼓膜破裂出血，螺旋器从基底膜急性剥离，可能使人耳完全失去听力，即出现爆震性耳聋。一般情况下，85 dB 以下的噪声不至于危害听觉，而 85 dB 以上则可能发生危险。统计表明，长期工作在 90 dB 以上的噪声环境中，耳聋发病率明显增加。

（2）噪声能诱发多种疾病

因为噪声通过听觉器官作用于大脑中枢神经系统，以致影响到全身各个器官，故噪声除对人的听力造成损伤外，还会给人体其他系统带来危害。由于噪声的作用，会产生头痛、脑胀、耳鸣、失眠、全身疲乏无力以及记忆力减退等神经衰弱症状。长期在高噪声环境下工作的人与低噪声环境下的情况相比，高血压、动脉硬化和冠心病的发病率要高 2～3 倍。可见，噪声会导致心血管系统疾病。噪声也可导致消化系统功能紊乱，引起消化不良、食欲不振、恶心呕吐，使肠胃病和溃疡病发病率升高。此外，噪声对视觉器官、内分泌机能及胎儿的正常发育等方面也会产生一定影响。在高噪声中工作和生活的人们，一般健康水平会逐年下降，对疾病的抵抗力减弱，诱发一些疾病。

（3）对生活工作的干扰

噪声对人的睡眠影响极大，人即使在睡眠中，听觉也要承受噪声的刺激。噪声会导致多梦、易惊醒、睡眠质量下降等，突然的噪声对睡眠的影响更为突出。研究结果表明：连续噪声可以加快熟睡到轻睡的回转，使人多梦，并使熟睡的时间缩短；突然的噪声可以使人惊醒。一般来说，40 dB 连续噪声可使 10%的人受到影响，70 dB 可以使 50%的人受到影响，而突发的噪声在 40 dB 时，可使 10%的人惊醒，到 60 dB 时，可使 70%的人惊醒。睡眠长期在噪声干扰下会造成失眠、疲劳无力、记忆力衰退。噪声会干扰人的谈话、工作和学习。实验表明，当人受到突然而至的噪声一次干扰，就要丧失 4 s 的思想集中时间。据统计，噪声会使劳动生产率降低 10%～50%，随着噪声的增加，差错率上升。由此可见，噪声会分散人的注意力，导致反应迟钝，容易疲劳，工作效率下降，差错率上升。噪声还会掩蔽安全信号，如报警信号和车辆行驶信号等，引发事故。

（4）对动物的影响

噪声能对动物的听觉器官、视觉器官、内脏器官及中枢神经系统造成病理性变化，强噪声会导致动物死亡。鸟类在噪声中会出现羽毛脱落，影响产卵率等。有实验证明，动物在噪声场中会失去行为控制能力，不但烦躁不安而且失去常态。如在 165 dB 噪声场中，大白鼠会疯狂蹿跳、互相撕咬和抽搐，然后就僵直地躺倒。

（5）特强噪声对仪器设备和建筑结构的危害

实验研究表明，特强噪声会损伤仪器设备，甚至使仪器设备失效。噪声对仪器设备的影响与噪声强度、频率以及仪器设备本身的结构与安装方式等因素有关。当噪声级超过 150 dB 时，会严重损坏电阻、电容、晶体管等元件。当特强噪声作用于火箭、宇航器等机械结构时，由于受声频交变负载的反复作用，会使材料产生疲劳现象而断裂，这种现象叫作声疲劳。

噪声对建筑物也有影响，超过 140 dB 时，对轻型建筑开始有破坏作用。例如，当超声速飞机在低空掠过时，在飞机头部和尾部会产生压力和密度突变，经地面反射后形成“N”形冲击波，传到地面时听起来像爆炸声，这种特殊的噪声叫作轰声。在轰声的作用下，建筑物会受到不同程度的破坏，如出现门窗损伤、玻璃破碎、墙壁开裂、抹灰震落、烟囱倒塌等现象。由于轰声衰减较慢，因此传播较远，影响范围较广。此外，在建筑物附近使用空气锤、打桩或爆破，也会造成建筑物的损伤。

第二节　噪声的评价与标准

一、噪声的评价方法

声压和声压级是衡量声音强度的物理量，声压级越高，声音越强。但人耳对声音的感觉不仅与声压有关，还与频率有关。人耳对高频的声音更为敏感，对低频的声音感觉相对迟钝，频率不同而声压级相同的声音听起来不一样响。因此，声压级并不能表示人对声音的主观感觉。然而，评价噪声必须以人的主观感觉程度为准，因此，常用以下物理量作为评价：

1. 响度、响度级和等响曲线

在一定条件下，根据人的主观感觉对声音进行测试，以声音的频率为横坐标，以声压级为纵坐标，把在听觉上大小相同的点用曲线连接起来，这样得到的一组曲线就叫作等响曲线。在同一等响曲线上，反映声音客观强弱的声压级一般并不相同（图 11.1）。

各条等响曲线上，横坐标为 1 000 Hz 点的纵坐标值（声压级）就叫作这条等响曲线的响度级，用 L_N 表示，单位为方（phon），并标注在曲线上。例如，声压级为 85 dB 的 50 Hz 纯音、65 dB 的 400 Hz 纯音、62 dB 的 4 000 Hz 纯音与 70 dB

的 1 000 Hz 纯音的响度相等，响度级都等于 70 phon。图 11.1 中虚线为人耳的听阈曲线（MAF）。

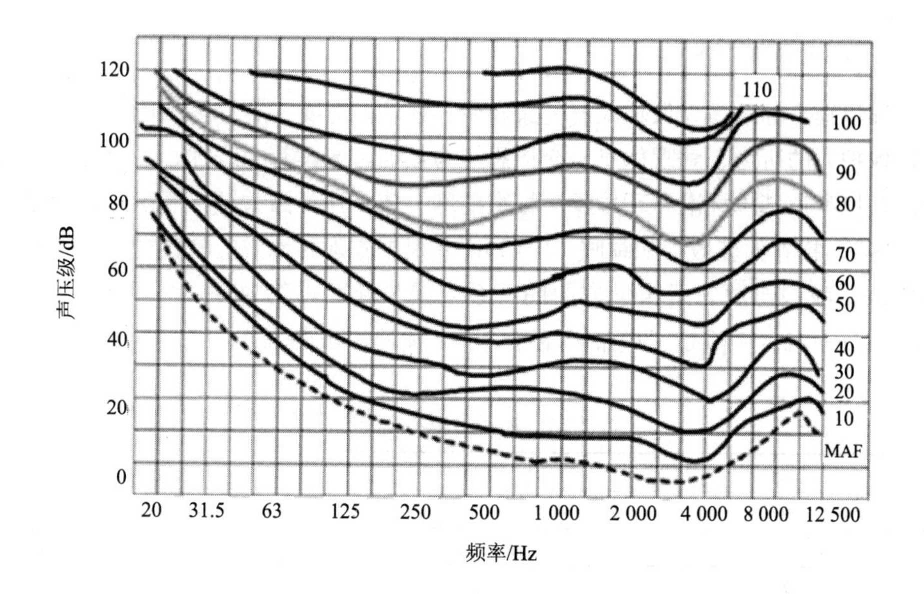

图 11.1　等响曲线

定量反映声音响亮程度的主观量叫作响度，用符号 N 表示，单位为宋（sone）。响度与人们主观感觉成正比，声音的响度加倍时，该声音听起来加倍响。规定响度级为 40 phon 时响度为 1 sone。

2. A 声级和等效连续 A 声级

以上介绍的是纯音的响度级，而一般的噪声是由频率范围很宽的纯音组成的，其响度级的计算非常复杂。为了能用仪器直接测量噪声评价的主观量，在测量仪器中，安装一套滤波器，也称计权网络，对不同频率的声音进行一定的衰减和放大，实际上是对不同频率的声压级进行一定的加权修正。一般设有 A、B、C 三套计权网络。用 A、B、C 计权网络得到的分贝数，分别称为 A 声级、B 声级和 C 声级。A 声级能很好地反映人类对噪声的主观感觉，它与噪声引起听力损害程度的相关性也很好，因此，A 声级越来越广泛地应用于噪声评价中。

A 声级适用于连续稳态噪声的评价，但不适用于起伏或者不连续的稳态噪声。

这时要用连续等效 A 声级来评价。连续等效 A 声级的定义为某段时间内的非稳态噪声的 A 声级，用能量平均的方法，以一个连续不变的 A 声级来表示该时段内噪声的声级。

二、环境噪声标准

环境噪声标准是为保护人群健康和生存环境，对噪声容许范围所作的规定。应以保护人的听力、睡眠休息、交谈思考为依据，应具有先进性、科学性和现实性。环境噪声基本标准是环境噪声标准的基本依据。各国大都参照国际标准化组织（ISO）推荐的基数（如睡眠 30 dB），并根据本国和地方的具体情况而制定。近年来，我国已颁布了声学方面的一系列国家标准。其中《声环境质量标准》（GB 3906—93）中规定了城市区域环境噪声标准，如表 11.1 所示。

表 11.1　城市区域环境噪声标准　　单位：dB

类别	昼间	夜间
0	50	40
1	55	45
2	60	50
3	65	55
4	70	55

表中各类标准的适用区域：

（1）0 类标准适用于疗养区、高级别墅区、高级宾馆区等特别需要安静的区域。位于城郊和乡村的这一类区域分别按严于 0 类标准 5 dB 执行；

（2）1 类标准适用于以居住、文教机关为主的区域，乡村居住环境可参照执行该类标准；

（3）2 类标准适用于居住、商业、工业混杂区；

（4）3 类标准适用于工业区；

（5）4 类标准适用于城市中的道路交通干线两侧区域，穿越城区的内河航道两侧区域；穿越城区的铁路主、次干线两侧区域的背景噪声（指不通过列车时的噪声水平）限值也执行该类标准。

三、《中华人民共和国环境噪声污染防治法》

《中华人民共和国环境噪声污染防治法》是为防治环境噪声污染，保护和改善生活环境，保障人体健康，促进经济和社会发展而制定的。1996 年 10 月 29 日第八届全国人民代表大会常务委员会第二十二次会议通过，自 1997 年 3 月 1 日起施行。

第三节 噪声控制技术

噪声从声源发出，通过一定的传播途径达到接受者，才能发生危害作用。因此，噪声污染涉及噪声源、传播途径和接收者三个环节组成的声学系统。要控制噪声必须分析这个系统，既要分别研究这三个环节，又要综合系统考虑。

一、吸声技术

1. 吸声原理

当声波入射到物体表面时，一部分能量被反射，一部分能量被吸收，其余一部分声能却可以透过物体。

2. 吸声材料

常见的吸声材料有：

（1）纤维类材料：纤维类材料又分无机纤维和有机纤维两类。无机纤维类主要有玻璃棉、玻璃丝、矿渣棉、岩棉及其制品。有机纤维类主要有棉麻下脚料，棉絮，稻草，海草及由甘蔗渣、麻丝等经过加工而制成的各种软质纤维板。

（2）泡沫类材料：主要有脲醛泡沫塑料、聚氨酯泡沫塑料、氨基甲酸酯泡沫塑料等。这类材料的优点是密度小（10～14 kg/m^3）、导热系数小、质地软。缺点是易老化、耐火性差。目前用得最多的是聚氨酯泡沫塑料。

（3）颗粒类材料：主要有膨胀珍珠岩、多孔陶土砖、矿渣水泥等。它们具有保温、防潮、不燃、耐热、耐腐蚀、抗冻等优点。

3．吸声结构

（1）多孔板共振吸声结构

将薄的胶合板、塑料板、金属板等材料的周边固定在墙或顶棚的框架（称龙骨）上，这种由薄板和板后的封闭空气层构成的系统称为薄板共振吸声结构。当声波入射到薄板上时，薄板就产生振动，发生弯曲变形，薄板因此而出现内摩擦损耗，使振动的能量转变为热量，达到减噪的目的。当入射声波的频率与薄板系统的固有频率相同时，便发生共振，薄板的弯曲变形最大，消耗声能最多。

工程中，薄板厚度一般为 3～6 mm，空气层厚度为 30～100 mm，其吸声系数一般为 0.2～0.5，共振频率为 100～300 Hz，属低频吸声。若在薄板结构的边缘放一些柔软材料，如橡胶条、海绵条、毛毡等，可以明显改善其吸声效果。

（2）单孔共振吸声结构

由腔体和颈口组成，腔体通过颈部与大气相通，孔颈中的空气柱很短，可视为不可压缩的整体，当声波入射时，孔颈中的气柱在声波的作用下便像活塞一样做往复运动，因与颈壁发生摩擦使声能转变为热能而损耗。当系统的固有频率与入射声波频率一致时，便发生共振，声能得到最大吸收。这种结构对低频吸声作用明显。

（3）微孔板吸声结构

微孔板吸声结构是在板厚小于 1 mm 的薄板上钻以孔径为 0.8 mm 的微孔，后为空腔构成。由于微孔的声阻抗很大，其既能代替吸声材料又能起到共振吸声结构的双重作用，是一种良好的宽频带吸声结构。微孔板吸声结构特别适于在高温、高速气流和潮湿等恶劣环境下应用。该结构往往制成双层或多层组合结构。

二、隔声技术

隔声是噪声控制工程中常用的措施之一。它是利用墙体、各种板材及构件使噪声源和接收者分开，阻断噪声在空气中的传播，从而达到降低噪声的目的。

1．隔声原理

当声波在传播过程中，遇到匀质屏障物，使一部分声能被屏障物反射，一部分被屏障物吸收，一部分声能透过屏障物辐射到另一空间，透射声能仅是入射声能的一小部分。

当声波依次透过特性阻抗完全不同的墙体、空气介质时，造成声波的多次反射，使声波衰减，并且由于空气层的弹性和附加吸收作用，振动能量大大减弱。

2. 隔声装置

常见的隔声设备有隔声罩、隔声间、隔声屏等。

三、消声技术

消声器是一种在允许气流通过的同时，能有效地阻止或减弱声能向外传播的装置。它主要用于机械设备的进气、排气管道或通风管道的噪声控制。一个性能好的消声器，可使气流噪声降低 20～40 dB（A）。

1. 消声器性能评价

消声器的性能主要从插入损失、平均声压级差、传声损失三个方面来评价。

（1）插入损失：指消声器安装前后，在管道外某点测得的声压级之差。反映了消声器的实际使用效果。

（2）平均声压级差：指消声器进气和出气端的平均声压级之差。一般用于实验室测试。

（3）传声损失：指消声器进气端的声功率与出气端的声功率之比，或声功率级之差。常用作理论分析的度量。

以上几个数据越大，效果越显著。

消声器类型很多，按其降噪原理可分为阻性和抗性两大类。阻性消声器主要用于消除中高频噪声，抗性消声器主要用于消除中低频噪声。

2. 阻性消声器

阻性消声器主要是利用多孔吸声材料来降低噪声的。把吸声材料固定在气流通道的内壁上，或使之按一定的方式排列在管道中，就构成了阻性消声器。当声波进入消声器后，由于摩擦力和黏滞阻力的作用，部分声能转化为热能散失，起到了消声作用。阻性消声器结构简单，能较好地消除中高频噪声，但不适合在高温、高湿环境中使用，对低频噪声消声效果也较差。在实际应用中被广泛用于消除风机、燃气轮机等的进气噪声。

常见阻性消声器的结构形式有直管式、折板式、片式、蜂窝式、迷宫式、声流式、盘式及室式等。

3．抗性消声器

抗性消声器不使用吸声材料，它是利用管道截面的突变或旁接共振腔，使声波发生反射或干涉，从而使部分声波不再沿管道继续传播，达到消声的目的。

抗性消声器耐高温、耐气流冲击，适用于消除中低频噪声，实际应用中常用于消除空压机、内燃机和汽车排气噪声。常用的抗性消声器主要有扩张室（也叫膨胀室）消声器和共振腔消声器。

扩张室消声器的基本结构是扩张室和接管的组合。

4．复式消声器

阻性消声器在中高频范围内有较好的效果，而抗性消声器可以有效地降低中低频噪声。两者结合起来组成阻抗复式消声器，可在较宽的频率范围内获得良好的消声效果。

参考文献

[1] 陈杰荣. 物理性污染控制[M]. 北京：高等教育出版社，2007.

[2] 蒋展鹏. 环境工程学[M]. 北京：高等教育出版社，2013.

[3] 奚旦立. 环境监测[M]. 北京：高等教育出版社，2010.

第十二章　放射性污染

第一节　放射性污染及其危害

一、相关概念

1．放射性污染

指人类活动排放出的放射性物质，使环境中的放射性水平高于天然本底或超过国家规定的标准所造成的污染。放射性污染很难消除，射线强度只能随时间的推移而减弱。

放射性污染的特点：①绝大多数放射性核素毒性，按致毒物本身重量计算，均高于一般的化学毒物；②按放射性损伤产生的效应，可能遗传给后代带来隐患；③放射性剂量的大小只有辐射探测仪才可以探测，非人的感觉器官所能知晓；④射线的辐照具穿透性，特别是γ射线可穿透一定厚度的屏障层；⑤放射性核素具有蜕变能力；⑥放射性活度只能通过自然衰变而减弱。

2．放射性活度

表示单位时间内放射性原子核所发生的核转变数，符号为 A。国际标准单位：Bq（贝可），1 Bq 表示每秒钟发生一次核衰变。曾用单位：Ci（居里），$1\ \text{Ci}=3.7\times10^{10}\ \text{Bq}$。

3．照射量和照射量率

照射量表示γ或 X 射线在空气中产生电离能力大小的辐射量。只用于度量γ射线和 X 射线在空气介质中产生的照射效能。用式（12-1）表示：

$$X=\frac{\mathrm{d}Q}{\mathrm{d}m} \tag{12-1}$$

式中：X——照射量，C/kg。曾用单位：R（伦琴），1 R=2.58×10^{-4} C/kg；

$\mathrm{d}Q$——射线在质量为 dm 的空气中释放出来的全部电子（正电子和负电子）被空气完全阻止时，在空气中产生的一种符号离子的总电荷的绝对值，C；

$\mathrm{d}m$——受照空气的质量，kg。

照射量率 $\dot{X}$，用式（12-2）表示：

$$\dot{X}=\frac{\mathrm{d}X}{\mathrm{d}t} \tag{12-2}$$

式中：$\dot{X}$——照射量率，C/（kg·s）；

$\mathrm{d}X$——时间间隔 dt 照射量的增量，C/kg；

$\mathrm{d}t$——时间间隔，s。

4．吸收剂量和吸收率

吸收剂量指单位质量受照物质中所吸收的平均辐射能量，用式（12-3）表示：

$$D=\frac{\mathrm{d}\bar{\varepsilon}}{\mathrm{d}m} \tag{12-3}$$

式中：D——吸收剂量，Gy（戈瑞），曾用单位：rad（拉德），1 rad = 0.01 Gy；

$\mathrm{d}\bar{\varepsilon}$——电离辐射授予质量为 d$m$ 的物质的平均能量，J；

$\mathrm{d}m$——受照空气的质量，kg。

吸收剂量在剂量学的实际应用中是一个非常重要的物理量，适用于任何类型的辐射和受照物质，并且是与一无限小体积相联系的辐射量，即受照物质中每一点都有特定的吸收剂量数值。因此，当给出吸收剂量数值时，必须指明辐射类型、介质种类和所在位置。

吸收剂量率指单位时间内的吸收剂量，用式（12-4）表示。

$$\dot{D}=\frac{\mathrm{d}D}{\mathrm{d}t} \tag{12-4}$$

式中：$\dot{D}$——吸收剂量率，Gy/s；

$\mathrm{d}D$——时间间隔 $\mathrm{d}t$ 吸收剂量的增量，Gy；

$\mathrm{d}t$——时间间隔，s。

5. 剂量当量

生物效应受辐射类型与能量、剂量与剂量率大小、照射条件及个体差异等因素的影响，故相同的吸收剂量未必产生同等程度的生物效应。为了用同一尺度表示不同类型和能量的辐射照射对人体造成的生物效应的严重程度或发生概率的大小，辐射防护上采用剂量当量这一辐射量。组织内某一点的剂量当量用下式表示：

$$H=DQN \tag{12-5}$$

式中：H——剂量当量，Sv（希沃特），曾用单位：rem（雷姆），1 rem=0.01 Sv；

D——在该点所接受的吸收剂量，Gy；

Q——品质因数，用以计量剂量的微观分布对危害的影响；

N——国际放射防护委员会规定的其他修正系数，目前规定 $N=1$。

表 12.1　品质因数

	α辐射	β辐射	γ辐射
品质因数	20	1	1

6. 有效剂量当量

为了计算受到照射的有关器官和组织受到的总的危险，相对随机效应而言，在辐射防护中引进有效剂量当量 H_E，用下式表示：

$$H_E=\sum W_T H_T \tag{12-6}$$

式中：H_E——有效剂量当量，Sv；

H_T——器官或组织 T 所接受的剂量当量，Sv；

W_T——该器官的相对危险度系数。通常，性腺 0.25，肺部 0.12，甲状腺 0.03。

7. 集体剂量当量和集体有效剂量

一次大的放射性实践或放射性事故，会涉及许多人，因此采用集体剂量当量定量表示一次放射性实践对社会总的危害。

集体剂量当量指各组内人均所接受的剂量当量$\bar{H}_{\mathrm{T}i}$（全身的有效剂量当量或任一器官的剂量当量）与该组人数相乘，然后相加所得的总剂量当量数。即

$$S_{\mathrm{T}}=\sum_{i}\bar{H}_{\mathrm{T}i}\cdot N_{i} \tag{12-7}$$

式中：S_{T}——集体剂量当量，人·Sv；

$\bar{H}_{\mathrm{T}i}$——所考虑的群体中，第 i 人群组中每个人的器官或组织 T 平均所接受的剂量当量，Sv；

N_i——第 i 人群组的人数。

集体有效剂量指量度某一人群所受的辐射照射，则按集体有效剂量计算，即

$$S=\sum_{i}\bar{E}_{i}\cdot N_{i} \tag{12-8}$$

式中：S——集体有效剂量，人·Sv；

$\bar{E}_i$——第 i 人群组接受的平均有效剂量，人·Sv；

N_i——第 i 人群组的人数。

8. 待积剂量当量

单次摄入某种放射性核素后，在 50 年期间该组织或器官所接受的总剂量当量，即

$$H_{50,\mathrm{T}}=U_{\mathrm{S}}\mathrm{SEE}\ (\mathrm{S}\to\mathrm{T}) \tag{12-9}$$

式中：$H_{50,\mathrm{T}}$——待积剂量当量；

U_{S} ——源器官 S 摄入放射性核素后 50 年内发生的总衰变数；

SEE（T→S）——源器官中的放射性粒子传输给单位质量靶器官的有效能量，（S→T）表示由源器官 S 传输给靶器官 T。

二、环境中的放射污染源

环境中的放射性来源包括天然放射源和人工放射源。常见的天然放射源包括

宇宙辐射、地球内放射性物质和人体内放射性物质等。常见的人工放射源包括核试验造成的全球性放射性污染；核能生产、放射性同位素的生产和应用，导致放射性物质以气态或液态的形式释放而直接进入环境；核材料贮存、运输或放射性固体废物处理与处置；核设施退役等。天然和人工放射源辐射的集体剂量见表12.2。

表 12.2 天然和人工放射源放射的集体剂量

来源	集体剂量/（人·Sv/a）
所有的天然放射源	10 000 000
宇宙射线，飞机旅行	2 000
燃煤电站	约 2 000
燃煤的家庭烹调及取暖	100 000
磷盐工业	6 000
磷石膏	1977 年为 300 000
核武器试验	最高年份为 400 000（1962—1963 年）
	所有时间共计 30 000 000
核电（不包括废物处置）	1980 年为 500，2000 年为 1 000
核电（职业照射）	2 000
夜光钟表	2 000

1．天然放射源

天然放射源主要来自宇宙辐射、地球和人体内的放射性物质，这种辐射通常称为天然本底辐射。在自然状态下，来自宇宙的射线和地球环境本身的放射性元素一般不会给生物带来危害。在世界范围内，天然本底辐射每年对个人的平均辐射剂量约为 2.4 mSv（毫希），不同地区的天然本底辐射水平不同，有些地区的天然本底辐射水平比平均值高得多。

1896 年，法国物理学家贝克勒尔（Beequerel）发现铀（U）的化合物能使附近包在黑纸里的照相底片感光，从而推断出铀可以不断地自动放射出某种看不见的且穿透力相当强的射线。1897 年，卢瑟福（E Rutherford）和约瑟夫·汤姆孙（J J Thomson）通过在磁场中研究铀的放射线偏转，发现铀的放射线有带正电、带负电和不带电三种，分别被称为α射线、β射线和γ射线，后来经过物理学家的共同努力，发展了这一研究结果。现在知道原子序数在 84 以上的所有元素都有天然放射性，小于此数的某些元素如碳、钾等也有这种性质。

核辐射经常使人们忧心忡忡，但它存在于所有的物质之中，这是亿万年来存在的客观事实。核辐射的能量较高，可以把原子电离，所以也称为电离辐射。一般而言，电离是指电子被电离辐射从电子壳层中击出，使原子带正电。由于细胞由原子组成，电离作用可以诱发癌症。一个细胞大约由数万亿个原子组成。电离辐射引起癌症的概率取决于辐射剂量率及接受辐射生物的感应性。α、β、γ辐射及中子辐射均可以加速至足够高能量电离原子。天然食品中也有微量的放射性物质，一般情况下对人是无害或影响很微小的。在特殊环境下，放射性元素可能通过动物或植物富集而污染食品，对人类身体健康产生危害。

2．人工放射源

对公众造成自然条件下原本不存在的辐射称为人工辐射。1933 年，约里奥-居里夫妇在第七届索尔威会议上报告称，某些物质在α粒子轰击下发射出正电子连续谱。他们一直坚持研究这个现象，于 1934 年 1 月 19 日得出结论，并向《自然》杂志写了一封信。这封信证明了人工放射线的存在。20 世纪 50 年代以来，人类的活动使得人工辐射和人工放射性物质大大增加，环境中的射线强度随之增强，对生物的生存和健康构成威胁，从而产生了放射性污染。

人工放射性核素主要通过裂变反应堆和粒子加速器制备。医疗检查和诊断过程中，患者身体都要受到一定剂量的放射性照射。进行一次肺部 X 光透视，接受（4～20）×0.000 1 Sv 的剂量（1 Sv 相当于每克物质吸收 0.001 J 的能量）；进行一次胃部透视，接受 0.015～0.03 Sv 的剂量。科研工作中广泛地应用放射性物质，除了原子能利用的研究单位外，金属冶炼、自动控制、生物工程、计量等研究部门，几乎都有涉及放射性方面的课题和试验。在这些研究工作中都有可能造成放射性污染。

三、放射性污染的危害

1．辐射的生物效应

辐射与人体相互作用会导致某些特有的生物效应，其性质和程度主要取决于人体组织吸收的辐射能量，演变过程如图 12.1 所示。

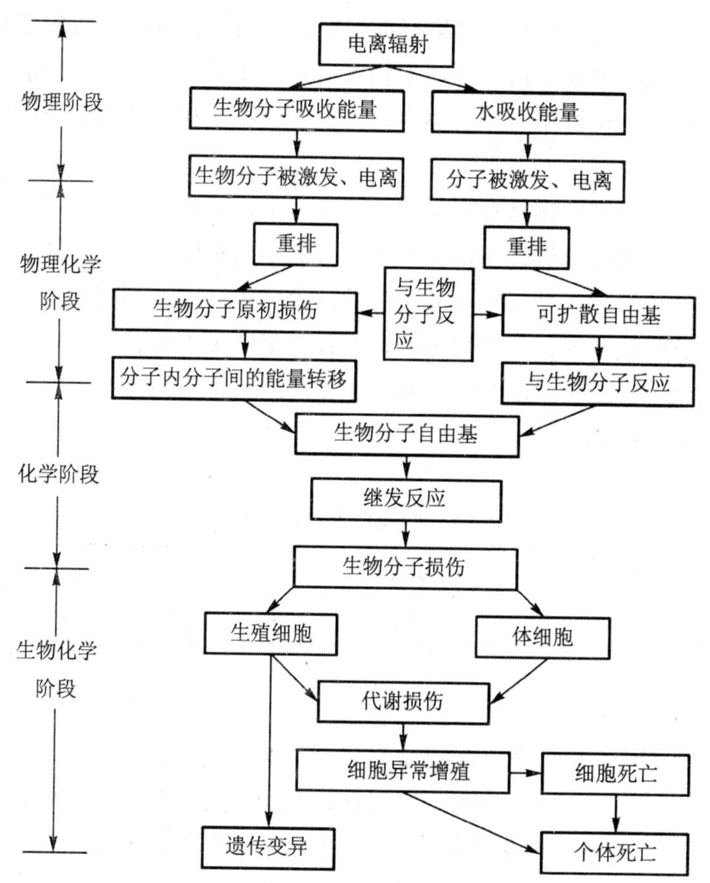

图 12.1 辐射生物反应的演变过程（陈杰瑢，2015）

（1）辐射对细胞的作用

辐射对细胞作用大小受很多因素影响，主要可归纳为与辐射相关的物理因素和与机体相关的生物因素。

物理因素主要包括辐射类型、辐射能量、吸收剂量、剂量率、照射方式等。不同类型的辐射对机体产生的生物效应是不同的，主要取决于辐射的电离密度和穿透能力。通常，外照射时，$\gamma>\beta>\alpha$；内照射时，$\alpha>\beta>\gamma$。在吸收剂量相同时，剂量率越大，生物效应越显著。照射分次越多，各次照射时间间隔越长，生物效应越小。辐射损伤与受照射部位及受照射面积密切相关，不同部位器官对辐射的敏感性不同，不同器官受损伤后，给机体带来的影响也不相同。照射剂量相同，受照射的面积越大，产生的生物效应也越大。外照射情况下，机体的剂量分布受入射辐射角度、空间分布和辐射能谱的影响，还与机体受照射时的姿势和在辐射场内的取向有关。内照射情况下，生物效应强弱还受到进入机体的放射性核素种类、数量、核素理化性质、在机体内的沉积部位和在相关部位滞留的时间等物理因素影响。

生物因素主要指生物体对辐射的敏感性。生物种系的演化程度越高，机体结构越复杂，对辐射的敏感性越高。个体发育的不同阶段，对辐射的敏感性也不相同，通常，幼年和老年期对辐射的敏感性高于成年时期。不同器官、组织和细胞对辐射的敏感性也各异，一般情况下，人体内繁殖能力越强，代谢越活跃，分化程度越低的细胞越敏感。表 12.3 中列举了受照射后，不同种系生物死亡 50%所需要的吸收剂量（LD_{50}）。

表 12.3 生物死亡 50%的吸收剂量值

生物种系	人	猴	大鼠	鸡	龟	大肠杆菌	病毒
LD_{50}/Gy	4.0	6.0	7.0	7.15	15.0	56.0	2×10^4

（2）辐射的生物效应

电离辐射对人体辐射的生物效应可以分为躯体效应和遗传效应。躯体效应是由辐照引起的，对受照者本身的有害效应，是由于人体普通细胞受损引起的，只影响受照者本身。短时间内受到大剂量照射事故情况下，可引起急性躯体效应。有的生物效应需要经过很长时间的潜伏期才表现出来，引起远期效应，如诱发白血病和癌症，或者导致寿命的非特异性缩短，过早衰老或提前死亡。遗传效应是由于生殖细胞受到损伤引起的，受照者后代出现的身体缺陷。通常，辐射引起人体细胞内基因的非自然性转变是有害的，所以要避免人工辐射引起的人体细胞内的基因突变。

2. 辐射对人体的危害

辐射对人体的危害主要分为急性放射病和远期影响。

（1）急性放射病

由大剂量急性照射引起，多为意外核事故、核战争造成。按射线的作用范围，短期大剂量外照射引起的辐射损伤可分成全身性辐射损伤和局部性辐射损伤。全身性辐射损伤，指机体全身受到均匀或不均匀大剂量急性照射引起的一种全身性疾病，通常在照射后数小时或几周内出现。根据剂量大小、主要症状、病程特点和严重程度等，可以分为骨髓型放射病、肠型放射病和脑型放射病。局部放射性损伤是指机体某一器官或组织受到外照射时，出现的某种损伤，在放射治疗过程中可能出现这类损伤。比如，单次接受 3 Gy β射线或低能γ射线照射，皮肤会产生红斑，剂量大时，还会出现水泡和皮肤溃疡等病变。

（2）远期影响

主要是慢性放射病和长期小剂量照射对人体健康的影响，多属于随机效应。慢性放射病是多次照射、长期累积的结果。危害程度取决于受辐射时间和辐射量。受辐射的人可能在数年或数十年后，出现白血病、恶性肿瘤、白内障、生长发育迟缓、生育能力降低等远期躯体效应。还可能出现胎儿性别比例变化、先天畸形、流产和死产等遗传效应。长期小剂量照射对健康的影响表现为：潜伏期长，发生概率低，有随机效应，也有确定效应。若要估计小剂量照射对人体的影响，只有对人数众多的群体进行流行病学调查，才能得出有意义的结论。

第二节　放射性废物

一、相关概念

1. 放射性废物

指含放射性核素或被其污染，其浓度或比活度大于规定的清洁解控水平，预期不会再被利用的废弃物。

2. 危险度

用 r_i 表示，是指某个组织或器官接受单位剂量照射后引起第 i 种有害效应的概率。国际放射防护委员（ICRP）规定全身均匀受照射时的危险度为 10^{-2} Sv^{-1}。几种辐射敏感度较高的组织诱发致死性癌症的危险度见表 12.4。

表 12.4 几种对辐射敏感器官的危险度

器官或组织	危险度
性腺	40
乳腺	25
红骨髓	20
肺	20
甲状腺	5
骨	5
其余五个组织的总和	50
总计	165

3. 危害

用有害效应的发生频数与效应的严重程度的乘积表示，公式为：

$$G=\sum_i h_i r_i g_i \tag{12-10}$$

式中：G——危害；

h_i——第 i 组人群接受的评价剂量当量，Sv；

r_i——该组发生有害效应的频数；

g_i——严重程度，对可治愈的癌症，$g_i=0$；对死亡癌症，$g_i=1$。

4. 随机性效应

通过减少剂量的方法虽能降低其发生率，但不能完全避免。

5. 确定性效应

只要将剂量限制在其阈值以下，效应就不会发生。

二、放射性废物的来源和特点

1. 放射性废物的来源

按照使用方法，放射性废物主要有核设施、伴生矿、核技术应用三个来源（图 12.2 至图 12.4）。

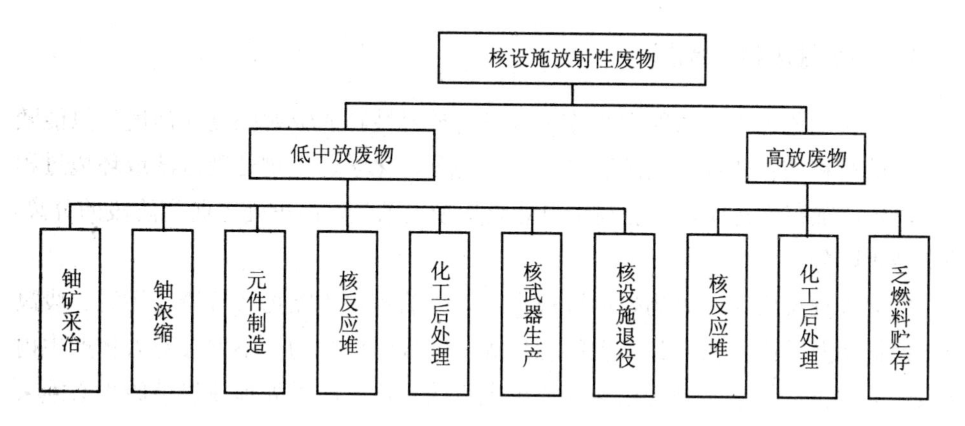

图 12.2 核设施产生的放射性废物（陈杰瑢，2015）

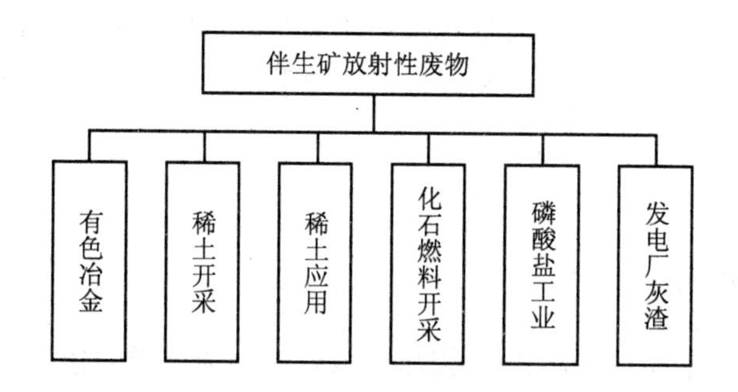

图 12.3 伴生矿产生的放射性废物（陈杰瑢，2015）

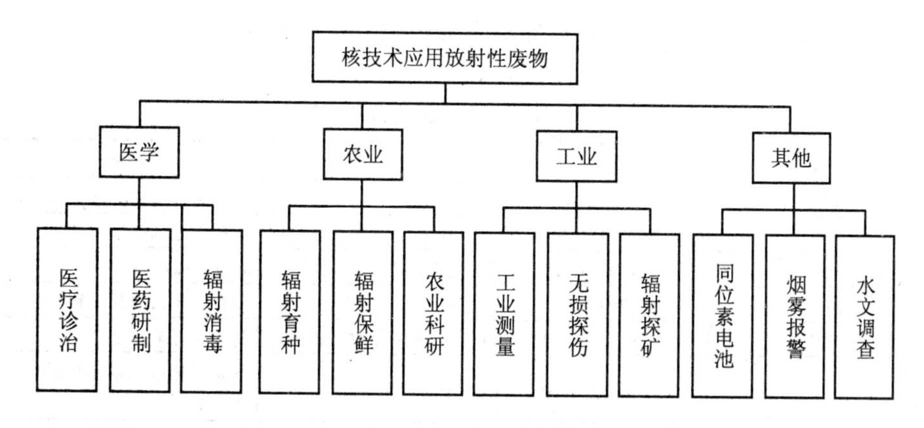

图 12.4 核技术应用产生的放射性废物（陈杰瑢，2015）

2. 放射性废物的特点

（1）长期危害性：放射性废物中含有的放射性物质辐射强度（活度）只能随着时间的推移按指数规律逐渐衰减。任何物理、化学、生物处理方法或环境过程都不能消除放射性污染，只能利用自然衰变使之消失，但正处于研究阶段的分离-嬗变技术除外。

（2）处理难度大：废物处理过程中，产生的各种浓缩物（沉渣、污泥、废离子交换树脂及其固化物）和乏燃料元件等中高放射性废物，不但会对人体产生内外照射的危害，核素的衰变还会释放出大量的热量，所以处理放射性废物必须采取复杂的屏蔽和封闭措施，并应采取远离操作及通风冷却措施。

（3）处理技术复杂：放射性废物中核素含量非常小，同时也含有多种非放射性污染废物，一般情况下，放射性元素的质量浓度远低于非放射性污染物浓度，但其净化要求极高，必须采取极其复杂的处理手段，多次处理才能达到要求。

三、放射性废物的分类

1. 国家分类标准

根据国际原子能机构（IAEA）提出的放射性废物分类的建议，我国修订颁布了《放射性废物分类标准》(GB 9133—1995)。该标准从处理和处置的角度，按比活度和衰减期将放射性废物分为高放长寿命、中放长寿命、低放长寿命、中放短寿命、低放短寿命类型。寿命长短的划分按照半衰期 30 年为限。

表 12.5 我国放射性废物分类标准

分类	分级类别	指标	特征	处理
废气 Av	高放	$10^8 DAC_{公众} < Av$	工艺废气	需分离、过滤等法综合处理
	中放	$10^4 DAC_{公众} < Av \leq 10^8 DAC_{公众}$ [①]	工艺废气，设备室排气	需多级过滤处理
	低放	$DAC_{公众} < Av \leq 10^4 DAC_{公众}$	厂房或放化实验室排风	需过滤或稀释处理
废液 Av	高放	$Av > 3.7\times10^9$	工艺废液（大量裂片元素）	需要屏蔽、冷却、特殊处理
	中放	$3.7\times10^5 < Av \leq 3.7\times10^9$	工艺废液（含铀、钚等）	需适当屏蔽和处理
	低放	$3.7\times10^2 < Av \leq 3.7\times10^5$	去污废液，冷凝液	不需屏蔽或只需单屏蔽，处理简单
	弱放	$DIC_{公众}$ [②] $< Av \leq 3.7\times10^2$	淋洗废液	不需屏蔽或只需单屏蔽，处理简单

分类	分级类别	指标	特征	处理
固废 Am	高放	$3.7\times10^{9}<Am$　$T_{1/2}>30a$ $3.7\times10^{11}<Am$　$T_{1/2}\leqslant30a$	显著α，高毒性，高发热量	深地层处理，如高放固化体、乏燃料元件等
	长寿命中放	$3.7\times10^{6}<Am\leqslant3.7\times10^{9}$ $T_{1/2}>30a$	显著α，高毒性	深地层处理，如α废物
	中放	$3.7\times10^{7}<Am\leqslant3.7\times10^{11}$ $T_{1/2}\leqslant30a$	微量α，中等毒性，低发热量	浅地层处理（矿坑、岩穴处置），如包壳废物等
	长寿命低放[③]	$7.4\times10^{4}<Am\leqslant3.7\times10^{6}$ $T_{1/2}>30a$	显著α，中低毒性	深地层处理，如α废物
	低放	$3.7\times10^{4}<Am\leqslant3.7\times10^{7}$ $T_{1/2}\leqslant30a$	微量α，中低毒性，微发热量	地表处置，如核电站废物、城市放射性废物等
	超铀废物[④]	$Am\geqslant3.7\times10^{6}$	显著α，高毒性，微发热量	深地层处置，如铀、钚污染废物

注：①$DAC_{公众}$：公众导出空气浓度，不同核素年摄入量限值除以人一年中吸入空气总量。

②$DIC_{公众}$：公众导出食入浓度，不同核素年摄入量限值除以人一年中食入总水量。

③固体废物长寿命、短寿命的限值为 30 年。

④超铀废物定义为原子序数＞92、半衰期＞20 年、比活度⩾3.7×10^{6} Bq/kg 的废物。

⑤Av 单位为 Bq/m^3，Am 单位为 Bq/kg。

2. 其他分类方法

按半衰期分为长半衰期（＞100 天）、中半衰期（10～100 天）、短半衰期（＜10 天）。这种分类方法利用半衰期的含义，以便采用贮存方法去除放射性污染。因为任何一种放射性核素，当其经过 10 倍半衰期之后，其放射性强度将低于原来强度的 1/10 000，对半衰期短的废水，采用贮存方法将是一种简单、经济、可行的处理措施。

其他分类还包括按射线种类分为甲、乙、丙三种放射性废物；按废液的 pH 值分为酸性放射性废水、碱性放射性废水。

四、放射性废物的处理原则

依据 IAEA 的基本原则（表 12.6）制定的，我国放射性废物管理 40 字方针为：减少产生、分类收集、净化浓缩、减容固化、严格包装、安全运输、就地暂存、集中处置、控制排放、加强监测。

表 12.6 IAEA 的放射性废物管理基本原则

序号	基本原则	说明
1	保护人类环境	必须确保对人类健康的影响达到可接受水平
2	保护环境	必须确保对环境的影响达到可接受水平
3	超越国界的保护	考虑超越国界的人员健康和环境的可能影响
4	保护后代	必须保证对后代预期的健康影响不大于当今可接受的水平
5	给后代的负担	放射性废物管理必须保证不给后代造成不适当的负担
6	国家法律框架	必须在适当的国家法律框架内进行，明确划分责任和规定独立的审管职能
7	控制放射性废物产生	放射性废物的产生必须尽可能最少化
8	放射性废物产生和管理的相依性	必须适当考虑放射性废物产生和管理的各阶段间的相互依赖关系
9	设施安全	必须保证放射性废物管理设施使用寿期内的安全

第三节 放射性污染防治措施

一、环境放射性的防护标准

我国在学习和借鉴了世界核先进国家的经验，并参照 IAEA 制定的核安全与辐射防护法规、标准的基础上，结合我国国情，发布了一批核安全与辐射环境监督管理条例、规定、导则和标准，初步建立了一套既具有较高起点，又与国际接轨的核安全与辐射环境管理法规体系。

我国现已发布实施的辐射环境管理的专项法规、标准等共计 50 多项。对于核设施（军、民）、核技术应用和伴生矿物资源开发，除遵守环境保护法规的基本原则外，着重强调辐射环境管理的特殊要求。如 1988 年 3 月，发布的《辐射防护规定》（GB 8703—88）给出了各种受照射情况下的安全剂量限值。1989 年 10 月施行的《中华人民共和国放射性污染防治法》是防止放射性污染、加强辐射环境监督管理的重要法律。

表 12.7 不同人员的有效剂量当量限值

受照射部位	辐射工作人员年有效剂量当量限值/mSv			公众成员年有效剂量当量限值/mSv
	正常照射	特殊照射	终身照射	正常照射
全身	50	100	＜250	1
皮肤、眼晶体	150			50
其他单个器官	500			50

注：①表中所列剂量当量限值不包括医疗照射和天然本底照射。

②辐射工作人员中孕妇、16~18 周岁人员年有效剂量当量限值为 15 mSv 以下。

③公众成员按平均的年有效剂量当量不超过 1 mSv，则在某些年份里允许以每年 5 mSv 作为剂量限值。

二、辐射防护的一般措施

国内外大量实践表明，只要所受照射剂量低于国际规定剂量当量限值以下，就不会影响健康。因此，必须严格执行国家标准和安全操作规程，加强放射性检测和辐射防护。表 12.8 中列出了防护的一般措施。

表 12.8 辐射防护的一般措施

辐射类型	措施	说明
外照射的防护	距离防护	其他条件不变时，操作人员所受剂量的大小与距放射源距离的平方成反比，故实际操作应尽量远离放射源
	时间防护	其他条件不变时，操作人员所受剂量的大小与操作时间成正比，故工作人员需熟悉操作，尽量缩短操作时间，从而减少所受辐射剂量
	屏蔽防护	是射线防护的主要方法，依据射线的穿透性采取相应的屏蔽措施。对α射线，戴上手套，穿好鞋袜，不让放射性物质直接接触到皮肤即可。对β射线，用一定厚度（一般几毫米）的铝板、有机玻璃等轻质材料即可完全屏蔽。具穿透力的γ射线，是屏蔽防护的主要对象
内照射的防护	防止呼吸道吸收	气体放射性核素如氡、氚等可由呼吸道进入人体而被吸收，吸收率的大小与放射性核素的溶解度成正比
	防止胃肠道吸收	被放射性核素沾污的食物、水等，经口由胃肠道进入人体，吸收率的大小取决于放射性核素的化学特性，碱族（^{24}Na、^{137}Cs）、卤素（^{18}F、^{36}Cl、^{131}I）的吸收率高达 100%，稀土和重金属的吸收率最低，为 0.001%～0.01%
	防止由伤口吸收	某些放射性核素如 Rn、^{3}H、^{131}I、^{90}Sr（液体）可透过完整皮肤进入人体，吸收率随时间增长缓慢，当皮肤上有伤口时，吸收率就增加几十倍，并使伤口沾污形成难以愈合的放射性

三、放射性废物的处理技术

1．放射性固体废物的处理

放射性固体废物种类很多，有湿固体，如蒸发残渣、沉淀泥浆、废树脂等；也有干固体，如焚烧炉灰、污染用品、工具、设备、废过滤器芯、活性炭等。为了减容和适于运输、贮存和最终处置，要对固体废物进行焚烧、压缩、固化和固定等处理。

（1）固化技术

是在放射性废物中添加固化剂，使其转变为不易向环境扩散的固体的过程。适用于放射性废液处理产生的泥浆、蒸发残渣和废树脂等湿固体和焚烧炉灰等干固体。

固化的一般要求为：使废物转变成适宜最终处置的稳定固化体；固化材料及工艺的选择应保证固化体的质量；应能满足长期安全处置的要求和进行工业规模生产的需要；对废物的包容量大，工艺过程及设备简单、可靠、安全、经济。常用的固化方法包括水泥固化、沥青固化、塑料固化和玻璃固化。

①水泥固化是基于水泥的水合和水硬胶凝作用。适用于中低放废水浓缩物的固化。泥浆、废树脂等均可拌入水泥搅拌均匀，待凝固后即成为固化体。轻水堆核电站的浓缩废液、废离子交换树脂和滤渣等核燃料处理厂或其他核设施产生的各种放射性废物适用于此方法。水泥固化的优点是工艺和设备简单，投资费用少，既可以连续操作，又可以直接在贮存容器中固化。缺点是增容大，所得到的固化物体积约为掺入废物体积的 1.67 倍，放射性核素的渗出率较高。

②沥青固化利用放射性废液与沥青皂化反应。适用于中低放射性蒸发残液、化学沉淀物、焚烧炉灰分等。沥青固化的优点是产物具有很低的渗透性，在水中的溶解度很低，与绝大多数环境条件兼容，核素渗出率低，减容大，经济代价较小。缺点是沥青中不能加入强氧化剂，如硝酸盐和亚硝酸盐，沥青固化温度不应超过 180～230℃，否则固化体可能燃烧。

③塑料固化是将放射性废物浓缩物（如树脂、泥浆、蒸残液、焚烧灰等）掺入有机聚合物而固化的方法。适用于废物处理的聚合物有脲甲醛、聚乙烯、苯乙烯-二乙烯苯共聚物（用于蒸残液），环氧树脂（用于废离子交换树脂），聚酯，聚氯乙烯，聚氨基甲酸乙酯等。与沥青固化相比，其优点是处理过程在室温下进行，

水可与放射性组分一起掺入聚合物；对硝酸盐和硫酸盐等可溶性盐有很高的掺和效率；固化体渗出率低，并与可溶性盐的组分关系不大；最终固体产品的体积小，密度小，不可燃。缺点是某些有机聚合物能被生物降解；固化物老化破碎后，可能造成二次污染；固化材料价格昂贵等。

④玻璃固化是以玻璃原料为固化剂与高放废物混合，高温（900～1 200℃）蒸发、煅烧、熔融、烧结，装桶后经退火处理成玻璃固化体。高放废液的比活度高、释热量大、放射毒性大，处理和处置难度极大，玻璃固化已经成为处理高放废液的标准工艺流程。固化后，放射性废物成为玻璃的组成部分，所以放射性渗出率很低。但由于高放废液玻璃固化温度高，放射性核素挥发量大，设备腐蚀极为严重，需要特殊的耐高温、耐腐蚀材料和高效的尾气净化系统。另外，高放玻璃固化是在极高的辐射条件下进行，必须进行高度自动化控制和维修，技术难度大，处理成本较高。

与玻璃固化类似的高放固化工艺还有陶瓷固化和人工合成岩固化。陶瓷固化添加黏土页岩，人工合成岩固化添加的是锆、钛、钡、铝氧化物。

（2）减容技术

减容的目的是减小体积，降低废物包装、贮存、运输和处置的费用。处理方法主要有压缩和焚烧两种形式。

①压缩的原理是依靠机械力作用，使废物密实化，减小体积。如果是松散的固体废物，可以采用压缩减容，废弃设备经过切割、破碎后再进行压缩减容，并用标准容器加以包装。这种方法的优点是操作简单，设备投资和运行成本低，在核电厂应用相当普遍。缺点是减容倍数比较低（2～10 倍）。

②焚烧方法是将可燃性废物氧化处理成灰烬（或残渣）的过程。此法的优点是减容比大（10～100 倍）；可使废物向无机化转变，免除热分解、腐烂、发酵和着火等危险；可回收钚、铀等有用物质。对放射性废物焚烧，要求采用专门设计的焚烧炉，炉内维持一定负压，配置完善的排气净化系统，焚烧灰渣应进行固化处理或直接装入高度整体性容器中进行处置。

2. 放射性废液处理技术

对于中低放废液，常采用絮凝沉淀、蒸发、离子交换（或吸附）和膜技术（如电渗析、反渗透、超滤膜）等方法。对于高放废液，在蒸发浓缩后贮存在双壁不锈钢贮槽中。

表 12.9　常用放射性废液处理技术的去污系数

处理技术	去污系数	使用对象
絮凝沉淀、吸附	1～10	中低放废液，洗衣水、淋浴水
蒸发	10^3～10^6	中低放废液，高放废液
离子交换	10～100	中低放废液（低含盐量）
反渗透	10～40	中低放废液，洗衣水，淋浴水

3. 放射性废气处理技术

（1）放射性粉尘的处理

表 12.10　除尘设备

设备	说明
机械式除尘器	去除粒径大于 60 μm 的粉尘颗粒
湿式除尘器	去除粒径 10～60 μm 的粉尘颗粒 净化气粉尘质量浓度≤100 mg/m^3
过滤式除尘器	去除粉尘粒径小于 10 μm 净化气粉尘质量浓度为 1～2 mg/m^3
电除尘器	微米粒径颗粒物的去除率可达 99%以上

（2）放射性气溶胶的处理

广泛用于核设施内的干式过滤器；有效捕集粒径＜0.3 μm 的放射性气溶胶粒子；去除效率＞99.97%；一次使用失效后即行废弃；在高效微粒空气过滤器（HEPA）之前要安装预过滤器，以除去废气中的大颗粒固体。

（3）放射性气体的处理

常用吸附法，如对 ^{85}Kr、^{133}Xe、^{222}Rn、^{41}Y 等惰性气体核素可以采用活性炭滞留、液体吸收、低温分馏及贮存衰变等方法去除。

（4）碘同位素的处理

碘同位素（^{131}I、^{129}I）是放射性废气中主要的挥发性放射性核素；活性炭既能吸附元素碘（I_2），又能吸附有机碘（如 CH_3I）；从湿空气中去除有机碘，活性炭须用碘化钾或三乙烯二胺（TEDA）浸渍处理。

（5）废气的排放

放射性废气净化达标后，一般通过高烟囱（60～150 m）稀释扩散排放；应选择有利的气象条件排放；排放口要设置连续监测器。

表 12.11 核工业中常用的废气净化设备及去污系数

设备	颗粒物质	挥发性钌	碘	NO_2	NO
旋风分离器	10	1	1	1	1
文丘里洗涤塔	100～600	10	2	2	1
冷凝器	100～1 000	200	1	2	1
NO_x吸收塔	10	10	20	5	1
填充喷雾塔	1 000	100	1	4	1
转化塔	2	400		100	1
硅胶柱	8	1 000	1	1	100
碘塔	1	1	500	1	1
烧结金属过滤器	1 000	1	1	1	1
高效微粒空气过滤器（HEPA）	1 000	1	1	1	1

参考文献

[1] GB 8703—88 辐射防护规定[S]. 北京：中国标准出版社，1998.

[2] GB 14596.1—93 低、中水平放射性废物水泥固化体性能要求[S]. 北京：中国标准出版社，1993.

[3] GB 7023—86 放射性废物固化体长期浸出试验[S]. 北京：中国标准出版社，1986.

[4] GB 14500—93 放射性废物管理规定[S]. 北京：中国标准出版社，1994.

[5] GB 9133—95 放射性废物的分类[S]. 北京：中国标准出版社，1994.

[6] GB 13367—92 辐射源和实践的豁免管理原则[S]. 北京：中国标准出版社，1993.

[7] 陈杰瑢. 物理性污染控制[M]. 北京：高等教育出版社，2015.

[8] 王锡林. 放射性废物的水泥固化[M]. 北京：原子能出版社，1982.

[9] 清华大学工程物理系. 辐射防护概论[M]. 北京：清华大学，1997.

[10] 孙东辉，等. 高放废液玻璃固化电熔炉技术[M]. 北京：原子能出版社，1995.

[11] 罗上庚. 放射性废物管理论文集[M]. 北京：原子能出版社，2000.

[12] 潘自强. 辐射防护的现状与未来[M]. 北京：原子能出版社，1997.